C语言
程序设计教程
（第2版）

谭浩强　金　莹／著

清华大学出版社
北京

内 容 简 介

C语言是国内外广泛使用的计算机高级语言,谭浩强教授所著的《C程序设计》(清华大学出版社出版)一书已累计发行了1600多万册,创计算机书籍国内外发行最高纪录,被公认为是学习C语言程序设计的经典教材。根据广大高职高专院校师生的要求,清华大学出版社特邀请谭浩强教授在其C系列教材的基础上针对高职高专的特点组织著写了本书,作为高职高专院校学习程序设计的教材。

本书系统而通俗地介绍了怎样使用C语言进行程序设计,使学生学习到程序设计的方法和有关算法的基本知识,C语言的基本内容与使用方法,了解并初步掌握用计算机解题的全过程。

著者善于用通俗易懂的方法和语言阐明复杂的概念。本书定位准确、概念清晰、分析透彻、内容充实、取舍合理、例题丰富、通俗易懂。著者采用"提出问题—解决问题—归纳分析"的方式,符合初学者的认知规律,学习本书的读者很容易入门。

本书根据C99(ISO/IEC 9899:1999)新标准介绍程序设计,体现教材的先进性和规范性。著者同时著写了《C语言程序设计教程学习辅导》(ISBN 9787302556176)作为本书的配套用书,由清华大学出版社出版发行。另外,本书还有配套的慕课(MOOC)视频可以帮助学生学习。

本书可作为高职高专院校各专业学习C语言程序设计的适用教材,还可作为计算机培训班的教材,同时也是一本不可多得的优秀的自学教材,零基础的读者都能看懂本书的内容。

图书在版编目(CIP)数据

C语言程序设计教程/谭浩强,金莹著. -- 2版. -- 北京 :清华大学出版社,2025.3. -- ISBN 978-7-302-68186-1

Ⅰ. TP312.8

中国国家版本馆 CIP 数据核字第 20259R1S56 号

责任编辑:张龙卿
封面设计:刘代书　陈昊靓
责任校对:刘　静
责任印制:宋　林

出版发行:清华大学出版社
　　　　网　　　址:https://www.tup.com.cn,https://www.wqxuetang.com
　　　　地　　　址:北京清华大学学研大厦 A 座　　　　邮　　　编:100084
　　　　社 总 机:010-83470000　　　　邮　　　购:010-62786544
　　　　投稿与读者服务:010-62776969,c-service@tup.tsinghua.edu.cn
　　　　质量反馈:010-62772015,zhiliang@tup.tsinghua.edu.cn
　　　　课件下载:https://www.tup.com.cn,010-83470410
印 装 者:三河市龙大印装有限公司
经　　销:全国新华书店
开　　本:185mm×260mm　　　印　　张:16　　　字　　数:385 千字
版　　次:2020 年 7 月第 1 版　　2025 年 3 月第 2 版　　印　　次:2025 年 3 月第 1 次印刷
定　　价:49.00 元

产品编号:104550-01

第 2 版前言

本书是专为高职高专学生编写的,介绍怎样使用 C 语言进行程序设计的教材。

近十多年,我国职业教育从层次走向类型,从政府主体走向多元参与,从规模扩张走向内涵发展,建成了全世界规模最大的职业教育体系。

优化类型定位,努力培养高素质、高水平的应用型人才,是国家和社会的迫切需要。教材建设也应当服务于这个目标。

程序设计是计算机工作者的一项基本功。C 语言是在国内外被广泛学习和使用的一种计算机语言,受到广大计算机爱好者的喜爱。我国几乎所有的理工科大学都开设了 C 语言程序设计课程。

为了使 C 语言程序设计课程教学取得更好的效果,需要弄清楚以下几个问题。

一、为什么要学习程序设计

计算机的本质是"程序的机器",程序和指令的思想是计算机系统中最基本的概念。只有懂得程序设计,懂得计算机是怎样工作的,才能较深入地理解和应用计算机,才能较好地懂得怎样使计算机按照人们的意图进行工作。学习程序设计,能学习到计算机处理问题的方法,培养计算思维,培养分析问题和解决问题的能力。

通过学习程序设计,使学生具有程序设计的初步知识,具有编写程序的初步能力,知道软件开发的过程和特点,有利于在各专业领域的工作者在今后工作中,能够与程序开发人员沟通合作进行应用软件的开发工作。因此,高职高专学生学习程序设计是很有好处的。

具体地说,学习程序设计的目的有两个方面:①学习用计算机解决问题的思路和方法;②学习怎样用计算机工具去实现算法,即利用计算机去完成任务。

二、C 语言是基础而实用的语言

进行程序设计,必须用计算机语言作为工具,否则只是纸上谈兵。可供选择计算机的语言有很多种且各有特点。**C 语言既是程序设计的基础,又非常实用。**并不是每一种计算机语言都具有此特点,有的计算机语言实用,但不能作为基础语言(如 FORTRAN);有的计算机语言可以作为基础语言,但实际应用不多(如 Pascal)。C 语言功能丰富、表达能力强、使用灵活方便、应用面广、目标程序效率高、可移植性好，既具有高级语言的优点，又具有低级语言的许多特点；既适合编写系统软件，又能方便地用来编写应用软件，是多年来在国内外使用较广泛的一种计算机语言。

国内外许多专家认为，C 语言是通用语言，有了 C 语言的基础后，以后过渡到任何一种语言(如 C++、C♯、Java)都不会困难。C 语言被认为是计算机专业人员的基本功。

三、怎样学习 C 语言程序设计

1. 准确掌握本课程的特点与定位

C 语言程序设计不是一门理论课程，它有很强的应用性，要根据应用的需要来设计课程体系和取舍内容。学习好坏的标准不是"知道什么"，而是"会做什么"，应当强调培养应用能力。但是它又不同于高职高专一些技能性或工艺性的课程，C 语言学习的过程不是简单的重复和模仿，"熟能生巧"，而是需要领会精神，掌握规律，开动脑筋，认真思考，有所创造，是充满思想活力的过程。学习的方法不是简单的"动手干"，而是要**"动脑思考，动手实践"**，实践包括编程和上机。学生领到开发任务后，首先要认真思考解题思路，设计最优算法，然后编写出高质量的程序，这是有创造性的智力劳动，是学习和培养科学思维的过程。

本书介绍了许多例题，并不是要求学生只是看懂和重复这些例题，而是要求学生学习解决问题的思路，从而能举一反三，能独立解决其他问题。

2. 正确处理好算法和语法的关系

程序设计有四个要素：①算法是程序的灵魂；②数据结构是加工的对象；③语言是编程工具(算法要通过语言实现)；④要采用合适的程序设计方法。程序设计教学是否成功取决于能否将以上四个要素(尤其是算法与语言)紧密结合。

本书自始至终把四个要素自然而有机地结合，尤其是能正确处理好算法和语法的关系。算法和语法这二者都重要，不掌握算法就如同无头苍蝇，无从编程；不掌握语法就编不出能用的程序。**学习程序设计应当把主要精力放在算法上，算法是活的，语法是死的。**基本的语法规则是需要了解和掌握的，但是没有必要去死记那些烦琐的语法细节，用到时查一下就可以。程序看多了、编多了，自然就会正确使用语法规则。学习 C 语言程序设计，不要把重点放在死记语法规则上。

本书不是介绍语法的书籍，不是以语法为主线构建课程体系，也不是系统介绍算法的教材，而是从应用的角度出发，以编程为目的和主线，由浅入深地介绍怎样用 C 语言处理问题。通过精心安排顺序，细心选择例子，由易而难选择算法，与此同时引入相应的语法规则，把算法和语法紧密结合，同步展开，步步深入，使学生易于学习。

具体的做法是：每一章先举几个比较简单的例子，引入新的问题，接着介绍怎样利用 C 语言去解决比较简单的问题，然后循序渐进地介绍较深入的算法和程序，使学生在富有创意、引人入胜的编程中学会了算法，掌握了语法，领悟了程序设计的思想和方法。把枯燥无味的语法规则变成生动活泼的编程应用。

建议教师在讲授本书内容时，以程序为中心展开，着重讲清解题思路以及怎样用程序去实现它，不要孤立地介绍语法规则。可以在讲解程序时扼要地介绍有关的语法规则，请学生课后自己阅读，并通过上机实践掌握它。

3. 采取新的教学思路和方法

以往的课程教学采取的方法是**"提出概念—解释概念—举例说明"**的方式,著者在多年前根据课程特点提出了**"提出问题—解决问题—归纳分析"**这种新方式,不是先抽象后具体,先理论后实际,先一般后个别,而是由具体到抽象,由实际到理论,由个别到一般,由零散到完整。实践证明这种方法对广大计算机的初学者是成功的,可以收到事半功倍的效果。根据这个原则,我们创建了新的教学和教材体系,已在实践中证明效果很好。

在介绍每一个程序时,我们的做法是:先提出任务目标,然后分析问题,探讨解题思路,构造算法,接下来才是根据算法编写程序,而不是先列出一个程序再解释程序。对每一个问题都按照**"任务要求—解题思路—编写程序—运行结果—程序分析"**等步骤展开。对每个求解的问题不仅给出程序,而且给出运行结果,使学生看到结果,便于学生对照分析。有些程序还包括对**改进程序的讨论**,这样学生在学习过程中就不会觉得抽象,而会觉得算法具体有趣,看得见,摸得着。

本书的叙述充满启发性,在程序分析中不断提出问题让学生思考,如"这是为什么?""为什么要这样做?""为什么这个方法是错的?""还有什么更好的方法吗?"等,启发学生自己思考求解,培养他们独立思考的能力。对于需要学生注意的内容用**说明**、**注意**、**提示**、**思考**等标题以醒目的字体标注,从而引起注意,使学生的思路更加清晰,更容易接受和理解。

在各章中由浅入深地结合例题介绍各种典型的算法。对穷举、递推、迭代、递归、排序(包括比较交换法、选择法、起泡法)、矩阵运算、字符处理应用等算法做了详细的介绍,对难度较大的算法还做了清晰且详尽的分析。引导学生在拿到程序设计题目后,先考虑算法再编程,而不是坐下来就写程序,着力培养学生的科学思维能力及良好的编程习惯。

4. 对有效地学习 C 语言程序设计的建议

(1)在学习开始时不要在语法细节上死记死抠。请记住:重要的是学会编程序,而不是死记语法。一开始就要学会看懂程序,编写简单的程序,然后逐步深入。有一些语法细节需要通过长期的实践才能熟练地掌握。初学时,切忌过早地滥用 C 语言的某些容易引起歧义的细节(如不适当地使用++和--,就会出现一些"副作用")。

(2)不能设想今后一辈子只使用在学校里学过的某一种计算机语言。但是无论使用哪一种计算机语言进行程序设计,其基本思路和方法都是一样的,在大学里学哪一种计算机语言并不是一个很重要的原则问题。学会了一种计算机语言,可以很快地学会另一种计算机语言。因此,在学习时一定要学活用活,举一反三,掌握规律,学会算法,在以后需要时能很快地掌握其他的计算机语言来进行工作。

(3)在学校学习阶段主要是学习程序设计的方法,进行程序设计的基本训练,打好将来进一步学习和应用的基础。学习程序设计课程时,应该把精力放在最基本、最常用的内容上,学好基本功。如果对学生有较高的程序设计要求,应当在学习完本课程后安排一次集中的课程设计环节,完成有一定规模的程序设计。

(4)程序设计是一门实践性很强的课程,既要掌握概念,又要动手编程,还要上机调试运行,希望学生一定要重视实践环节,包括编程和上机,要既会编写程序,又会调试程序。对学生考核的方法不能采用标准题(是非题或选择题),而应当把重点放在编制程序和调试程序上。

（5）使用哪一种编译系统并不是原则问题。程序编好以后，用哪一种编译系统进行编译都可以。如果有条件，可以了解和使用不同的编译环境。不同的编译系统，其功能和使用方法有些不同，编译时给出的信息也不完全相同，但基本方法大同小异。要在使用中积累经验，举一反三。

四、本书的特点

1. 本书的主要特点是概念清晰、通俗易懂

（1）**概念清晰**。本书对所有重要的概念都做了明确、清晰和透彻的阐述与分析，每引出一个概念，都明确讲清楚三点：①它是什么？②它有什么用？③怎么用它去处理和解决问题。所有的概念都能从本书找到明确的说明。

（2）**通俗易懂**。著者善于用通俗易懂的方法和语言阐明复杂的概念，而尽量少用深奥难懂的专业术语。不把简单的问题复杂化，而是使复杂的问题简单化。例如，"指针"是C语言的一个难点，许多人感到难以理解，但在本书中著者对"指针"的概念做了科学而通俗的说明，使人更容易理解，一看即懂。

2. 本书内容是根据高职高专的特点与要求确定的，适用于高职高专院校

在内容选取时，本书没有包括C语言中一些不常用的内容（如较复杂的输入/输出格式控制、指针较深入的部分、共用体类型、枚举类型、随机文件等。著者把它们作为提高的内容放入与本书的学习辅导一书中供学生选学），但是仍然保持了本书内容的系统性和完整性。由于本书通俗易懂，易于理解，因此，学生能够在有限的学时内学到更多的内容，达到更高的要求。著者认为应当保证高职教学的质量，不宜过分降低对高职学生学习的要求，否则他们掌握不了基本的编程方法。

3. 本书从有效学习程序设计的角度出发来构建教材体系

本书不以理论知识来构建教材体系，也不以C语言的语法规则来构建教材体系，而是从怎样有效学习程序设计的角度出发来设计教材的内容，使学生从易到难、从简到繁、循序渐进地学会编程。著者在多年教学实践中对学生的情况有深入了解和研究，充分考虑学生的认知规律，构建了一个既科学又易学的教材体系，并精心设计教材体系，以程序设计为主导，降低门槛，分散难点，使每一章每一节的"台阶"都不大，很容易循序渐进，逐步深入。

4. 怎样使用本书

（1）本书中的内容是基本的要求，希望学生能掌握。在每章的最后有**本章小结**，归纳本章的要点，尽量起到提纲挈领、画龙点睛的作用，以加深学生的学习印象。

本书内容较多，希望能安排足够的学时。前面几章难度较小，后面几章难度稍大，希望教学时能合理安排，统筹兼顾，防止前松后紧。尤其对"指针"部分要多花些时间和精力，使学生能真正理解并掌握。如果有少数学校学时实在不够，可以对第8章和第9章的内容做简单介绍，以使学生有一个初步了解，但不要跳过不学，这样在以后需要时再深入学习就不会感到困难。

（2）本书便于自学。具有高中以上文化水平的人，即使没有教师讲解，也能基本上看懂本书的大部分内容，这样就有可能做到：教师少讲，指定部分自学，保证上机实践。

（3）为了满足学习能力较好的学生进一步提高的要求，我们另外出版了《C 语言程序设计教程学习辅导》(ISBN 978-7-302-55617-6)一书，其中的第二部分提供了学习本书各章时应进一步提高的内容，可供师生在教学中参考。

（4）在本书每一章的最后都有习题，教师可从中选择一部分要求学生练习并完成。习题包括两类：一类是程度适中，大多数学生是可以独立完成的；另一类是有一定难度，水平较高的学生可以完成其中一部分。如果学生感到无从下手，可以参考《C 语言程序设计教程学习辅导》的第一部分"各章习题参考解答"。在该部分中提供了近 100 个问题的解答，实际上是提供了 100 个补充例题供师生参考。教师可以从中选一些作为补充例题在课堂上讲授，或指定学生自学，这样可以进一步提高教学水平。

希望大家善于利用《C 语言程序设计教程学习辅导》中的"习题解答"和"提高部分"这两类资源。实际上我们提供的是一个多层面的教学体系，教师可以根据不同学校的教学要求、学生基础、学时情况等因素，把教材的基本内容、习题解答、提高部分、上机调试四者合理选用、有机组合，组成适合不同人群的教学方案，以取得更好的效果。

（5）学习程序设计必须重视实践环节，至少保证上机实践的时间不少于课堂讲授的1/2，能增多一点时间更好。可以把课后指定要完成的作业与上机调试程序统一起来，完成作业后即上机调试程序。《C 语言程序设计教程学习辅导》的第三部分"上机实践指南"可供上机实践时参考。

（6）为了帮助更多的人学好 C 语言程序设计，本书著者之一、南京大学计算机基础教学部主任金莹教授以谭浩强所著的《C 程序设计》一书为教材制作了慕课(MOOC)，在爱课平台可以收看。《C 程序设计》与本书的思路、体系和内容都是一致的，只是《C 程序设计》的内容更多一些。本书的读者可以选择该慕课学习。

本书主要由谭浩强执笔，参加者有还有金莹教授和具有 IT 行业丰富实践经验的企业高级工程师。在本书编写过程中还征询了部分 IT 行业专家的意见。本书的编写和出版得到全国高校计算机基础教育研究会高职高专专业委员会和清华大学出版社的大力支持，得以在短时间内顺利出版，在此特向所有支持我们的朋友们表示由衷的谢意。

本书可能仍有缺点和不足，热切期望得到专家和读者的批评指正。

谭浩强
2025 年 1 月 1 日于清华园

目　录

第 1 章　程序设计和 C 语言 ……………………………………………… 1

  1.1　计算机程序和计算机语言 ……………………………………… 1

  1.2　C 语言的发展过程 ……………………………………………… 2

  1.3　从最简单的 C 语言程序开始 …………………………………… 3

  1.4　C 语言程序的结构 ……………………………………………… 7

  1.5　运行 C 语言程序的步骤与方法 ………………………………… 8

  1.6　算法是程序的灵魂 ……………………………………………… 10

    1.6.1　什么是算法 ………………………………………………… 10

    1.6.2　算法＋数据结构＝程序 …………………………………… 11

    1.6.3　怎样表示一个算法 ………………………………………… 12

  1.7　结构化程序设计方法 …………………………………………… 18

  本章小结 ……………………………………………………………… 20

  习题 …………………………………………………………………… 21

第 2 章　C 语言程序设计初步 …………………………………………… 22

  2.1　顺序程序设计举例 ……………………………………………… 22

  2.2　数据的类型和表现形式 ………………………………………… 26

    2.2.1　C 语言的数据类型 ………………………………………… 26

    2.2.2　数据表现形式——常量和变量 …………………………… 27

  2.3　在计算机中存储数据 …………………………………………… 28

    2.3.1　数据在计算机中以二进制形式存储 ……………………… 28

    2.3.2　位、字节和地址 …………………………………………… 29

  2.4　整型数据的属性与运算 ………………………………………… 30

    2.4.1　整型数据的分类 …………………………………………… 30

    2.4.2　整型数据在内存中的存储方式 …………………………… 31

    2.4.3　整型数据运算程序举例 …………………………………… 32

  2.5　实型数据的属性与运算 ………………………………………… 33

    2.5.1　实型数据的分类 …………………………………………… 33

    2.5.2　实型常量的表示形式 ……………………………………… 34

2.5.3　实型数据的存储形式 ·· 34

2.6　字符型数据的属性与运算 ·· 35

 2.6.1　字符型数据运算的简单例子 ·· 35

 2.6.2　字符常量和字符变量 ·· 35

 2.6.3　字符型数据的存储方式 ··· 36

 2.6.4　字符型数据与整型数据在一定条件下可以通用 ··························· 37

 2.6.5　字符串常量 ··· 39

2.7　运算符与表达式 ·· 40

 2.7.1　算术运算符 ··· 40

 2.7.2　算术表达式 ··· 41

2.8　C 语言的语句综述 ·· 43

2.9　赋值表达式和赋值语句 ··· 44

 2.9.1　赋值表达式 ··· 44

 2.9.2　赋值语句 ·· 46

2.10　数据的输入/输出 ··· 47

 2.10.1　数据输入/输出的概念 ·· 47

 2.10.2　字符数据的输入/输出 ·· 48

 2.10.3　格式的输入/输出 ·· 52

本章小结 ·· 59

习题 ··· 61

第 3 章　选择结构程序设计 ·· 63

3.1　简单的选择结构程序 ·· 63

3.2　选择结构中的关系运算 ··· 65

 3.2.1　关系运算符及其优先次序 ·· 65

 3.2.2　关系表达式 ··· 65

3.3　选择结构中的逻辑运算 ··· 66

 3.3.1　逻辑运算符及其优先次序 ·· 67

 3.3.2　逻辑表达式 ··· 68

3.4　用 if 语句实现选择结构 ·· 69

 3.4.1　if 语句的形式 ·· 69

 3.4.2　if 语句的嵌套 ·· 71

3.5　利用 switch 语句实现多分支选择结构 ·· 72

3.6　选择结构程序综合举例 ··· 75

本章小结 ·· 80

习题 ··· 80

第 4 章　循环结构程序设计 ·· 82

4.1　程序中需要用循环结构 ··· 82

4.2　用 while 语句和 do...while 语句实现循环 ················· 82

4.2.1　用 while 语句实现循环 ······················· 82

4.2.2　用 do...while 语句实现循环 ··················· 84

4.3　用 for 语句实现循环 ······························· 87

4.3.1　for 语句的一般形式和执行过程 ··············· 87

4.3.2　for 循环程序举例 ···························· 88

4.4　循环的嵌套 ······································· 91

4.5　提前结束循环 ····································· 92

4.5.1　用 break 语句提前退出循环 ·················· 92

4.5.2　用 continue 语句提前结束本次循环 ············ 93

4.6　几种循环的比较 ··································· 95

4.7　循环程序综合举例 ································· 96

本章小结 ··· 101

习题 ··· 101

第 5 章　利用数组处理批量数据 ··························· 103

5.1　为什么要用数组 ··································· 103

5.2　怎样定义和引用一维数组 ··························· 103

5.2.1　怎样定义一维数组 ························· 104

5.2.2　怎样引用一维数组的元素 ···················· 104

5.2.3　一维数组的初始化 ························· 105

5.2.4　一维数组程序举例 ························· 106

5.3　怎样定义和引用二维数组 ··························· 109

5.3.1　怎样定义二维数组 ························· 109

5.3.2　怎样引用二维数组的元素 ···················· 110

5.3.3　二维数组的初始化 ························· 111

5.3.4　二维数组程序举例 ························· 112

5.4　字符数组 ··· 115

5.4.1　怎样定义字符数组及对其初始化 ··············· 115

5.4.2　怎样引用字符数组 ························· 116

5.4.3　字符串和字符串结束标志 ···················· 117

5.4.4　怎样进行字符数组的输入/输出 ················ 119

5.4.5　字符串处理函数 ··························· 121

5.4.6　字符数组应用举例 ························· 122

本章小结 ··· 125

习题 ··· 126

第 6 章　用函数实现模块化程序设计 ······················· 128

6.1　函数是什么 ······································· 128

6.2 函数的定义和调用 ·· 130
　　6.2.1 为什么要定义函数 ······································ 130
　　6.2.2 怎样定义函数 ·· 131
　　6.2.3 怎样调用函数 ·· 132
　　6.2.4 对被调用函数的声明和函数原型 ······················ 135
6.3 函数的嵌套调用 ·· 137
6.4 函数的递归调用 ·· 139
6.5 数组作为函数参数 ·· 145
　　6.5.1 用数组元素作函数实参 ·································· 145
　　6.5.2 用数组名作函数参数 ···································· 147
6.6 变量的作用域——局部变量和全局变量 ·························· 153
　　6.6.1 什么是局部变量 ·· 153
　　6.6.2 什么是全局变量 ·· 153
本章小结 ·· 156
习题 ·· 157

第7章　善于使用指针 ·· 158
7.1 什么是指针 ··· 158
7.2 指针变量 ··· 160
　　7.2.1 使用指针变量访问变量 ·································· 160
　　7.2.2 怎样定义指针变量 ······································ 161
　　7.2.3 怎样引用指针变量 ······································ 162
　　7.2.4 指针变量作为函数参数 ·································· 164
7.3 通过指针引用数组 ·· 170
　　7.3.1 数组元素的指针 ·· 170
　　7.3.2 通过指针引用数组元素 ·································· 170
　　7.3.3 指针的运算 ·· 172
　　7.3.4 用数组名作函数参数 ···································· 174
7.4 通过指针引用字符串 ·· 180
　　7.4.1 字符串的表示形式 ······································ 180
　　7.4.2 用字符指针作函数参数 ·································· 184
　　7.4.3 字符指针变量和字符数组的区别 ························ 186
本章小结 ·· 188
习题 ·· 190

第8章　根据需要创建数据类型 ······································ 192
8.1 定义和引用结构体变量 ·· 192
　　8.1.1 怎样创建结构体类型 ···································· 192
　　8.1.2 怎样定义结构体类型变量 ································ 194

8.1.3 怎样引用结构体变量 ·················· 195

8.2 使用结构体数组 ·················· 198
8.2.1 定义结构体数组 ·················· 198
8.2.2 结构体数组应用举例 ·················· 200

8.3 结构体指针 ·················· 201
8.3.1 指向结构体变量的指针 ·················· 201
8.3.2 指向结构体数组的指针 ·················· 203

本章小结 ·················· 205

习题 ·················· 206

第9章 利用文件保存数据 ·················· 207

9.1 C语言文件的有关概念 ·················· 207
9.1.1 什么是文件 ·················· 207
9.1.2 文件名 ·················· 208
9.1.3 文件的分类 ·················· 208
9.1.4 文件缓冲区 ·················· 209
9.1.5 文件类型指针 ·················· 209

9.2 文件的打开与关闭 ·················· 210
9.2.1 用 fopen()函数打开文件 ·················· 210
9.2.2 用 fclose()函数关闭文件 ·················· 212

9.3 文件的顺序读/写 ·················· 212
9.3.1 向文件读/写字符 ·················· 212
9.3.2 向文件读/写一个字符串 ·················· 216
9.3.3 文件的格式化读/写 ·················· 219
9.3.4 用二进制方式读/写文件 ·················· 220

本章小结 ·················· 224

习题 ·················· 225

附录A 常用字符与 ASCII 代码对照表 ·················· 227

附录B C语言中的关键字 ·················· 229

附录C 运算符和结合性 ·················· 230

附录D C语言常用语法提要 ·················· 232

附录E C语言库函数 ·················· 236

参考文献 ·················· 242

第 1 章　程序设计和 C 语言

1.1　计算机程序和计算机语言

许多人觉得计算机结构复杂,神秘莫测。其实计算机并不神秘,它的工作是由程序控制的。想要让计算机按照人们的愿望工作,人们必须事先编好一个程序(program),把它输入计算机中,然后执行程序,计算机才能产生相应的操作。

人和计算机怎么沟通呢? 计算机并不懂得人类的语言,它只能识别二进制的信息。在计算机产生的初期,人们为了让计算机工作,必须编写出由 0 和 1 所组成的一系列的指令,通过它指挥计算机工作。在研制一种计算机时,要事先设计好该型号计算机的指令系统,规定好一条由若干位 0 和 1 组成的指令使计算机产生哪种操作。例如,在某型号计算机中用"00000100 00000001"让计算机进行一次加法运算。

要使计算机执行一系列操作,就需要编写许多条类似这样的由 0 和 1 组成的指令,这是非常烦琐和费时的。这种计算机可以直接识别和接收的二进制代码称为机器指令(machine instruction)。机器指令的集合及其规则就是该计算机的机器语言(machine language)。在语言的规则中规定各种指令的表示形式以及它的含义。

显然,机器语言与人们习惯用的语言差别太大,难学、难写、难记、难检查、难修改、难推广使用,因此,初期只有极少数的计算机专业人员会编写计算机程序。

为了克服机器语言的上述缺点,研究人员创造出一种符号语言(symbol language),用一些英文字母和数字表示一个指令。例如,用 ADD 代表"加",SUB 代表"减",LD 代表"传送"等。一般用一条符号指令对应转换为一条机器指令,如上面介绍的那条 0 和 1 组成的机器指令可以用下面一条符号指令代替:

ADD A, B　　　(执行 A+B → A,将寄存器 A 中的数与寄存器 B 中的数相加,送到寄存器 A 中)

但是,计算机还是不能直接识别和执行符号语言的指令,需要用一种称为汇编程序的软件把符号语言的指令转换为机器指令,因此,符号语言也称为汇编语言(assembler language)。虽然汇编语言比机器语言简单、好记一些,但仍然难以普及,只在专业人员中使用。

由于机器语言和汇编语言都依赖于具体机器,即在底层进行控制,所以被称为**低级语言**(low level language,意思是贴近计算机硬件的语言,而不是指"水平低级")。用低级语言编写程序很不直观,烦琐枯燥,工作量大,无通用性。不同型号计算机所用的机器语言是不通用的。因此,要使用不同型号的计算机,就要学习不同的机器语言,这种情况使计算机难以在非专业人员中推广应用。

为了克服低级语言的缺点，1954 年创造出了 FORTRAN 语言。它很接近人们习惯使用的自然语言和数学语言。程序中用到的语句和指令是用英文单词表示的，程序中所用的运算符和运算表达式与人们日常所用的数学式差不多，很容易理解。程序运行的结果用英文和数字输出，十分方便。例如，在 FORTRAN 语言程序中，想计算和输出 $3.5 \times 6\sin(\pi/3)$，只需写出下面这样一个语句：

```
PRINT *, 3.5 * 6 * SIN(3.1415926/3)
```

即可得到计算结果。显然，这是很容易理解和使用的。这种语言功能很强，且不依赖于具体机器，用它写出的程序对任何型号的计算机都适用（或只做很少的修改），它与具体机器距离较远，故称为计算机**高级语言**（high level language）。FORTRAN 是第一个通用的高级语言。显然，用高级语言编写程序直观、易学、易理解、易修改、易维护、易推广、通用性强（不同型号计算机之间可以通用）。

程序是为实现特定目标而用计算机语言编写的命令序列的集合，它包括为实现预期目的而进行操作的一系列语句和指令。

当然，计算机也是不能直接识别高级语言程序的，必须事先把用高级语言编写的程序翻译成机器语言程序，计算机才能识别并执行，这个"翻译"工作不是由人工完成的，而是由一个称为编译程序（或称编译器，compiler）的软件来实现的，编译程序把用计算机高级语言写的程序（称为源程序，source program）转换为机器指令的程序（称为目标程序，object program），然后让计算机执行机器指令程序，最后得到结果。高级语言的一个语句往往对应多条机器指令。

数十年来，全世界涌现了几千种不同用途的高级语言，其中应用比较广泛的有 100 多种，影响较大、使用较广的有：FORTRAN 和 ALGOL（适合数值计算）、BASIC 和 QBASIC（适合初学者的小型会话语言）、COBOL（适合商业管理）、Pascal（适合教学的结构程序设计语言）、LISP 和 PROLOG（人工智能语言）、Visual Basic（支持面向对象程序设计的语言）、C（系统描述语言）、C++（支持面向对象程序设计的大型语言）、Java（适于网络使用的语言），以及近来流行的 Python 等。

自从有了高级语言，一般的科技人员、管理人员、大中学生以及广大计算机爱好者都能较容易地学会用高级语言编写程序，指挥计算机进行工作，而完全不用考虑机器指令；人们也可以不必深入懂得计算机的内部结构和工作原理，就能得心应手地利用计算机进行各种工作，为计算机的推广普及创造了良好的条件。有一些专家将高级语言的出现称作是计算机发展史上"惊人的成就"。

1.2 C 语言的发展过程

1972 年，美国贝尔实验室的 D.M.Ritchie 设计出了 C 语言。最初的 C 语言只是为描述和实现 UNIX 操作系统提供一种工作语言而设计的。C 语言问世后很受欢迎。1978 年以后，C 语言先后移植到大、中、小、微型计算机上，并很快风靡全世界，成为世界上应用最广泛的一种程序设计高级语言。

C 语言问世以来经过多次发展和扩充。1989 年,美国国家标准化协会(简称 ANSI)公布了一个新的 C 语言标准——ANSI X3.159-1989(简称 C89)。1990 年,国际标准化组织(International Standard Organization,ISO)接受 C89 作为国际标准 ISO/IEC 9899:1990,通常简称 C90。ISO 的 C90 和 ANSI 的 C89 基本上是相同的。1999 年,ISO 又对 C 语言标准进行修订,命名为 ISO/IEC 9899:1999,简称 C99,C99 是 C89 的扩充。但目前有的软件公司提供的 C 语言编译系统并未完全实现 C99 建议的功能,而是以 C89 为基础进行开发的。不同的软件公司提供的 C 语言编译系统所实现的语言功能和语法规则又略有差别。本书的叙述基本上是以 C99 为基础的。

自 20 世纪 90 年代初 C 语言在我国开始推广以来,学习和使用 C 语言的人越来越多,成了学习和使用人数最多的一种计算机语言。C 语言的功能强大、使用灵活,既可用于编写应用软件,又能用于编写系统软件;它不仅有广泛应用的优势,又有较为系统的基础性质。学习了 C 语言以后,再学习和使用任何其他语言都不会发生困难。我国多数理工科大学和高职高专院校都开设了 C 语言程序设计课程。C 语言是计算机专业人员的一项基本功。

1.3   从最简单的 C 语言程序开始

下面先观察几个简单的 C 语言程序,然后从中分析 C 语言程序的特点。

【例 1.1】

任务要求:

在屏幕上显示出以下一行信息。

This is a C program.

解题思路:

用 C 语言提供的输出函数 printf()来输出所需的内容。

编写程序:

```
#include <stdio.h>
int main()
{
    printf ("This is a C program.\n");
    return 0;
}
```

运行结果:

This is a C program.

程序分析:

这是一个最简单的 C 语言程序。程序第 2~6 行是 C 语言程序中的主函数。C 语言要求:每一个函数要有**函数名**,也要有**函数体**(即函数的实体)。函数体由一对花括号"{}"括起来。

程序第 2 行指定了函数的名称和函数的类型。main 表示此函数为"**主函数**"，每一个 C 语言程序都必须有一个 main() 函数。main 前面的 int 表示此主函数的值是整型的（int 是 integer 的缩写），表示计算机在执行完此函数后，会使该函数获得一个整数的值，称为函数返回值。

　　注意：执行一个函数后会得到一个函数值，例如，正弦函数 sin(x) 有一个确定的值。函数的值是提供给函数的调用者的。main() 函数是由操作系统调用的，执行完 main() 函数也有一个值，返回给操作系统，操作系统依此判定 main() 函数是否正常结束。那么 main() 函数的值是什么呢？程序最后一行"return 0;"表示"返回 0"，即把 0 作为函数的值。如果程序没有正常结束，就不会执行此 return 语句，不返回 0，系统会使 main() 函数的值为一个非 0 值（一般为 1）。操作系统就可以知道程序未正常结束，并采取相应的措施（如输出一个信息）。

　　本例中主函数内只有两个语句。其中"return 0;"是把 0 作为函数的返回值，这个 return 语句是每一个 C 程序都需要的。因此，本程序实际上只有第 4 行 printf 语句是用户用来实现所需功能的。printf 是 C 编译系统提供的标准函数库中的输出函数（详见第 2 章）。printf 语句中圆括号内双撇号内的字符串按原样输出。"\n"是换行符，在执行程序时，输出"This is a C program."，然后执行回车换行。

　　注意：所有语句最后都应有一个分号（;）。

　　在使用标准函数库中的输入/输出函数时，编译系统要求程序提供有关输入/输出函数的信息（例如对这些输入/输出函数的声明），程序第 1 行"＃include ＜stdio.h＞"的作用就是用来提供这些信息的。"stdio.h"是 C 编译系统提供的一个文件名，stdio 是"standard input & output"的缩写，即有关"标准输入/输出"的信息。在开始时对此可不必深究，以后会有详细的介绍。在此只需记住：在程序中用到系统提供的标准函数库中的输入/输出函数时，应在程序的开头写这样一行：

```
#include <stdio.h>
```

【例 1.2】

任务要求：

求两个整数之和。

解题思路：

声明两个变量 a 和 b，用 C 语言提供的赋值语句进行 a＋b 的运算，结果保存在变量 sum 中，然后用 printf() 函数输出结果。

编写程序：

```
#include <stdio.h>
int main()                      //主函数
{
  int a,b,sum;                  //这是声明部分,定义 a、b、sum 为整型变量
  a=123;                        //以下 5 行是 C 语言的语句
  b=456;
  sum=a+b;                      //将 a 和 b 相加,得到的和送到变量 sum 中保存
  printf("sum is %d\n",sum);    //输出 sum 的值
  return 0;
}
```

运行结果：

```
sum is 579
```

程序分析：

本程序的作用是求两个整数 a 和 b 之和 sum。各行右侧的"//……"表示这是**注释部分**。注释可以用英文；如果使用的是汉字 C 语言系统，则在注释中可以用汉字。注释主要是给其他人看的，对编译和运行程序不起作用，也就是说，注释部分不影响程序运行的结果。注释可以出现在一行中的最右侧；也可以单独成为一行，根据需要写在程序中任何一行的右侧。如果注释内容多，一行容纳不下，可以连续用几个注释行（或用 /*……*/），例如：

//如果一行写不下，
//可以在下一行接着写

第 4 行是声明部分，用来定义变量 a、b 和 sum 为整型变量，int 代表"整型"。

第 5、6 行是两个赋值语句，使 a 和 b 的值分别为 123 和 456。

第 7 行执行 a+b 的运算，然后把运算的结果赋予变量 sum。

第 8 行是输出语句，双撇号中的"%d"是输入/输出的**"格式字符串"**，用来指定输入/输出时的数据类型和格式（详见第 2 章）。"%d"表示输入/输出时用"十进制整数"形式表示。在执行输出时，双撇号中的字符"sum is"按原样输出，而在格式字符串"%d"的位置上代入一个十进制整数值。printf() 函数中括号内的双撇号和逗号右面的 sum 是要输出的变量，现在 sum 的值为 579（123 与 456 之和），在输出结果时它应代替"%d"，出现在"%d"原来的位置上，如图 1.1 所示。"\n"是换行符，实现回车换行。

图　1.1

因此，程序运行时输出"sum is 579"。

【例 1.3】

任务要求：

输入两个数，要求输出其中的较大者。

解题思路：

(1) 从键盘输入两个数。

(2) 用一个函数来实现求两个整数中的较大者。

(3) 在主函数中调用此函数并输出结果。

编写程序：

```
#include <stdio.h>
int main()                   //主函数
{
    int max(int x,int y);    //对被调用的max()函数进行声明
    int a, b, c;             //定义整型变量a、b、c
    scanf("%d,%d",&a, &b);   //从键盘输入变量a和b的值
    c=max(a,b);              //调用max()函数，将得到的值赋给整型变量c
    printf("max=%d\n",c);    //输出变量c的值
    return 0;
}
```

```
//下面是求两个整数中的较大数的函数
int max(int x,int y)          //定义max()函数,函数值为整型,形式参数 x 和 y 为整型
{
    int z;                   //max()函数中的声明部分,定义本函数中用到的变量 z 为整型
    if (x>y) z=x;            //如果 x>y,则将变量 x 的值赋给变量 z
    else z=y;               //否则,将变量 y 的值赋给变量 z
    return(z);              //将变量 z 的值返回到主函数中调用函数的位置
}
```

运行结果：

8,5 ↙   (输入 8 和 5,赋给 a 和 b)
max=8   (输出两个数中的较大者,即 c 的值)

说明：

为了使读者分析运行情况时能区别输入和输出的信息,本书对向程序输入的信息加了下画线(在屏幕上并无此下画线)。如上面运行结果中的第 1 行表示：从键盘输入"8,5",然后按 Enter 键。第 2 行是从计算机输出的信息,显示在屏幕上。

程序分析：

本程序包括两个函数——主函数 main()和被调用的函数 max()。max()函数的作用是将 x 和 y 中的较大数的值赋给变量 z。return 语句将 z 的值作为 max()函数值带回给主函数 main()。返回值是通过函数名 max 带回到 main()函数中调用 max()函数的位置。

程序第 4 行是在主函数中对被调用函数 max()的声明。由于在主函数中要调用 max()函数,而 max()函数的定义却在 main()函数之后,为了使编译系统能够正确识别和调用max()函数,必须在调用 max()函数之前对 max()函数进行声明,以通知编译系统："在main()函数中,max()是一个已定义的函数"。对函数的声明会在第 6 章详细介绍,在此只要初步了解即可。

main()函数中的 scanf 是"输入函数"的名字(scanf()和 printf()都是 C 语言的标准输入/输出函数)。程序中 scanf()函数的作用是：在程序运行时要求用户输入 a 和 b 的值。&a 和 &b 中"&"的含义是数据的地址符,&a 表示"变量 a 的地址",&b 表示"变量 b 的地址"。本例中 scanf()函数的作用是：将从键盘输入的两个数值分别送到变量 a 和 b 的地址所标识的单元中,也就是把 8 和 5 分别输入给变量 a 和 b。scanf()函数中双撇号括起来的"%d,%d"的含义与前相同,只是现在用于"输入",它指定用户应当按十进制整数形式输入 a 和 b 的值。

在程序第 7 行中调用 max()函数,在调用时将**实际参数** a 和 b 的值分别传送给 max()函数中的参数 x 和 y(称为**形式参数**)。经过执行 max()函数得到 x 和 y 二者中的较大者,存放在 z 中。程序把 z 作为函数的返回值,通过 return 语句把这个值返回到调用 max()函数的位置,即第 7 行"="的右侧,代替了原来的 max(a,b),然后把这个值赋给变量 c。

程序第 8 行输出变量 c 的值。

在执行 printf()函数时,对双撇号括起来的"max=%d\n"是这样处理的：①将字符串"max ="原样输出；②"%d"由 c 的值取代之；③"\n"是回车换行。请对照运行结果分析。

本例用到了函数调用、实际参数和形式参数等概念,在此只作了很简单的解释,读者如对此不太理解,可以先不深究,在学到第 6 章(函数)时自然会迎刃而解。现在介绍此例子,无非是使读者对 C 语言程序的组成和形式有一个初步的了解。

1.4　C 语言程序的结构

通过以上几个例子,可以看到 C 语言程序的结构和特点如下。

(1) C 语言程序主要是由函数构成的。一个 C 语言源程序必须包含一个 main()函数,也可以包含一个 main()函数和若干个其他函数,因此,函数是 C 语言程序的基本单位。被调用的函数可以是系统提供的库函数(如 printf()和 scanf()函数),也可以是用户根据需要自己编制设计的函数(如例 1.3 中的 max()函数)。C 语言的函数相当于其他语言中的子程序,用来实现特定的功能。程序全部工作都是由各个函数分别完成的,编写 C 语言程序就是编写一个一个的函数。C 语言的函数库十分丰富,ANSI C 建议包括 100 多个库函数,不同的 C 语言编译系统提供的库函数一般都多于 ANSI C 所建议的数量,如 Turbo C 提供 300 多个库函数。C 语言的这种特点使得程序容易实现模块化。

(2) 一个函数由两部分组成。

① 函数首部。即函数的第 1 行,包括函数名、函数类型、函数参数(形式参数)名和参数类型。

例如,例 1.3 中的 max()函数的首部为

一个函数名后面必须跟一对圆括号,括号内写函数的参数名及其类型。函数可以没有参数,例如:

```
int main( )
```

② 函数体。即函数首部下面的花括号内的部分。如果一个函数内有多个花括号,则最外层的一对花括号为函数体的范围。

函数体一般包括以下两部分。

a. 声明部分。这一部分中包括对有关的变量和函数进行声明(declare),将有关的信息告诉编译系统。例如,例 1.2 程序中第 4 行"int a,b,sum;"的作用是告诉编译系统:"本函数中用到的变量 a、b、sum 是整型变量"。这样,编译系统就会对这些变量按整型数据进行存储。例 1.3 程序 main()函数中的"int a, b, c"的作用类似。以上都是对变量的声明。

例 1.3 程序第 4 行 "int max(int x,int y);"是对 max()函数的声明。

声明部分可以包括若干个声明行,它们不是 C 语句,在程序运行期间不产生任何操作,而只在程序编译时起作用,影响数据存储,而不会生成目标代码。

b. 执行部分。该部分由若干个语句组成。C 语句是可执行语句,经编译生成目标代码,在程序运行期间执行相应的操作。

当然,在某些情况下也可以没有声明部分(如例 1.1),甚至可以既无声明部分也无执行部分,例如:

```
void dump ( )
```

```
{ }
```

这是一个空函数，什么也不做，但这是合法的。

（3）一个 C 程序总是从 main() 函数开始执行的，而不论 main() 函数在整个程序中的位置如何（main() 函数可以放在程序最前面，也可以放在程序最后；可以放在一些函数之前，也可以在另一些函数之后）。

（4）C 程序书写格式自由，一行内可以写几个语句，一个语句也可以分写在多行上，程序的各行没有行号（有的语言要求在每一行的开头要有行号，以便识别）。

（5）每个语句和数据声明的最后必须有一个分号，分号是 C 语句的必要组成部分。例如：

```
c=a+b;
```

分号是不可缺少的，即使是程序中最后一个语句也应包含分号，见以上各例。

（6）C 语言本身没有输入/输出语句。输入/输出的操作是由库函数 scanf() 和 printf() 等函数来完成的。C 语言对输入/输出实行"函数化"的方式。由于输入/输出操作牵涉具体的计算机设备，把输入/输出操作放在函数中处理，就可以使 C 语言本身的规模较小，编译程序简单，很容易在各种机器上实现，程序具有可移植性。

（7）可以用"//"对 C 程序中的任何一行或数行作注释。一个好的、有使用价值的源程序都应当加上必要的注释，以增加程序的可读性。

1.5 运行 C 语言程序的步骤与方法

在本章 1.3 节中看到的程序是用 C 语言写的**源程序**。前已说明，计算机是不能直接识别和执行用高级语言编写的指令的。为了使计算机能执行高级语言源程序，必须先用一种称为"编译程序"的软件把源程序翻译成二进制形式的**目标程序**（object program），然后将该目标程序与系统的函数库以及其他目标程序连接起来，形成**可执行的目标程序**。

在编好一个 C 语言源程序后，怎样上机运行呢？一般要经过以下几个步骤。

1. 上机输入和编辑源程序

先进入 C 语言编译系统（一般是集成环境 IDE，如 Visual C++ 6.0，简称 VC++ 6.0）。建立一个文件，文件名自己指定，后缀为"c"（如 test.c 或 f.c）。通过键盘向此文件输入程序，并且认真检查有无错误，如发现有错误，要及时改正。这一工作称为"对源程序的编辑"。完成编辑后，将此源程序存放在自己指定的文件夹内（如果自己不专门指定，系统一般会自动把它存放在用户当前的目录下）。

2. 对源程序进行编译

用户进行编译操作后，C 语言编译系统先调出"预处理器"（又称"预处理程序"或"预编译器"），对程序中的预处理指令进行编译预处理。例如，对 #include <stdio.h> 指令进行"预处理"就是将 stdio.h 头文件的内容读进来，取代程序中的 #include <stdio.h> 行。由预处理得到的信息与程序其他部分一起，组成一个完整的、可以用来进行正式编译的源程序，再由编译系统对该源程序进行编译。

编译的作用首先是对源程序进行检查,判定它有无语法方面的错误,如有错误,则发出"出错信息",告诉编程人员认真检查改正。在修改程序后重新进行编译,如还有错,再发出"出错信息"。如此反复进行,直到没有语法错误为止。此时,编译程序把源程序转换为二进制形式的目标程序(在 VC++ 中后缀为.obj,如 test.obj 或 f.obj)。如果不特别指定,此目标程序一般也存放在用户当前的目录下。此时源文件仍然存在,不会自动消失。

在用编译系统对源程序进行编译时,包括了如上的预编译和正式编译两个阶段,自动一气呵成。用户不必分别发出二次指令。

3. 进行连接处理

经过编译所得到的二进制目标文件(后缀为.obj)还不能供计算机直接执行。前已说明:一个程序可能包含若干个源程序文件,而编译是以源程序文件为对象的,一次编译只能得到与一个源程序文件相对应的目标文件(也称目标模块),它只是整个程序的一部分。必须把所有的编译后得到的目标模块连接装配起来。此外,程序中往往会用到系统提供的标准函数(如 printf() 函数),因此目标文件还需要和系统的函数库等系统资源相连接成一个整体,生成一个可供计算机执行的目标程序,称为可执行程序(executive program),其后缀一般为.exe,如 test.exe、f.exe。

即使一个程序只包含一个源程序文件,编译后得到的目标程序也不能直接运行,也要经过连接阶段,因为还要与函数库进行连接,才能生成可执行程序。

以上连接的工作是由一个称为**"连接编辑程序"**(linkage editor)的软件来实现的。

4. 运行可执行程序

运行可执行程序后,会得到相应的运行结果。

以上过程如图 1.2 所示。其中实线表示操作流程,虚线表示文件的输入/输出。例如,编辑后得到一个源程序文件 f.c;接着在进行编译时再将源程序文件 f.c 输入,经过编译得到目标程序文件 f.obj;再将所有目标模块输入计算机,与系统提供的库函数等进行连接,得到可执行的目标程序 f.exe;最后把 f.exe 输入计算机,并使之运行,得到结果。

一个程序从编写到运行成功,往往不是一次成功的,而是需要多次反复地编写。编写好的程序并不一定能保证它正确无误,除了用人工方式检查有无错误外,还要借助编译系统来检查有无语法错误。从图 1.2 中可以看到:如果在编译过程中发现错误,应当重新检查源程序,找出问题,修改源程序,并重新编译,直到无错为止。有时编译过程未发现错误,能生成可执行程序,但是运行的结果不正确。一般情况下,这不是语法方面的错误,而是程序逻辑方面的错误,例如计算公式不正确、赋值不正确等,应当返回检查源程序,并改正错误。

为了编译、连接和运行 C 语言程序,必须要有

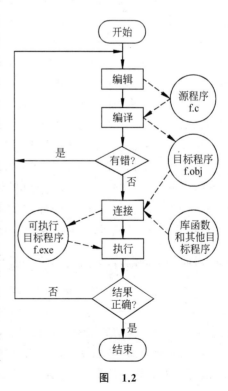

图 1.2

相应的编译系统。目前使用的编译系统大多是集成环境（IDE）。Visual C++ 是在 PC 上使用较广泛的集成环境，它把程序的编辑、编译、连接和运行等操作全部集中在一个界面上进行。集成环境功能丰富，使用方便，直观易用。由于 C++ 与 C 基本上是兼容的，因此用 Visual C++ 既可以对 C++ 程序进行编译，也可以对 C 语言程序进行编译。熟悉它以后也会有利于今后进一步学习 C++ 语言。在《C 语言程序设计教程学习辅导》中的第三部分介绍了怎样使用 Visual Studio 2010 对 C 语言程序进行编辑、编译和运行，另外还介绍了如何在线编译程序。

请读者上机运行本章介绍的 3 个 C 语言程序，初步掌握上机的方法。

1.6 算法是程序的灵魂

1.6.1 什么是算法

做任何事情都有一定的内容和步骤。例如，你想从北京去天津开会，首先要去买火车票，然后按时乘坐地铁到北京南站，登上火车，到天津站后坐公交车到会场参加会议。这些步骤都是按一定的顺序进行的，缺一不可，次序错了也不行。我们从事各种工作和活动，都必须事先想好步骤，然后按部就班地进行，才能避免产生错乱。实际上，在日常生活中，由于已养成习惯，所以人们意识不到每件事都需要事先设计出"行动步骤"。例如吃饭、上学、打球、做作业等，事实上都是按照一定的规律进行的，只是人们不必每次都重复考虑它而已。

算法是解决"做什么"和"怎么做"的问题。在写程序之前，必须想清楚"做什么"和"怎么做"。"做什么"往往是从题目或任务中可以看出来或整理出来的（例如，求三角形的面积、求一元二次方程等），而"怎么做"则是由程序设计者去思考和设计的。"怎么做"包括两方面的内容：一是要做哪些事情才能达到解决问题的目的；二是决定做这些事情的先后次序。概括地说，算法是指解决特定问题的步骤和方法。

不要认为只有"计算"的问题才有算法。广义地说，为解决一个问题而采取的方法和步骤都称为"算法"。例如，描述太极拳动作的图解就是"太极拳的算法"。一首歌曲的乐谱也可以称为该歌曲的算法，因为它指定了演奏该歌曲的每一个步骤，按照它的规定就能演奏出预定的曲子。菜谱中的烹调方法就是做菜的算法。

本书所关心的当然只限于计算机算法，即计算机能执行的算法。例如，让计算机计算 $1×2×3×4×5$，或将 100 个学生的成绩按高低分数的次序排列，是可以做到的，而让计算机去执行"替我理发"或"做一碗红烧肉"，目前还不能实现。

对同一个问题，可以有不同的解题方法和步骤。例如，求 $1+2+3+\cdots+100$，即 $\sum\limits_{n=1}^{100} n$。有人可能先进行 $1+2$，再加 3，再加 4，一直加到 100；而有人采取方法为：$100+(1+99)+(2+98)+\cdots+(49+51)+50=100+49×100+50=5050$。还可以有其他的方法。当然，方法有优劣之分。有的方法只需进行很少的步骤，而有的方法则需要较多的步骤。一般来说，应尽量采用相对简单、运算步骤少的方法。因此，为了有效地进行解题，不仅需要保证算法正确，还要考虑算法的质量，应选择合适的算法。

有些算法在用人工处理时可能不是好的算法,例如前面提到的求 $\sum_{n=1}^{100} n$ 时逐个数累加,但在用计算机处理时,它却是常用的实用算法,因为计算机运算速度非常快,很容易实现。

计算机算法可分为两大类别:数值运算算法和非数值运算算法。数值运算的目的是求数值解,例如,求圆面积、求方程的根、求一个函数的定积分、判断某年是否为闰年等,都属于数值运算范围。非数值运算包括的面十分广泛,最常见的是用于事务管理领域,例如,图书检索、学生成绩管理、商品销售管理、对一个单位的成员按工资排序等。

目前,计算机在非数值运算方面的应用远远超过了在数值运算方面的应用。由于数值运算有现成的模型,可以运用数值分析方法,因此对数值运算的算法的研究比较深入,算法比较成熟。对各种数值运算都有比较成熟的算法可供选用。人们常常把这些算法汇编成册(写成程序形式),或者将这些程序存放在磁盘上,供用户调用。例如,有的计算机系统提供"数学程序库",使用起来十分方便。

非数值运算的种类繁多,要求各异,难以规范化,因此只需对一些典型的非数值运算算法(例如排序算法)作比较深入的研究。其他的非数值运算问题往往需要使用者参考已有的类似算法,重新设计解决特定问题的专门算法。本书不是专门研究算法的书籍,不可能罗列所有的算法,只是想通过一些典型算法的介绍使读者了解怎样设计或选择合适的算法,并引导读者举一反三。

1.6.2 算法＋数据结构＝程序

只有算法还不能使计算机运行并得到所期望的结果。正如知道了烹调方法并不等于有了一盘红烧肉,因为没有提供食材,也没有加工的对象。

一个程序包括以下两个要素的内容。

(1) 对数据的描述。在程序中要指定数据的类型和数据的组织形式,即数据结构(data structure)。

(2) 对操作的描述。即操作步骤,也就是算法(algorithm)。

数据是操作的对象,操作的目的是通过对数据的处理得到期望的结果。

厨师制作菜肴需要有菜谱,菜谱上一般应包括:①配料,即指出应使用哪些原料。②操作步骤,即指出如何使用这些原料,按规定的步骤加工成所需的菜肴。没有原料是无法加工出所需菜肴的。

面对同一些原料,可以加工出不同风味的菜肴。作为程序设计人员,必须认真考虑和设计数据结构与操作步骤(即算法)。

著名计算机科学家沃思(Niklaus Wirth)提出了一个公式:

算法＋数据结构＝程序

这个公式是对面向过程程序的概括。数据结构是指数据与数据之间的逻辑关系,算法是指解决特定问题的步骤和方法。程序运行的过程就是对数据处理的过程,怎么处理是算法问题;数据怎么组织是数据结构问题。

进行程序设计,除了以上两个主要要素之外,还需要用某一种计算机语言,以及采用适当的程序设计方法(例如结构化程序设计方法)进行程序设计。因此,算法、数据结构、语言和程序设计方法这 4 个要素是一个程序设计人员需要综合运用的知识。在这 4 个要素中,算法是灵魂，数据结构是加工对象，语言是工具，编程需要采用合适的程序设计方法。

在相对简单的程序中，数据结构比较简单，因而更加突出了算法的重要性。本书既不是介绍数据结构的教材（数据结构是一门计算机专业课），也不是系统介绍算法的教材，更不是只介绍 C 语言语法规则的使用说明书。本书将通过一些实例把以上 4 个要素的知识结合起来，使读者学会解题的思路，并且能正确地编写出 C 语言程序。

1.6.3 怎样表示一个算法

想好一个算法后，应该采用适当的方式将它表示出来，以便根据它来编写程序。为了表示一个算法，可以用不同的方法。常用的方法有自然语言、传统流程图、结构化流程图、伪代码、计算机语言等。

1. 用自然语言表示算法

自然语言就是人们日常使用的语言。用自然语言表示通俗易懂，但含义往往不太严格，文字冗长，容易产生歧义。往往要根据上下文才能判断其正确含义。假如有这样一句话："张先生对李先生说他的孩子考上了大学。"请问是张先生的孩子考上大学还是李先生的孩子考上大学呢？光从这句话本身难以判断。此外，用自然语言来描述包含分支和循环的算法不是很方便。因此，除了那些很简单的问题外，一般不用自然语言表示算法。

2. 用传统流程图表示算法

流程图是用一些图框来表示各种操作。用图形表示算法，直观形象，易于理解。美国国家标准化协会 ANSI(American National Standard Institute)规定了一些常用的流程图符号(见图 1.3)，已被世界各国程序工作者普遍采用。

例如，判断一个数是否为偶数的算法用流程图表示，如图 1.4 所示。图中的菱形框用来判断"m 能否被 2 整除"，如果能，就输出该数"是偶数"；否则就输出该数"不是偶数"。

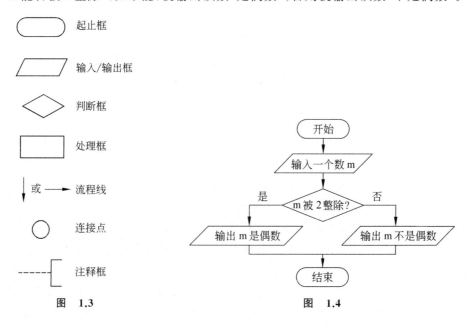

图 1.3   图 1.4

输出 1~10 的算法用流程图表示,如图 1.5 所示。

先把 1 赋给变量 n,即置 n 的初值为 1;然后判断 n 的值是否小于或等于 10,如果 n 的值小于 10,故应执行"输出 n 的值",输出数值 1;再执行 n＝n＋1,即将 n 的值加 1 后再赋给 n,故 n 变成 2;接着返回去判断 n 是否小于或等于 10,如果 n 的值小于 10,又一次输出 n 的值(现为 2),再使 n 变成 3;又一次判断 n 是否小于或等于 10。如此反复循环,直到第 10 次,输出完 n 的当前值 10 后,n 变成了 11;再判断时,n 已大于 10,所以不再执此"输出 n 的值"和"使 n 增值 1"的操作,算法结束。

用这种传统流程图表示算法,条理十分清晰,但画图比较麻烦,修改也比较困难,现在已经很少使用了。

3. 三种基本结构和用结构化流程图表示算法

传统的流程图用流程线指出各框的执行顺序,对流程线的使用没有严格限制,因此,使用者可以不受限制地使流程随意地转来转去,这流程图就变得毫无规律。假如一个程序的流程如图 1.6 所示进行无规律地跳转,虽然它也能执行并得到正确的结果,但是在阅读这样的程序时,很难清晰地理解其流程。这样的程序难阅读、难修改、难维护,从而使算法的可靠性和可维护性难以保证。尤其当流程比较复杂时,许多条流程线互相交叉,理不出头绪,有人把它比喻为一盘"意大利面条"。这种无规律转向的流程称为"非结构化的流程"。

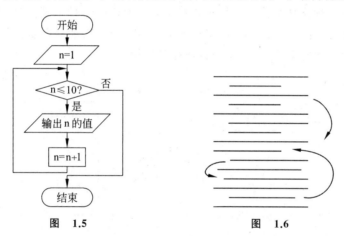

图 1.5　　　　　　　　　　　图 1.6

如果写出的算法能限制流程的无规律任意转向,像一本书那样由各章各节顺序组成,那么阅读起来就很方便,不会有任何困难,只需从头到尾顺序地看下去即可。为了提高算法的质量,使算法的设计和阅读方便,必须限制箭头的滥用,即不允许无规律地使流程随意转向,只能顺序地进行下去。人们设想:规定出几种基本结构,然后由这些基本结构顺序组成一个算法结构(如同用一些基本预制构件来搭建房屋一样),如果能做到这一点,算法的质量就能得到保证和提高。

1) 三种基本结构

1966 年,Bohra 和 Jacopini 提出了三种基本结构,如果用这三种基本结构作为算法的基本单元来编写程序,就能实现上面的目的。

(1) 顺序结构。如图 1.7 所示,虚线框内是一个顺序结构。其中 A 和 B 两个框是顺序执行的,即在执行完 A 框所指定的操作后,必然接着执行 B 框所指定的操作。顺序结构是

13

最简单的一种基本结构。

（2）选择结构。选择结构又称为分支结构。如图 1.8 所示，虚线框内是一个选择结构，此结构中包含一个判断框，根据给定的条件 p 是否成立而选择执行 A 框或 B 框。例如，p 条件可以是 x≥0、x＞y 或 a＋b＜c＋d 等。

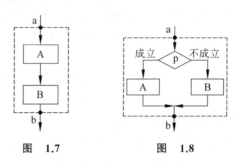

图 1.7   图 1.8

注意：在选择结构中，无论 p 条件是否成立，只能执行 A 框或 B 框之一，不可能既执行 A 框又执行 B 框。无论走哪一条路径，在执行完 A 或 B 之后都会经过 b 点，然后脱离本选择结构。A 或 B 两个框中可以有一个是空的，即不执行任何操作，如图 1.9 所示。

（3）循环结构。循环结构又称为重复结构，即在一定条件下反复执行某一部分的操作。图 1.10 所示就是一种循环结构。执行过程如下：当给定的条件 p 成立时，执行 A 操作；执行完 A 后，再判断条件 p 是否成立，如果仍然成立，再执行 A；如此反复执行 A，直到某一次 p 条件不成立为止，此时不执行 A，从而脱离循环结构。

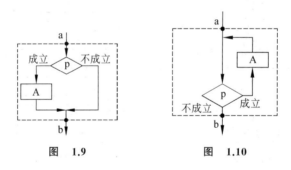

图 1.9   图 1.10

2）三种基本结构的特点

以上三种基本结构有以下四个共同特点。

（1）只有一个入口，如图 1.8 中的 a 点。

（2）只有一个出口，如图 1.8 中的 b 点。

注意：一个判断框有两个出口，而一个选择结构只有一个出口。不要将判断框的出口和选择结构的出口混淆。

（3）结构内的每一部分都有机会被执行到。也就是说，对每一个框来说，都应当有一条从入口到出口的路径通过它。

（4）结构内不能包括"死循环"（无终止的循环）。图 1.11 就是一个死循环。

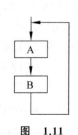

图 1.11

由以上三种基本结构顺序组成的算法结构可以解决任何复杂的问题。

14

由基本结构所构成的算法属于"结构化"的算法,它不存在无规律的转向,只在本基本结构内才允许存在分支以及向前或向后的跳转。

其实,结构化程序的基本结构并不仅限于上面三种,只要具有上述 4 个特点,都可以作为基本结构。人们可以自己定义基本结构,并由这些基本结构组成结构化程序。

如果一种计算机语言的语句能够直接表示以上各种基本结构,那么这种语言就是结构化语言。C 语言是一种结构化语言,它可以用 if 语句表示选择结构,用 for 语句和 while 语句表示循环结构。用结构化的语言来写结构化程序是很方便的。

3) N-S 流程图

既然用基本结构的顺序组合可以表示任何复杂的算法结构,那么,基本结构之间的流程线就属于多余的。1973 年美国学者 I. Nassi 和 B. Shneiderman 提出了一种新的流程图形式——结构化流程图。在这种流程图中,完全去掉了带箭头的流程线。全部算法写在一个矩形框内,在该框内还可以包含其他的从属于它的框,或者说由一些基本的框组成一个大的框。这种流程图又称为 N-S 流程图(N 和 S 是两位美国学者的英文姓氏的首字母)。这种流程图适于结构化程序设计,因而很受欢迎。

N-S 流程图用以下的流程图符号。

(1) 顺序结构。顺序结构用图 1.12 形式表示。代表执行完 A 操作后,接着执行 B 操作,A 和 B 两个框组成一个顺序结构。

(2) 选择结构。选择结构用图 1.13 表示。当 p 条件成立时执行 A 操作,当 p 条件不成立时执行 B 操作。

注意:图 1.13 是一个整体,代表一个基本结构。

图 1.4 可以改用 N-S 流程图表示,如图 1.14 所示。

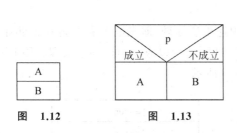

图 1.12　　　　图 1.13

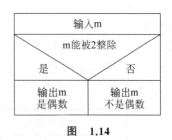

图 1.14

(3) 循环结构。循环结构可用图 1.15 的形式表示。表示当 p1 条件成立时反复执行 A 操作,直到 p1 条件不成立为止。

"输出 1～100"的算法用 N-S 流程图表示,如图 1.16 所示,该流程图与图 1.5 所示的作用相同。

图 1.15

图 1.16

用以上三种 N-S 流程图中的基本框可以组成复杂的 N-S 流程图,以表示算法。在本章和后续各章中,读者将会看到在程序设计中怎样使用 N-S 流程图。

应当说明,在图 1.12、图 1.13、图 1.15 所示的 A 框或 B 框中,可以是一个简单的操作(如读入数据或打印输出等),也可以是三种基本结构之一。例如,图 1.12 所示的顺序结构中,A 框又可以是一个选择结构,B 框又可以是一个循环结构。

一个良好的程序无论多么复杂,都可以由这三种基本结构组成。用这三种基本结构构造算法和编写程序就如同用一些预构件盖房子一样方便,使程序结构清晰。有人形容这三种基本结构像"项链中的珍珠"一样排列整齐、清晰可见。用这三种基本结构构成的程序称为"**结构化程序**"。

【例 1.4】

任务要求:

有一个 5 年期的理财项目,规定投资款额度小于 100 万元的,年利率为 6‰;100 万元及以上的,年利率为 8‰。如果投资款额度为 p,求 10 年后应得的本、利之和。要求用 N-S 流程图表示解题的算法。

解题思路:

先判断 p 是否大于或等于 100 万元,从而确定年利率 r,然后计算本、利之和。计算 1 年的本、利之和的公式是 $p\times(1+r)$。用循环计算出 5 年的本、利之和。N-S 流程图如图 1.17 所示,由 A 和 B 这两个基本结构组成了一个顺序结构。

【例 1.5】

任务要求:

用 N-S 流程图表示求 5! 的算法。

解题思路:

5! 即 $1\times2\times3\times4\times5$。此题可以直接用连乘法处理,即先把 1 乘 2,再乘 3,再乘 4,再乘 5,即可得到结果。但是如果求 100!,那就不方便了,所以应该用循环来处理。用 i 代表第几次,sum 代表累乘的积。N-S 流程图如图 1.18 所示。

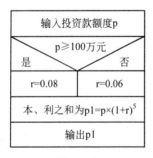

图 1.17

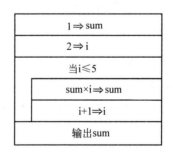

图 1.18

如果改为求 100!,只需要把循环的条件由"当 i≤5"改为"当 i≤100"即可。

通过以上例子可以看到用 N-S 流程图表示算法的优点是:它比文字描述直观、形象、易于理解;比传统的流程图紧凑易画,尤其是它废除了流程线,整个算法结构是由各个基本结构按顺序组成的,N-S 流程图中的上下顺序就是执行时的顺序,也就是图中位置在上面的先执行,位置在下面的后执行;在基本结构之间不存在向前或向后的跳转,流程的转移只存在于一个基本结构范围之内(如循环中流程的跳转)。写算法和看算法只需从上到下进行就可以了,十分方便。

归纳起来,一个结构化的算法是由一些基本结构顺序组成的,能用 N-S 流程图表示的算法都是结构化的算法(它不可能出现流程无规律地跳转,而只能自上而下地顺序执行各个基本结构)。N-S 流程图如同一个多层的盒子,故又称为盒图(box diagram)。

4. 用伪代码表示算法

用传统的流程图和 N-S 流程图表示算法直观易懂,但画起来比较费事,在设计一个算法时可能要反复修改,而修改流程图是比较麻烦的。因此,流程图适宜于表示一个算法,但在设计算法过程中使用不是很理想(尤其是当算法比较复杂且需要反复修改时)。为了设计算法时方便,常用一种称为伪代码(pseudo code)的工具。

伪代码是用介于自然语言和计算机语言之间的文字与符号来描述的算法,它如同一篇文章一样,自上而下地写下来。每一行(或几行)表示一个基本操作。它不用图形符号,因此书写方便,格式紧凑,比较易懂,也便于向计算机语言表示的算法(即程序)过渡。

例如,"输出 x 的绝对值"的算法可以用伪代码表示如下:

```
if x is positive then
    print x
else
    print -x
```

它像一个英语句子一样易懂,在西方国家用得比较普遍。

也可以用汉字伪代码。例如:

```
若 x 为正
    输出 x
否则
    输出 -x
```

也可以中英文混用,即将计算机语言中的关键字用英文表示,其他内容用中文表示。例如:

```
if x 为正 then
    print x
else
    print -x
```

用伪代码写算法并无固定的、严格的语法规则,只要把意思表达清楚,并且书写的格式要写成清晰易读、接近于计算机语句的形式。总之,以便于书写和阅读为原则。

在以上几种表示算法的方法中,具有熟练编程经验的专业人士喜欢用伪代码,初学者喜欢用比较形象、易于理解的流程图或 N-S 流程图。本书主要使用 N-S 流程图表示算法。

5. 用计算机语言表示算法

要完成一项任务,包括设计算法和实现算法两个部分。例如,作曲家创作一首乐谱就是设计算法,但它仅仅是一个乐谱,并未变成能听的乐曲,而作曲家的目的是希望使人们听到悦耳动听的音乐。演奏家按照乐谱的规定进行演奏,就是**实现算法**。在没有人实现它时,乐谱是不会自动发声的。一个菜谱是一个算法,厨师炒菜就是在实现这个算法。设计算法的目的是实现算法,因此,不仅要考虑如何设计一个算法,也要考虑如何实现一个算法。

实现算法的方式可能不止一种。例如，有了求5!的算法，可以用人工心算的方式实现而得到结果，也可以用笔算或算盘、计算器来求出结果，这都是实现算法。

现在要考虑的是用计算机解题，也就是要用计算机实现算法。而计算机是无法识别流程图和伪代码的，只有用计算机语言编写的程序才能被计算机执行，因此，在用流程图或伪代码描述一个算法后，还要将它转换成计算机语言程序。用计算机语言表示的算法是计算机能够执行的算法。

用计算机语言表示算法必须严格遵循所用语言的语法规则，这是和伪代码不同的。下面将前面介绍过的算法用C语言表示。

【例1.6】

任务要求：

将求5!的算法用C语言表示。

解题思路：

根据例1.5中的流程图（见图1.18），用C语言写出相应的算法。

```
sum=1;
i=2;
while(i<=5)                    //从本行起,用5行组成一个循环结构
{
    sum=sum * i;
    i=i+1;
}
```

以上程序读者很容易看懂，但这只是一个程序段，还不是一个完整的程序，请读者考虑如何把它写成一个完整的C语言程序。

前面介绍了结构化的算法。一个结构化程序的主体就是用计算机语言表示的结构化算法，这种程序便于编写、阅读、修改和维护。这就减少了程序出错的机会，提高了程序的可靠性，保证了程序的质量。

应当强调的是，写出了C语言程序，仍然只是描述了算法，并未实现算法，只有运行程序才是实现算法。

1.7 结构化程序设计方法

前面已介绍了用三种基本结构可以构成一个结构化的算法，从而写出结构化的程序。前面的例子是比较简单的，很容易直接写出算法。如果遇到的问题比较复杂，规模比较大，是难以一下子写出一个层次分明、结构清晰、算法正确的程序的。这就需要找到合适的方法，把复杂难解的问题分解为简单易解的问题。

沃思（Niklaus Wirth）于1971年首次提出了"结构化程序设计"（structure programming）方法。结构化程序设计方法的基本思路是：把一个复杂问题的求解过程分阶段进行，每个阶段处理的问题都控制在人们容易理解和处理的范围内。即不要求一步就写出具体详尽的算法和编制出完善的程序，而是分若干步进行。第一步编出的算法抽象度最高，第二步写出的算法抽象度有所降低……最后一步写出的算法就很简单了，可以直接写成程序语句。这种方

法的要点是"自顶向下,逐步细化"。

在接受一个任务后应怎样着手进行呢? 有两种不同的方法:一种是自顶向下,逐步细化;另一种是自下而上,逐步积累。下面以写工作报告为例来说明这个问题。有的人准备报告时胸有全局,先设想好整个报告分哪几个部分,再进一步考虑每一部分讲哪几个问题,每一问题分哪几点,每一点应包含什么内容,如图 1.19 所示。用这种方法逐步分解,直到作者认为可以直接将各小段表达为文字语句为止。这种方法就叫作"自顶向下,逐步细化"。

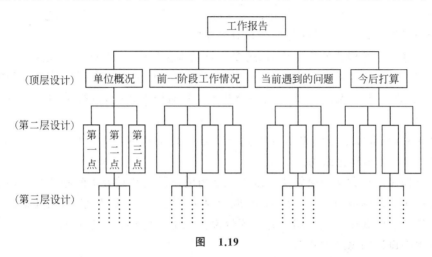

图　1.19

另外,有些人写文章时不拟提纲,如同写信一样提笔就写,想到哪里就写到哪里,直到他认为把想写的内容都写出来了为止。这种方法叫作"自下而上,逐步积累"。

显然,用第一种方法写文章时考虑周全、结构清晰、层次分明,作者容易写,读者容易看。如果发现某一部分中有一段内容不妥,需要修改,只需找出该部分,修改有关段落即可,与其他部分无关。提倡使用这种方法设计程序,也就是使用工程的方法设计程序。

设计房屋就是使用自顶向下,逐步细化的方法。先进行整体规划,然后确定一个建筑物的建造方案,再进行各部分的设计,最后进行细节的设计(如门窗、楼道等),而绝不会在未有整体设计前先设计楼道和厕所。在完成设计并有了图纸之后,在施工阶段则是自下而上实施的,用一砖一瓦先实现一个局部,然后由各部分组成一个建筑物。

应当掌握自顶向下、逐步细化的设计方法,这种设计方法的过程是将问题求解由抽象逐步具体化的过程。如图 1.19 所示,最开始拿到的题目是"工作报告",这是一个很笼统而抽象的任务,经过初步考虑之后把它分成四大部分,这就比刚才具体了一些,但还不够具体。这一步只是粗略地划分,称为"顶层设计"。然后一步一步地细化,依次称为第二层设计、第三层设计,直到不需要细分为止。

用这种方法编程似乎比较复杂,实际上它的优点很多,可使程序易读、易写、易调试、易维护,而且易保证其正确性及验证其正确性。在向下一层展开之前应仔细检查本层设计是否正确,只有上一层是正确的才能向下细化。如果每一层设计都没有问题,则整个算法就是正确的。由于每一层向下细化时都不太复杂,因此容易保证整个算法的正确性。检查时也是由上而下逐层检查,这样做思路清晰,能有条不紊地一步一步地进行,既严谨又方便。结构化程序设计强调程序设计风格和程序结构的规范化,提倡结构要清晰。

在程序设计中常采用模块设计的方法，尤其当程序比较复杂时更有必要。在拿到一个程序模块以后，根据程序模块的功能将它划分为若干个子模块；如果觉得这些子模块的规模太大，可以将其再划分为更小的子模块。这个过程采用自顶向下的方法来实现。

程序中的子模块在 C 语言中通常用函数来实现（有关函数的概念将在第 6 章中介绍）。

程序中的子模块一般不超过 50 行，即把它打印输出时不超过一页，这样的规模便于组织，也便于阅读。划分子模块时应注意模块的独立性，即使用一个模块完成一项功能，模块间的耦合性越少越好。模块化设计的思想实际上是一种"分而治之"的思想，把一个大任务分为若干个子任务，每一个子任务就会相对简单些。

在设计好一个结构化的算法之后，还要进行结构化编码（coding）。所谓编码，就是将已设计好的算法用结构化的语言来表示，根据已经细化的算法正确地写出计算机程序。结构化的语言（如 Pascal、C、VB 等）都有与三种基本结构对应的语句，进行结构化编写程序是不困难的。

综合起来，采取以下方法来保证得到一个结构化的程序：①自顶向下；②逐步细化；③模块化设计；④结构化编码。

结构化程序设计方法用来解决人脑思维能力的局限性和被处理问题的复杂性之间的矛盾。它在程序设计领域引发了一场革命，成为程序开发的一个标准方法，尤其是在后来发展起来的软件工程中获得广泛应用。有人评价说沃思提出的结构化程序设计方法"完全改变了人们对程序设计的思维方式"。

本书所介绍的例题相对比较简单，因此没有必要都采用自顶向下、逐步细化的方法，而应直接写出算法（相当于直接进行底层的设计）。但是读者应当知道，在处理复杂、规模大的问题时，要采用自顶向下、逐步细化的方法。

本章小结

1．计算机是由程序控制的，要使计算机按照人们的意图工作，需要用计算机语言编写程序。

2．机器语言和汇编语言依赖于具体计算机，属低级语言，难学难用，无通用性；高级语言接近人类自然语言和数学语言，容易学习和推广，不依赖于具体计算机，通用性强。

3．C 语言是目前在世界上使用最广泛的一种计算机语言，它的特点是简洁紧凑，使用方便灵活，功能很强，既有高级语言的优点，又有低级语言的功能；既可用于编写系统软件，又可用于编写应用软件。掌握 C 语言程序设计是程序设计人员的一项基本功。

4．一个 C 语言程序是由一个或多个函数构成的，必须有一个（而且只能有一个）main() 函数。程序由 main() 函数开始执行。在函数体内可以包括若干个语句，语句以分号结束。一行内可以写多个语句，一个语句可以分写为多行。

5．上机运行一个 C 语言程序必须经过 4 个步骤：编辑、编译、连接、执行。要熟练掌握上机技巧。

6．算法＋数据结构＝程序。程序设计有 4 个要素：算法是灵魂，数据结构是加工对象，语言是工具，编程采用合适的程序设计方法。算法是解题方法的精确描述。

7. 表述算法可以用自然语言、传统流程图、结构化流程图、伪代码和计算机语言等方法。

8. 结构化程序的三种基本结构是：顺序结构、选择结构和循环结构。由这三种基本结构可以构成一个结构化程序。

9. 写出程序只是用计算机语言表示了算法，只有运行程序才是实现了算法。

10. 对于规模较大的任务，应当采取结构化程序设计方法，其要点是：自顶向下，逐步细化。在编程时还要注意用模块化设计和结构化编程。

11. 本章的内容是十分重要的，是学习后面各章的基础。学习程序设计的目的不只是学习某一种特定的语言，而应当学习进行程序设计的一般方法。掌握了算法就是掌握了程序设计的灵魂，再学习有关的计算机语言的知识，就能够顺利地编写出任何一种语言的程序了。

习题

1.1   上机运行本章的 3 个例题，熟悉所用系统的上机方法与步骤。

1.2   请参照本章例题，编写一个 C 语言程序，输出以下信息。

```
********************************
        Very good!
********************************
```

1.3   编写一个 C 语言程序，输入 a、b、c 3 个值，输出其中最大者。

1.4   先后输入 50 个学生的学号和成绩，要求将其中成绩在 80 分以上的学生的序号和成绩立即输出。请用传统流程图表示其算法。

1.5   求 $1+\dfrac{1}{2}+\dfrac{1}{3}+\dfrac{1}{4}+\cdots+\dfrac{1}{99}+\dfrac{1}{100}$。请用传统流程图和结构化流程图表示其算法。

1.6   输入一个年份 year，判定它是否为闰年，并输出它是否为闰年的信息。请用结构化流程图表示其算法。

1.7   给出一个大于或等于 3 的正整数，判断它是不是一个素数。请用伪代码表示其算法。

1.8   请尝试根据习题 1.4 的算法，用 C 语言编写出程序，并上机运行。

1.9   请尝试根据习题 1.5 的算法，用 C 语言编写出程序，并上机运行。

1.10   请尝试根据习题 1.6 的算法，用 C 语言编写出程序，并上机运行。

1.11   请尝试根据习题 1.7 的算法，用 C 语言编写出程序，并上机运行。

第2章　C语言程序设计初步

本章重点介绍顺序程序设计和程序的基本知识。

有了第1章的基础,从本章起就可以循序渐进地学习用C语言编写程序了。我们先通过几个例子学习编写简单的程序,然后归纳出一些概念和规律。

2.1　顺序程序设计举例

顺序程序结构是最简单的一种程序结构,其中各语句都是按自上而下的顺序执行的,不发生流程的跳转,不出现选择和循环的操作。若干个小的顺序结构可以构成一个大的顺序结构,甚至一个程序。

【例2.1】

任务要求:

已知一个三角形的三边长,求三角形面积。

解题思路:

假设已知三角形的三边 a、b、c 符合构成三角形的条件。从数学知识已知求三角形面积(area)的公式为

$$area = \sqrt{s(s-a)(s-b)(s-c)}$$

式中,$s = \dfrac{a+b+c}{2}$。

可以采取以下步骤。

(1) 把3个边长输入给3个变量a、b、c。

(2) 根据以上公式计算变量s和area的值。

(3) 输出三角形面积area。

编写程序:

```
#include <stdio.h>
#include <math.h>
int main()
{
    float a,b,c,s,area;                    //定义实型变量 a、b、c、s、area
    scanf("%f,%f,%f",&a,&b,&c);            //输入 3 个值给 3 个变量 a、b、c
    s=(a+b+c)/2.0;                         //计算 s
    area=sqrt(s * (s-a) * (s-b) * (s-c));  //计算 area
    printf("a=%f\nb=%f\nc=%f\narea=%f\n",a,b,c,area);  //输出三角形面积 area
```

```
    return 0;
}
```

运行结果：

```
3.4, 4.5, 5.6↙        (输入 3 个实数)
a=3.400000            (下面 4 行为输出的结果)
b=4.500000
c=5.600000
area=7.649173
```

程序分析：

（1）变量是指在程序运行中其值可以变化的量，常量是指在程序运行中其值是不能变化的量。如本例中 2 是常量，a、b、c 是变量。

（2）在 C 语言中，数据是分类型的。数值型数据最常用的是整型和实型。在本题中，a、b、c、area 的值不一定是整数，故不应定义为 int 类型，而应定义为实型变量。float 是单精度实型变量的类型符，用来定义实型变量。一个单精度实型数据一般可以有 6～7 位精度。

（3）程序第 8 行中的 sqrt()函数是求平方根的函数，这是 C 语言编译系统提供的数学函数库中的函数。为了使用这个数学函数库中的函数，必须在程序的开头加一条"＃include ＜math.h＞"指令，其作用是把头文件"math.h"包含到程序中。在此头文件中包含了使用数学函数所需的信息。

注意： 以后凡在程序中要用到数学函数库中的函数，都应当用 include 指令包含 math.h 头文件。

（4）可以看到，用 scanf()函数输入实型变量和用 printf()函数输出实型变量时，在函数中指定的格式声明都是用"％f"。

用"％f"输出实型数据时，如果程序中没有指定输出数据的长度，系统会根据数据的实际长度决定输出的数据所占的列数：实数中的整数部分全部输出，小数部分输出 6 位。见本例的输出结果。

（5）也可以按照用户的要求，自己指定输出数据字段的宽度和小数的位数。如将 printf 语句改变如下（请注意有下画线的部分）：

```
printf("a=%10.2f\nb=%10.2f\nc=%10.2f\narea=%7.2f\n",a,b,c,area);
```

其中，％10.2f 表示指定输出的字段宽度为 10，并且有 2 位小数。

此时的运行情况如下：

```
3.4, 4.5, 5.6↙        (输入 3 个实数)
a=      3.40          (下面 4 行为输出的结果)
b=      4.50
c=      5.60
area=   7.65
```

可以看到输出的前 3 个实数中有 2 位小数，小数点前有一位数字，此数字前有 6 个空格，加上一个小数点，输出的字段共占 10 位（称字段宽度为 10）。最后一个实数用"％7.2"格式输出，字段宽度为 7。用这种方法可以使输出的各行按小数点对齐。

（6）在用 VC++ 集成环境对此程序编译时，会对第 7 行和第 8 行提出两个警告

（warning）信息，即"'='：conversion from 'double' to 'float'，possible loss data"。这是因为编译系统在进行运算时会把所有单精度实数都作为双精度数处理。因此，第 7 行的"（a＋b＋c）/2.0"是双精度型，而赋值号左侧的变量 s 是 float（单精度）型，因此提醒用户："在用赋值号进行赋值时，从双精度（double）型转换为单精度（float）型可能会丢失数据（影响精度）。"出现这类"警告"并非说明程序出错，实际上是一种提醒，让用户知道有此情况。如果用户认为能接受这个现实，可以让程序继续进行连接和运行，得到运行结果，只是精度会受些影响。如果用 GCC 编译系统，则不会出现此"警告"信息。

【例 2.2】

任务要求：

中国在 2010 年 11 月 1 日进行了第 6 次全国人口普查，当时的全国人口为 1370536875 人，假设年增长率为 0.5％，计算到 2050 年有多少人。

解题思路：

这个问题的思路很简单，关键在于找到计算公式。根据算术知识，如果人口基数为 p_0，y 年后的人口数为 p_1，则

$$p_1 = p_0 \times (1+r)^y$$

编写程序：

有了解题思路，很容易用 C 语言表示，并写出求此问题的 C 语言程序。

```c
#include <stdio.h>
#include <math.h>
int main()
{
    double p0,p1,r;              //定义双精度型变量
    int y;                       //用整型变量 y 来表示经历的年数
    p0=1370536875;
    y=2050-2010;
    r=0.005;
    p1=p0 * pow(1+r, y);
    printf("p1=%f\n",p1);
    return 0;
}
```

运行结果：

```
p1=1673143517.89062            (即约 16.73 亿人)
```

程序分析：

（1）为了提高运算精度，把 p0、p1 和 r 定义为 double（双精度）型变量。float（单精度）型数据能提供 6～7 位精度，双精度型数据能提供 15 位精度。编译此程序时不会出现例 2.1 的"警告"。

（2）第 10 行中的 pow 是 C 语言函数库提供的幂函数，pow(a,b)的作用是求 a^b，pow(1+r, y)的值是 $(1+r)^y$。

（3）为了调用数学函数 pow，在程序的开头必须有预处理指令：#include <math.h>。

（4）也可以把第 7、9 行两个赋值语句改用以下 scanf()函数来输入 p0 和 r。

```
scanf("%lf,%lf",&p0,&r);        //用"%lf"格式符输入双精度数,f 前面是小写字母 l
```

运行结果如下：

<u>1370536875，0.005↙</u>　　　　(本行为输入)
p1=1673143517.890622　　　(本行为输出)

（5）得到的结果为一个实数。显然，其小数部分是没有意义的，可以在输出时不输出小数部分。将 printf()函数改为

```
printf("p1=%12.0f\n",p1);
```

输出结果为

p1=　　1673143518　　　　　(对小数部分四舍五入)

【例 2.3】

任务要求：

求 $ax^2+bx+c=0$ 方程的根。程序中 a、b、c 由键盘输入。设 $b^2-4ac\geqslant0$。

解题思路：

根据代数知识，如果 $b^2-4ac\geqslant0$，则一元二次方程的根为

$$x_1=\frac{-b+\sqrt{b^2-4ac}}{2a}, \quad x_2=\frac{-b-\sqrt{b^2-4ac}}{2a}$$

可以将上面的分式分为两项：

$$p=\frac{-b}{2a}, \quad q=\pm\frac{\sqrt{b^2-4ac}}{2a}$$

则可以表示为

$$x_1=p+q, \quad x_2=p-q$$

根据以上公式，写出计算的有关语句，再加上输入/输出部分以及头尾部分即可。

编写程序：

```
#include <stdio.h>
#include <math.h>
int main()
{
    double a,b,c,disc,x1,x2,p,q;
    scanf("%lf,%lf,%lf",&a,&b,&c);        //双精度变量用%lf 的格式输入,f 前面加小写字母 l
    disc=b*b-4*a*c;
    p=-b/(2*a);
    q=sqrt(disc)/(2*a);
    x1=p+q;x2=p-q;
    printf("x1=%5.2f\nx2=%5.2f\n",x1,x2);
    return 0;
}
```

运行结果：

<u>1,3,2↙</u>　　(本行为输入)
x1=-1.00

25

```
x2=-2.00
```

程序分析：

本程序正常运行的前提是：$b^2-4ac \geqslant 0$。如果某次运行时输入的 a、b、c 不满足 $b^2-4ac \geqslant 0$，会出现什么情况？如某次在 VC++ 平台上运行的情况如下：

```
2.5,3.5,4.5↙
x1=-1.#J
x2=-1.#J
```

结果显然不对，原因是 q 变量的值为虚数，无法输出。这样的程序是不完善的，没有考虑特殊情况。请大家考虑应如何修改程序。

2.2 数据的类型和表现形式

在第 1 章中已经介绍过算法处理的对象是数据。编写程序不仅需要学习算法，还需要了解数据的有关属性。本章的 2.2～2.6 节将介绍 C 语言中数据的有关属性。

2.2.1 C 语言的数据类型

C 语言中的数据是分为不同类型的。C 语言提供了丰富的数据类型供选用，如图 2.1 所示。其中，前面有 * 的数据类型是 C99 标准中新增加的。

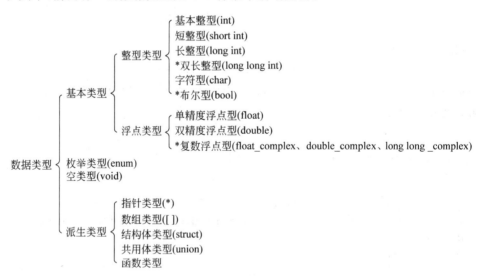

图 2.1

在程序中定义变量时，必须指定变量的类型。例如：

```
int a;                //int 是整型类型名
```

为什么要指定数据的类型呢？在数学中数值是不分类型的，数值的运算是绝对准确的，例如，25 与 75 之和为 100，它的 1/3 的值是 0.33333333…（循环小数）。数学是一门研究抽

26

象的学科,数和数的运算都是抽象的。而在计算机中,数据是存放在存储单元中的,它是具体存在的。而且存储单元是由有限的字节(byte)构成的,每一个存储单元中存放数据的范围是有限的,不可能存放"无穷大"的数,也不能存放循环小数。

所谓类型,就是对数据分配内存单元的安排,包括存储单元的长度(占多少字节)以及数据的存储形式。系统对不同类型的数据分配不同的长度和存储形式。

在初学时主要用到的是整型、实型(浮点型)、字符型。本章将对它们作简要的介绍。

2.2.2　数据表现形式——常量和变量

在程序中,数据是以两种形式出现的,即常量和变量。

1. 常量

在程序运行过程中,其值不能被改变的量称为常量。如 1000、0.0036、-0.225、0 是常量。数值常量就是数学中的常数。

另外,经常用到符号常量。符号常量就是用一个符号名代表一个常量。比如,如果在程序开头有如下的预处理指令:

```
#define PI 3.14159
```

表示指定用符号 PI 代表常量 3.14159。在本程序中出现的 PI,在编译时都置换成常数 3.14159。这样做的好处是:

(1) 含义清楚,在程序中如果出现许多常数,往往使人不知道这些常量代表什么,现在按"见名知义"的原则定义符号常量名(如 PI),一看就知道是代表圆周率。

(2) 如果程序中多处用到同样的常数,比如货物价格,这样在价格调整时,就需要修改多处的常数,如果指定了符号常量 PRICE:

```
#define PRICE 100
```

需要时把它改为

```
#define price 120
```

这样只需定义一次,相应的多处的常数都会修改,十分方便。

注意: 符号常量不是变量,不占内存单元,不能在程序中被赋值。它只是一个临时符号,代表一个值,在编译后就不存在了。习惯上符号常量用大写表示,以区别变量。本章例 2.15 使用了符号常量,可参阅。

另外,在程序中尽量不要出现过多的常数。

2. 变量

变量代表内存中具有特定属性的一个存储单元,它用来存放数据,也就是存放变量的值。在程序运行期间,这些值是可以改变的。一个变量应该有一个名字,以便被引用。

注意: 应能区分变量名和变量值,这是两个不同的概念。

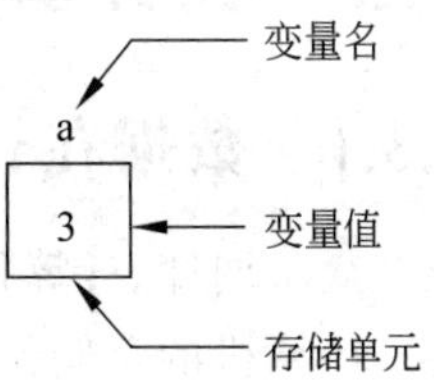

图 2.2 中的 a 是变量名,3 是变量 a 的值,即存放在变量 a 的内存单元中的数据。变量名实际上是以一个名字代表的一个内存地址。在对程序进行编译连接时,由编译系统给每一个变量名分配对应的

图　**2.2**

27

内存地址。所谓"从变量中取值"，实际上是通过变量名找到相应的内存地址，从该存储单元中读取数据。

变量必须在程序中**先定义，后使用**。在定义时指定该变量的名字和类型。定义变量的一般形式是：

类型名 变量名；

或

类型名 变量名=初值；

可以一次同时定义多个同类型的变量。例如：

```
int a,b,c;                    //定义 a、b、c 为整型变量
float m=3.5,n=-7.8,p;         //定义 m、n、p 为实型变量，并对 m 和 n 指定初值
```

变量的名字必须符合 C 语言对标识符的规定。用来标识对象名字（包括变量、函数、数组、类型等）的有效字符序列称为标识符（identifier）。简单地说，标识符就是一个对象的名字。

C 语言规定标识符只能由字母、数字和下画线三种字符组成，且第一个字符必须为字母或下画线。下面列出的是合法的标识符，可以作为变量名。

sum、average、_total、Class、day、month、Student_name、tan、lotus_1_2_3、BASIC、li_ling。

下面列出的是不合法的标识符，不能作为变量名。

MR.Dicson、$123、C++。

编译系统将大写字母和小写字母认为是两个不同的字符。因此，sum 和 SUM 是两个不同的变量名；同样，Class 和 class 也是两个不同的变量名。变量名一般用小写字母表示，与人们日常习惯一致，以增加可读性。

注意：要能区分类型与变量。有些读者弄不清类型和变量的关系，往往把它们混为一谈。应当看到它们是既有联系又有区别的两个概念。每一个变量都有一个确定的类型，类型是变量的共性。类型相当于建造房屋的图纸，按照同一套图纸可以建造出许多套外形和结构完全相同的房屋，它们具有相同的特征。但图纸是不能住人的，只有建成的房屋才能住人。类型是抽象的，不占用存储单元，不能用来存放数据；而变量是具体的，变量占用存储单元，可以用来存储数据。例如：

```
int a=3;                      //正确，把 3 赋给变量 a
int=3;                        //错误，企图向类型赋值
```

2.3　在计算机中存储数据

2.3.1　数据在计算机中以二进制形式存储

众所周知，计算机的工作是基于二进制原理的，计算机内部的信息都是用二进制来表示的。计算机的存储器是用半导体集成电路构成的，它包括几亿个小的脉冲电路单元（二极管元件）。每一个二极管元件如同一个开关，有两种稳定的工作状态："导通"与"截止"，即电

脉冲的"有"与"无",用 1 和 0 表示。如果有相邻的 8 个二极管元件,第 1、3、5、7 个元件处于"导通"状态,第 2、4、6、8 个元件处于"截止"状态[见图 2.3(a)],这种状态可以用 10101010 表示[见图 2.3(b)或(c)]。

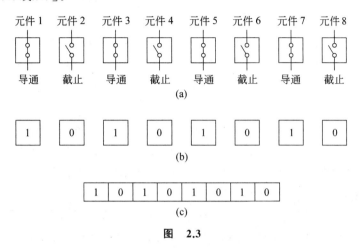

图　2.3

当用户向计算机输入数据(如输入整数 5)时,计算机先把该数据转换为二进制形式(整数 5 的二进制形式为 101),根据其每一位是 0 或 1,使相应的电子元件设置为"截止"或"导通"状态。从而使计算机获得相应的信息。

一个十进制怎样表示为二进制形式呢? 二进制数的特点是"逢二进一",每一位的值只有 0 和 1 两种可能。

表 2.1 列出了最简单的十进制数与二进制数的对应关系。

表 2.1　最简单的十进制数与二进制数的对应关系

十进制数	二进制数	十进制数	二进制数
0	0	6	110
1	1	7	111
2	10	8	1000
3	11	9	1001
4	100	10	1010
5	101		

十进制数 10 用二进制表示是 1010。二进制数转换成十进制的计算方式如下:

$$1\times2^3+0\times2^2+1\times2^1+0\times2^0$$

其中,每一个二进位代表不同的幂,最右边一位代表 2 的 0 次方,最右边第二位代表 2 的 1 次方,以此类推。显然一个很大的十进制整数可能需要几十个"二进制位"来代表。

2.3.2　位、字节和地址

在谈论数据存储时常用到以下名词。

(1) 位。位又称为"比特"(bit)。每一个二极管元件称为一个"二进制位",是存储信息的最小单位。它的值是 1 或 0。

（2）字节。字节又称为"拜特"（byte）。一个存储器包含许许多多个"二进制位"，如果直接用"位"来表示和管理，位数很长，很不方便。所以一般将 8 个"二进制位"组织成一组，称为"字节"。这是人们最常用的存储单位，例如平常说的"占内存 125KB"，就是指 125K 个字节，即约 12.5 万个字节。"内存为 256MB"，就是指 256 兆个字节；1 兆是 10^6，即 100 万。"硬盘容量为 40GB"，就是指 40 吉个字节，一吉是 10^9，40GB 就是 400 亿个字节。

（3）地址。计算机的存储器包含许多存储单元，怎样才能找到所需的存储单元呢？操作系统把所有存储单元以字节为单位编号，如图 2.4 所示。

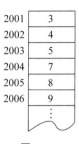

图 2.4

其中，在编号为 2001 的字节中存放数据 3，在编号为 2002 的字节中存放数据 4，以此类推。2001、2002 就是存储单元的地址。也就是说，在地址为 2001 的存储单元中存放数据 3，在地址为 2002 的存储单元中存放数据 4……请注意，这只是示意性的说明，实际上在计算机中一般不是用 1 个字节存放一个整数，而是用 2 个或 4 个字节存放一个整数。这是因为 1 个字节只有 8 个二进制位，能存放的数据范围比较小，因此为了扩大存储数据的范围，需要用几个字节来存放一个数据。

2.4 整型数据的属性与运算

2.4.1 整型数据的分类

在 C 语言中常用到以下几类整型变量。

- 基本整型：用 int 表示。
- 短整型：用 short int 或 short 表示（int 可以省略不写）。
- 长整型：用 long int 或 long 表示。
- 双长整型：用 long long int 或 long long 表示。这是 C99 增加的。

ANSI C 标准没有具体规定以上各类数据所占内存的字节数。近期的编译系统（包括 GCC 和 Visual C++）则对 short 型数据分配 2 个字节（16 位），对 int 和 long 型数据都是分配 4 个字节（32 位）。这样，short 型数据范围是 −32768～32767，int 和 long 型数据范围是 $-2^{31}\sim(2^{31}-1)$，即 −2147483648～2147483647，约为负 21 亿至正 21 亿。

表 2.2 列出了 Visual C++ 的整型数据的存储空间和数值范围。

表 2.2 整型数据的存储空间和数值范围

类　　型	字节数	取　值　范　围
int（基本整型）	4	−2147483648～2147483647，即 $-2^{31}\sim(2^{31}-1)$
short［int］（短整型）	2	−32768～32767，即 $-2^{15}\sim(2^{15}-1)$
long［int］（长整型）	4	−2147483648～2147483647，即 $-2^{31}\sim(2^{31}-1)$
long long［int］（双长型）（C99 支持）	8	−9223372036854775808～9223372036854775807，即 $-2^{63}\sim(2^{63}-1)$

提示：

（1）左侧的"类型"中的方括号表示其中的内容是可选的，既可以有，也可以没有。如 long 和 long int 效果相同。

（2）如果不知道所用的 C 语言编译系统对变量分配的空间，可以用 C 语言提供的 sizeof 运算符查询。例如：

```
printf("%d,%d,%d\n",sizeof(int), sizeof(short), sizeof(long));
```

可以查出当前所用的编译系统为基本整型、短整型和长整型数据所提供的字节数。

2.4.2　整型数据在内存中的存储方式

一个整数在内存中怎么存储呢？先把这个整数转换为二进制形式，如整数 10，其二进制形式表示为 1010，可以直接把该二进制数存放在存储单元中，存储单元中的情况如下。

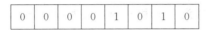

1 个字节共有 8 个二进位，左面第 1 位（即最高位）用来表示符号，当最高位为 0 时表示是正数，为 1 时则为负数，所以看第 1 位就可以知道该数是正数还是负数。后面 7 位都用来存放数值，因此能存放的最大整数是 01111111，即 2^7-1，它相当于十进制的 127。如果数值大于 127，1 个字节就放不下了。这显然是无法满足要求的。有的 C 语言编译系统（如 Turbo C 2.0）以 2 个字节表示一个整数，这时它能存放的最大值是 0111111111111111，即 $2^{15}-1$，它相当于十进制的 32767。实际上使用的整数往往超过 32767，显然 2 个字节也放不下，因此现在的 C 语言编译系统（如 Visual C++）以 4 个字节来表示一个整数，这时它的最大值是 31 个二进位都是 1，即 $2^{31}-1$，约为 21 亿。一般情况下能满足使用要求。

数值并不总是正值，往往有负数。那么怎样表示负数呢？在计算机的存储器中，整数是以补码形式存放的。一个正数的补码和该数的原码（即该数的二进制形式）相同，如整数 10 的原码和补码都是 00001010。对负数，先求出该数的绝对值的二进制形式，按位取反再加 1，这就是它的补码，再存放到存储单元中。例如，−10 的补码是 1111111111110110，如图 2.5 所示。

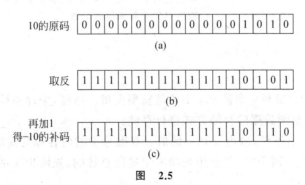

图　2.5

这个转换是计算机自动完成的，不需要人工干预。

2.4.3　整型数据运算程序举例

【例 2.4】

任务要求：

解"鸡兔同笼"问题。在一个笼子里同时养着一些鸡和兔子，你想了解有多少只鸡和多少只兔，主人对你说：我只告诉你鸡和兔的总头数是16，总脚数是40，你能不能自己计算有多少只鸡和多少只兔？

解题思路：

设 x 代表鸡的数量，y 代表兔的数量，总头数为 h（heads），总脚数为 f（feet）。根据代数知识，可以列出下面的方程式：

$$x + y = h \qquad\qquad\qquad ①$$
$$2x + 4y = f \qquad\qquad\qquad ②$$

从这两个方程式中可以找到求 x 和 y 的公式为：②式－2×①式。即

$$2y = f - 2h$$
$$y = \frac{f - 2h}{2}$$

求出 y 后，则 $x = h - y$。

有此基础以后，编一个C语言程序来求鸡和兔的数量，已知总头数 h 为16，总脚数 f 为40。

编写程序：

```
#include <stdio.h>
int main()
{
    int h,f,x,y;              //定义整型变量 h、f、x、y
    h=16;                     //对整型变量 h 赋值,使 h 的值等于 16
    f=40;                     //对整型变量 f 赋值,使 f 的值等于 40
    y=(f-2*h)/2;              //对表达式(f-2*h)/2 进行运算,把结果赋给 y
    x=h-y;                    //对表达式 h-y 进行运算,把结果赋给 x
    printf("%d%d\n",x,y);     //输出鸡的个数和兔的个数
    return 0;
}
```

程序分析：

（1）第4行通知计算机：变量 x、y、h、f 是整型变量。这样，编译系统就给它们分配相应的存储单元，并按照整型数据的存储方式进行存储。

（2）第9行是输出语句，输出 x 和 y 的值。双撇号中的内容称为输出格式控制，用它来控制输出数据的格式。两个"%d"是用来输出十进制整数的，先输出 x 的值12，再输出 y 的值4。

应该说，这个程序是正确的，在进行编译和连接时都没有出错。运行时显示的信息是124。

但是这个结果令人不可捉摸，鸡和兔的总头数只有16，怎样会出现124这个数呢？经

过仔细分析,应该是鸡 12 只,兔 4 只。但是在输出时把 12 和 4 紧连在一起了。这不怪计算机,因为程序就是这样规定的。用 printf 语句输出数据时,在前后两个数据间不会自动加空格。

为了解决这一问题,可以在 printf 语句中的两个%d 之间人为地加一个逗号,即

```
printf("%d,%d\n",x,y);
```

这样,重新编译和运行程序,显示的结果是

```
12,4
```

比前面的结果好了一些,但是还没有告诉我们有多少只鸡、多少只兔,需要人们自己对照程序分析,很不方便。为了解决这个问题,可以在 printf 语句中增加一些说明性的内容,对输出的结果作必要的说明。将 printf 语句再改为

```
printf("cock=%d,rabbit=%d\n",x,y);
```

由于"cock="和"rabbit="是在输出格式说明%d 以外增加的字符,这些字符按原样输出。经过重新编译和运行,显示的结果是

```
cock=12,rabbit=4
```

显然这个结果不仅正确,而且清晰,易于理解。

提示:用计算机解题,必须由人们事先分析题目要求,找出解决问题的思路和具体步骤,然后指定计算机一步步怎么做。计算机完全是根据人们事先规定的指令进行工作的。程序就是用来告诉计算机要做什么、先做什么、后做什么。有人以为计算机是万能的,只要写出方程式并输入计算机,计算机就会自动解出方程,得到结果。在程序设计中是不可能的(至少在目前如此)。这是有人不了解计算机的工作方式而引起的误解。

2.5　实型数据的属性与运算

2.5.1　实型数据的分类

实型又称为浮点型(floating point number)。常用的有以下几种。
- float(单精度实型)
- double(双精度实型)
- long double(长双精度实型)

ANSI C 并未具体规定每种类型数据的长度、精度和数值范围。一般的 C 语言编译系统对 float 型数据分配 4 个字节,对 double 型数据分配 8 个字节。对于 long double 型,不同系统的做法差别很大,有的和 double 型一样分配 8 个字节(如 VC++ 6.0),有的分配 16 个字节,也有的分配 10 个字节。

一般占 4 个字节的 float 型数据的数值范围为 $10^{-38} \sim 10^{38}$,有效位数为 6~7 位;占 8 个字节的 double 型数据的数值范围为 $10^{-308} \sim 10^{308}$,有效位数为 15~16 位;占 16 个字节的 double 型数据的数值范围为 $10^{-4932} \sim 10^{4932}$,有效位数为 18~19 位;long double 型用得较

少,读者只要知道有此类型即可。

表 2.3 列出了 Visual C++实型数据的有关情况。

表 2.3　实型数据的有关情况

类　型	字节数	有效数字	数值范围（绝对值）
float	4	6～7	0 以及 $1.2 \times 10^{-38} \sim 3.4 \times 10^{38}$
double	8	15～16	0 以及 $2.3 \times 10^{-308} \sim 1.7 \times 10^{308}$
long double	8	15～16	0 以及 $2.3 \times 10^{-308} \sim 1.7 \times 10^{308}$

2.5.2　实型常量的表示形式

实数在程序中应用很广,它有两种表示形式。

(1) 十进制小数形式。它由数字和小数点组成（注意必须有小数点）。0.123、123.23、0.0 都是十进制小数形式;10、-50 在 C 语言中不属于实型常量,而是整型常量。

(2) 指数形式。在数学上,类似 123×10^3 这样形式的数称为指数形式。在计算机的字符中无法表示上角和下角,所以用字母 e 和 E 代表以 10 为底的指数。如用 123e3 或 123E3 代表 123×10^3。应注意,字母 e(或 E)之前必须有数字,且 e 后面的指数必须为整数,如 e3、2.1e3.5、.e3、2e 等都不是合法的指数形式。

程序中的实数不论是以十进制小数形式出现还是以指数形式出现,在内存中一律以指数形式存储。例如,以下两种写法在内存中存储方式相同。

```
a=3.14159;              //十进制小数形式
a=0.314159e1;           //指数形式
```

2.5.3　实型数据的存储形式

前面介绍过整数的存储形式,一个整数可以准确地表示为二进制形式。如果输入的是一个实数,如 123.456,就不能采取上面的方法。实数是以指数形式存放在存储单元中的。在存储时,系统将实型数据分成小数部分和指数部分两个部分,即

$$\underset{\text{小数部分}}{0.123456} \times \underset{\text{指数部分}}{10^3}$$

这两部分分别存放在存储单元中不同的位置。例如,3.14159 在内存中的存放形式如图 2.6 所示。

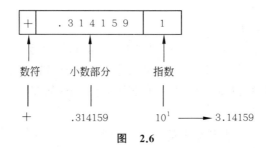

图　2.6

在计算机中,实际上是用二进制数来表示小数部分,用 2 的幂次来表示指数部分。

实数一律采用标准化指数存储方式进行存储。所谓标准化指数存储方式,是指其数值部分是一个小数,小数点前的数字是零,小数点后的第一位数字不是零。如 0.123456×10^3 是标准化指数存储形式,1.23456×10^2 不是标准化指数存储形式。存储时这个工作是由 Ｃ 语言编译系统自动完成的,无须用户处理,读者只要知道就可以了。

2.6　字符型数据的属性与运算

Ｃ语言不仅能处理数值数据,而且可以处理字符型数据,例如输入或输出一个或多个字符,对字符的"大小"进行比较,对若干个字符按字母顺序排序等。

2.6.1　字符型数据运算的简单例子

【例 2.5】

任务要求:

逐个输出英文字母 Ｃ、Ｈ、Ｉ、Ｎ、Ａ。然后按反序输出,即 Ａ、Ｎ、Ｉ、Ｈ、Ｃ。

解题思路:

可以把 5 个字母分别放在 5 个变量中。第 1 次按正序输出这 5 个字母,第 2 次按反序输出这 5 个字母。Ｃ语言提供了字符型变量,用来存放字符型数据。

这个任务比较简单,可以直接写出程序。

编写程序:

```
#include <stdio.h>
int main()
{
  char a='C',b='H',c='I',d='N',e='A';      //a、b、c、d、e 定义为字符型变量并赋初值
  printf("%c%c%c%c%c\n",a,b,c,d,e);        //顺序输出 CHINA
  printf("%c%c%c%c%c\n",e,d,c,b,a);        //反序输出 CHINA
  return 0;
}
```

运行结果:

```
CHINA
ANIHC
```

程序分析:

本程序是比较简单的。

第 1、2 行与以前的作用相同,在写程序时一般可照抄。

第 4 行是定义字符变量 a、b、c、d、e。字符型类型名为 char(character 的缩写);字符要用单撇号括起来;一个字符变量放一个字母字符。

第 5、6 行输出 5 个字母。输出字符所用的格式说明为"%c"。

2.6.2　字符常量和字符变量

1. 字符常量

Ｃ语言的字符常量是用单撇号括起来的一个字符。如例 2.5 程序中的'C'、'H'、'I'、'N'、'A'

等都是字符常量。不仅英文字母可以作为字符常量，而且键盘上的其他字符都可以作为字符常量，如'D'、'? '、'$'、'&'、'='、'@'等都是字符常量。注意，小写字母'a' 和大写字母'A' 是不同的字符常量。

在 C 语言中能在程序中表示的字符是有限的，在附录 A 中 ASCII 代码为 32～126 时所对应的字符是可以在键盘中找到的，也是可以在程序中直接表示出来的。而有些日常用到的特殊符号如 α、β、δ、ε、ⅰ 、ⅱ、ⅲ、ⅳ 等不是 C 语言的合法字符，是无法在计算机上输入和输出的。附录 A 中 ASCII 值 128～255 所对应的字符（如 α、β、∞、≥、≤等）是某些型号计算机专用的，其他计算机上不能使用。

注意：字符常量必须用单撇号括起来，如' a'。单撇号只是分界符，表示字符常量的起止范围。单撇号并不是字符常量的一部分。字符常量是字母 a，但在程序中表示时要用单撇号括起来，以免和变量 a 相混淆。

另外，还有一种字符常量，它以"\"开头，后面跟一个字母，如'\n'，它代表"换行"。这种字符常量称为转义字符，代表一个特定的含义。还有其他一些转义字符（如'\t'、'\0'等）。有关转义字符可参阅《C 语言程序设计教程学习辅导》第二部分第 11 章。

2. 字符变量

字符变量用来存放一个字符。不要以为在一个字符变量中可以放一个字符串（包括若干字符）。

字符变量的定义形式如下：

```
char 字符变量列表;
```

例如：

```
char c1,c2;
```

此处定义 c1 和 c2 为字符变量，由于每个字符变量可以放一个字符，因此可以用下面的语句对 c1 和 c2 赋值。

```
c1='a';c2='b';
```

2.6.3　字符型数据的存储方式

字符包括字母（如 A、a、X、x）、专用字符（如 $ 、@、％、♯）、转义字符（\n）等。计算机并不是将该字符本身存放到存储单元中（存储单元只能存储二进制信息），而是将字符的代码存储到相应的存储单元中。一般采用国际通用的 ASCII 代码。ASCII 是 American National Standard Code for Information Interchange 的缩写，意为美国国家信息交换标准码。从附录 A 中可以查到大写字母 A 相应的 ASCII 代码是 65，而 65 的二进制形式是 1000001，所以在存储单元中的信息是 010000001（第 1 位补 0，以凑足 8 位）。见下面的表示。

0	1	0	0	0	0	0	1

其他字符情况类似。读者不必死记 ASCII 代码表，以上转换工作是由编译系统自动完成的，用户不必自己转换。用户只要输入字母 A，在计算机的相应存储单元中存入

010000001 的信息。

1 个字节(8 个二进位)可以存放一个字符的代码。

2.6.4　字符型数据与整型数据在一定条件下可以通用

字符型数据和整型数据的存储形式从形式上没有什么区别,只是它们在内存中所占的字节数不同。人们会想字符型数据和整型数据之间是否可以通用? 答案是在一定条件下可以通用。什么条件呢? 就是整数在 0~127 范围内。如下面两个语句等价。

```
char c='a';              //将字符常量'a'赋给字符变量 c
char c=97;               //将'a'的 ASCII 代码赋给字符变量 c
```

执行上面第 1 行语句时,先将字符'a'转换为对应的 ASCII 码 97,然后存放在变量 c 中;执行第 2 行语句时,直接将整数 97 存放到变量 c 中(当然是以其二进制形式存放)。二者的效果完全相同。

如果有"char = 158;",因为 158 在内存中超过 1 个字节,所以它并不对应有效的字符。

字符型数据既可以以字符形式(用%c 格式)输出,也可以以整数形式(用%d 格式)输出。按字符形式输出时,系统先将存储单元中的 ASCII 码转换成相应的字符,然后输出;按整数形式输出时,直接将 ASCII 码作为整数输出。

【例 2.6】

任务要求:

将一个整数分别赋给两个字符变量,将这两个字符变量分别以字符形式和整数形式输出。

解题思路:

整数的范围应为 0~127,可以分别以字符形式和整数形式输出。

编写程序:

```
#include <stdio.h>
int main()
{
    char c1=97,c2=98;        //将'a'和'b'的 ASCII 码分别赋给字符变量 c1 和 c2
    printf("%c %c\n",c1,c2);  //字符型数据按字符形式输出
    printf("%d %d\n",c1,c2);  //字符型数据按整数形式输出
    return 0;
}
```

运行结果:

```
a b
97 98
```

程序分析:

程序第 4 行分别将整数 97 和 98 赋给字符变量 c1 和 c2,它的作用相当于:

```
char c1='a',c2='b';
```

第 5 行输出两个字符 a 和 b。"%c"是输出字符时使用的格式符。

第 6 行输出两个整数 97 和 98。

可以看到，字符型数据和整型数据在一定条件下是可以通用的，它们既可以用字符形式输出（用%c），也可以用整数形式输出（用%d），如图 2.7 所示。

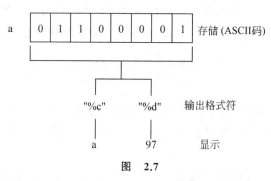

图　2.7

也可以把字符型数据当作整型数据进行算术运算，此时相当于对它们的 ASCII 码（是一个整数）进行算术运算。利用这一特点，可以巧妙地实现大小写字母间的转换。

【例 2.7】

任务要求：

将小写字母 a 和 b 转换为大写字母 A 和 B。

解题思路：

乍看起来，本题难以着手。其实很简单，可以分析一下大小写字母间有什么联系，有什么规律。从字母本身看不出什么联系，分别是独立的字符，但是分析 ASCII 代码，就看到它们之间的联系了。'a'的 ASCII 码为 97，而'A'的 ASCII 码为 65；'b'的 ASCII 码为 98，'B' 的 ASCII 码为 66。从附录 A 可以看到每一个小写字母的 ASCII 代码比它的大写字母的 ASCII 代码大 32。

找到这个规律，就可轻而易举地把小写字母转换为大写字母了。其方法是将小写字母的 ASCII 码减去 32，就得到大写字母的 ASCII 码了。

编写程序：

```
#include <stdio.h>
int main()
{
  char c1='a',c2='b';
  c1=c1-32;                 //将 c1 的 ASCII 代码减 32
  c2=c2-32;                 //将 c2 的 ASCII 代码减 32
  printf("%c,%c\n",c1,c2);
  return 0;
}
```

运行结果：

```
A, B
```

程序分析：

程序的依据是 C 语言允许对字符型数据与整数直接进行算术运算。c1＝c1－32 的执行过程如下。

（1）调出 c1 在存储单元中的数据 97。

（2）97－32，得到 65。

（3）将 65 存入变量 c1 的存储单元中。在输出时，由于指定 c1 和 c2 按％c 格式输出字符，所以将存储单元中的 65 和 66 转换成它们对应的字符'A'和'B'，然后输出。

C 语言可以把字符型数据当作整数来处理，使字符型数据与整型数据可以互相赋值，互相比较，这使程序设计时增加了灵活性。

有的读者可能会提出：字符型数据和整型数据有什么区别呢？这既要看到它们有一致的地方，又要看到它们的区别。字符型数据只占 1 个字节，而整型数据占 2 个字节或 4 个字节，显然不能把一个大数（如 12345）存到字符变量中，因此绝不能不问情况地用字符变量代替整型变量去使用。字符变量还是用来存放字符的，只是在处理字符型数据时利用以上特性更加方便而已。

可能还有一个疑问：一个字符型数据怎么一会儿以字符形式输出，一会儿以整数形式输出呢？有什么规律吗？应该明确，一个数据的值是由其在存储单元中的状况决定的，而输出的形式是由 printf() 函数中的格式声明（如％d、％c 等）决定的。如在内存中的 97，用％d格式输出则得到整数 97，而用％c 格式输出则得到字符 a。

2.6.5　字符串常量

C 语言除了允许使用字符常量外，还允许使用字符串常量。字符串常量是一对双撇号括起来的字符序列。例如，"How do you do."、"CHINA"、"a"都是合法的字符串。在前面的程序例子中已多次见到了在 printf() 函数中的字符串。例如：

```
printf("How do you do.");          //原样输出一个字符串
```

或

```
printf("a=%d,b=%c\n",a,b);         //双撇号内是格式控制字符串
```

注意：应能区分字符常量与字符串常量。'A'是字符常量，"A"是字符串常量，二者的含义不同。

假设 c 被定义为字符变量：

```
char c;                            //c 被指定为字符变量
c='a';                             //将字符'a'赋给字符变量 c
```

以上是正确的。而

```
c="CHINA";                         //试图将字符串常量"CHINA"赋给字符变量 c
```

是错误的。一个字符变量只能存放一个字符，不能存放多个字符，即使改写成

```
c="a";
```

也是错误的。不能把一个字符串常量赋给一个字符变量。读者可以上机试验一下。

有人不能理解：'A'和"A"究竟有什么区别？C 语言编译系统在处理字符串时，在每一

个字符串常量的结尾加一个转义字符\0'作为字符串结束的标志。\0'是一个 ASCII 码为 0 的字符，从附录 A 中可以看到 ASCII 码为 0 的字符是"空操作字符"，即它不引起任何控制动作，也不是一个可显示的字符。如果有一个字符串常量"CHINA"，实际上在存储单元中的情况如下（以字符形式表示）：

C	H	I	N	A	\0

不要把其中的\0'误写为 0，两者的含义是不同的。\0'的 ASCII 代码为 0，而数字字符 0 的 ASCII 代码为 48。上面的存储单元如果用 ASCII 代码表示的情况如下：

67	72	73	78	65	0

在输出字符串常量时并不输出\0'。例如 printf("How do you do.")，从第一个字符开始逐个输出字符，直到遇到最后附加的\0'字符，就知道字符串结束，停止输出。

注意：在写字符串时不必加\0'，否则会画蛇添足。\0'字符是在程序编译时系统自动加上的。

字符串"a"实际上包含两个字符：'a'和'\0'，因此，想把它赋给只能容纳一个字符的字符变量 c 显然是不行的。所以

```
c="a";
```

是错误的。

提示：在 C 语言中没有专门的字符串变量，不能将一个字符串存放在一个变量中。如果想将一个字符串存放在内存中，必须使用字符数组，即用一个字符数组来存放一个字符串，数组中的每一个元素存放一个字符。这方面内容将在第 5 章中介绍。

2.7 运算符与表达式

几乎每一个程序都包括运算，否则编写程序就没有了意义。C 语言中的运算符很丰富，包括算术运算（如 a＋3）、关系运算（如 a＞b）、逻辑运算（如 a&&b）和赋值运算（如 pi＝3.14159）等。本节只讨论算术运算，其他几种将在后面的几章陆续介绍。

2.7.1 算术运算符

1. 基本的算术运算符

（1）＋：加法运算符（或正值运算符），如 3＋5、＋4。

（2）－：减法运算符（或负值运算符），如 5－2、－3。

（3）＊：乘法运算符，如 3＊5。由于键盘上无"×"号，以"＊"代替。

（4）/：除法运算符，如 5/3。由于键盘上无"÷"号，以"/"代替。

（5）％：模运算符（或称求余运算符），求两个整数相除后的余数。％两侧均应为整型数据，如 19％4 的值为 3。

运算符的优先级与数学上规定的相同，**先乘除后加减**，即乘和除的级别比加和减的级别

高,同级别的一般情况下按自左而右的顺序进行。

需要说明的是,两个整数相除的结果为整数,如 5/3 的结果值为 1,需舍去小数部分。如果除数或被除数中有一个为负值,则舍入的方向是不固定的。例如 −5/3 在有的系统中得到的结果为 −1,在有的系统中得到的结果为 −2。多数 C 语言编译系统(如 Turbo C、VC++)采取"向零取整"的方法,即 5/3=1、−5/3=−1,取整后向零的方向靠拢。

如果参与 +、−、*、/ 运算的两个数中有一个数为 float 型或 double 型,则结果都是 double 型,因为系统在运算时会将所有 float 型数据都先转换为 double 型,再进行运算,这是为了提高运算精度。

2. 自增、自减运算符

这是 C 语言特有的,其作用是使变量的值增 1 或减 1。例如:

```
++i, --i        (在使用 i 之前,先使 i 的值加/减 1)
i++, i--        (在使用 i 之后,使 i 的值加/减 1)
```

粗略地看,++i 和 i++ 的作用相当于 i=i+1。++i 和 i++ 的不同之处是:++i 是先执行 i=i+1 后再使用 i 的值;而 i++ 是先使用 i 的值后再执行 i=i+1。如果 i 的原值等于 3,请分析下面的赋值语句:

```
j=++i;          (先使 i 的值变成 4,再赋给 j,j 的值为 4)
j=i++;          (先将 i 的值 3 赋给 j,j 的值为 3,然后 i 再变为 4)
```

又例如:

```
i=3;
printf("%d",++i);
```

输出 4。若改为

```
printf ("%d", i++);
```

则输出 3。

注意:自增运算符(++)和自减运算符(−−)只能用于变量,而不能用于常量或表达式,如 5++ 或 (A+B)++ 都是不合法的。因为 5 是常量,常量的值不能改变。(A+B)++ 也不可能实现,假如 A+B 的值为 5,那么自增后得到的 6 放在什么地方呢?无变量可供存放。

自增(减)运算符常用于循环语句中,使循环变量自动加 1;也用于指针变量,使指针指向下一个地址。这些将在以后的章节中介绍。

使用运算符 ++ 和 −− 的技巧与细节不作深入介绍。建议读者不要在表达式中随意使用 ++ 和 −− 运算符(如 i++−−j),而只使用最简单的形式(如 i++、i−−),以免引起歧义甚至出错。

2.7.2　算术表达式

用算术运算符和括号将运算对象(也称操作数)连接起来的、符合 C 语法规则的式子,称为 C 算术表达式。运算对象包括常量、变量、函数等。例如,下面是一个合法的 C 算术表达式(假设 i 和 j 是整型变量,c 是 float 型变量,x 是 double 型变量)。

```
i*j/c-1.5*sin(x)+'m'
```

其中，sin(x)是求 x 的正弦值的库函数。

在表达式求值过程中有以下几个问题要注意。

1. 各类数值型数据间的混合运算

在上面的表达式中包含整型、单精度实型、双精度实型和字符型数据，能否在它们之间进行运算呢？C 语言允许整型数据（包括 int、short、long）和实型数据（包括 float、double、long double）进行混合运算。由于字符型数据可以与整型数据通用，因此，整型、实型、字符型数据间可以混合运算。

在进行运算时，不同类型的数据要先转换成同一类型，然后进行运算。转换的规则如下。

（1）char 和 short 型先转换为 int 型。

（2）float 型一律转换为 double 型。

（3）整型（包括 int、short、long）数据与 double 型数据进行运算，先将整型转换为 double 型。

其实不必死记，规律很简单，只要记住：字节少的数据转换成字节多的类型。

上述类型转换是由系统自动进行的，我们只要知道运算的规律就可以了。

2. 强制类型转换

在表达式中也可以利用"强制类型转换"运算符将数据转换成所需的类型。例如：

```
(double)A          (将 A 转换成 double 型)
(int)(x+y)         (将 x+y 的值转换成整型)
```

强制类型转换的一般形式为

```
(类型名) (表达式)
```

其中，上面的"表达式"应该用括号括起来。

需要说明的是，在强制类型转换时，得到一个所需类型的中间变量，原来变量的类型未发生变化。例如：

```
(int) x
```

如果已定义 x 为 float 型，进行强制类型运算后得到一个 int 型的中间变量，它的值等于 x 的整数部分，而 x 的类型不变（仍为 float 型），见例 2.8。

【例 2.8】

任务要求：

用强制类型转换进行不同类型数据的运算。

提示：由于题目简单，故略去解题思路和程序分析部分。余同。

编写程序：

```c
#include <stdio.h>
int main()
{
    float f=3.6;
    int i;
    i=(int)f;
    printf("f=%f,i=%d\n",f,i);
```

```
    return 0;
}
```

运行结果：

```
f=3.600000,i=3
```

f 的类型仍为 float 型，值仍等于 3.6。

由上可知，有两种类型转换：第一种是在运算时不必用户指定，而是由系统自动进行类型转换，如 3+6.5。第二种是强制类型转换。当自动类型转换不能实现目的时，可以用强制类型转换。如 % 运算符要求其两侧均为整型量，若 x 为 float 型，则 x%3 不合法，必须用 (int)x % 3。从附录 C 可以查到，强制类型转换运算优于 % 运算，因此先进行 (int)x 的运算，得到一个整型的中间变量，然后对 3 求模。此外，在函数调用时，有时为了使实参与形参类型一致，可以用强制类型转换运算符得到一个所需类型的参数。

2.8　C 语言的语句综述

C 语言的语句用来向计算机系统发出操作指令。一个语句经过编译后会产生若干条机器指令。一个程序一般包含若干语句。

C 语句都是用来完成一定操作任务的。声明部分的内容不称为语句，例如，“int a;”不是一个 C 语句，它只是在程序编译时进行定义变量，分配内存单元，在程序运行时不产生操作。

C 语句分为以下五类。

1. 控制语句

控制语句用于完成一定的控制功能。C 语句只有九种控制语句，它们分别是

(1) if()...else...	(条件语句，用来实现选择结构)
(2) switch	(多分支选择语句)
(3) for()...	(循环语句，用来实现循环结构)
(4) while()...	(循环语句，用来实现循环结构)
(5) do...while()	(循环语句，用来实现循环结构)
(6) continue	(结束本次循环语句)
(7) break	(中止执行 switch 或循环语句)
(8) return	(从函数返回的语句)
(9) goto	(转向语句，现已基本不用了)

上面九种语句中的括号“()”表示其中是一个“判别条件”，“...”表示内嵌的语句。例如，“if()...else...”的具体语句可以写成：

```
if(x>y) z=x; else z=y;
```

2. 函数调用语句

函数调用语句由一个函数调用和一个分号构成，例如：

```
printf("This is a C statement.");
```

printf 是一个函数，上面的语句是调用 printf()函数，后面加一个分号，此外没有其他的内容。

3. 表达式语句

表达式语句由一个表达式和一个分号构成。最典型的是，由赋值表达式构成一个赋值语句。

表达式能构成语句是 C 语言的一个重要特点。其实"函数调用语句"也属于表达式语句，因为函数调用(如 sin(x))属于表达式的一种。只是为了便于理解和使用，才把"函数调用语句"和"表达式语句"分开来说明。由于 C 语言程序中大多数语句是表达式语句(包括函数调用语句)，所以有人把 C 语言称作"表达式语言"。

4. 空语句

下面是一个空语句。

```
;
```

即只有一个分号的语句，它什么也不做。有时用来作流程的转向点(流程从程序其他地方转到此语句处)，也可用来作为循环语句中的循环体(循环体是空语句，表示循环体什么也不做)。

5. 复合语句

可以用{}把一些语句括起来形成复合语句。例如，下面是一个复合语句。

```
{
    z=x+y;
    t=z/100;
    printf("%f",t);
}
```

注意：复合语句中最后一个语句后面的分号不能忽略不写。

2.9 赋值表达式和赋值语句

2.9.1 赋值表达式

1. 赋值运算符

赋值符号"＝"就是赋值运算符，这是前面多次见到过的。它的作用是将一个数据赋给一个变量。如"a＝3"的作用是执行一次赋值操作(或称赋值运算)，把常量 3 赋给变量 a。也可以将一个表达式的值赋给一个变量。

注意：在 C 语言中，"＝"不是数学中的"等于"，而是"赋予"。

例如，下面两个式子的作用不同。

```
a=b                    (把 b 的值赋予 a)
b=a                    (把 a 的值赋予 b)
```

2. 赋值表达式的应用

由赋值运算符将一个变量和一个表达式连接起来的式子称为"赋值表达式"。赋值运算符的一般形式为

变量名 ＝ 表达式

例如"a＝5"是一个赋值表达式,对赋值表达式求解的过程是:先求赋值运算符右侧的"表达式"的值,然后赋给赋值运算符左侧的变量。一个表达式应该有一个值,例如,赋值表达式"A＝3＊5"的值为15,执行表达式后,变量a的值也是15。

赋值运算符左侧的标识符称为"左值"(left value,简写为 lvalue),意思是位置在赋值运算符的左侧。并不是任何对象都可以作为左值,变量可以作为左值,而表达式 a＋b 就不能作为左值,常变量也不能作为左值,因为常变量不能被赋值。出现在赋值运算符右侧的表达式称为"右值"(right value,简写为 rvalue)。显然左值也可以出现在赋值运算符右侧,因而凡是左值都可以作为右值。例如:

```
b=a;                    //b 是左值
c=b;                    //b 也是右值
```

赋值表达式中的"表达式"又可以是一个赋值表达式。例如:

```
a= (b=5)
```

括号内的"b＝5"是一个赋值表达式,它的值等于5。执行表达式"a＝(b＝5)"相当于执行"b＝5"和"a＝b"两个赋值表达式,因此 a 的值等于5,整个赋值表达式的值也等于5。从附录 C 可以知道赋值运算符按照"自右而左"的顺序结合,因此,"(b＝5)"外面的括号可以不要,即"a＝(b＝5)"和"a＝b＝5"等价,都是先求"b＝5"的值(得5),再赋给 a。

将赋值表达式作为表达式的一种,使赋值操作不仅可以出现在赋值语句中,而且可以以表达式形式出现在其他语句(如输出语句、循环语句等)中,例如:

```
printf("%d", a=b);
```

如果 b 的值为3,则输出 a 的值(也是表达式 a＝b 的值)为3。在一个语句中完成了赋值和输出双重功能。这是 C 语言灵活性的一种表现。

3. 赋值过程中的类型转换

如果赋值运算符两侧的类型一致,则直接进行赋值。例如:

```
i=6                     (假设 i 已定义为 int 型)
```

如果赋值运算符两侧的类型不一致,但都是数值型或字符型时,在赋值时要进行类型转换。类型转换是由系统自动进行的,它的转换规则如下。

(1) 将实型数据(包括单、双精度型)赋给整型变量时,先对实数取整(即舍去小数部分),然后赋予整型变量。如 i 为整型变量,执行"i＝3.56"的结果是使 i 的值为3,以整数形式存储在整型变量中。

(2) 将整型数据赋给单精度型或双精度型变量时,数值不变,但以实数形式存储到变量中,如将 23 赋给 float 型变量 f,先将 23 转换成实数 23.00000,再按指数形式存储在 f 中。

(3) 将一个 double 型数据赋给 float 型变量时,截取其前面 7 位有效数字,存放到 float

型变量的存储单元（4 个字节）中,同时应注意数值范围不能溢出。例如:

```
double d=123.456789e100;
f=d;
```

其中,f 是 float 型变量,无法容纳如此大的数,出现溢出的错误。

将一个 float 型数据赋给 double 型变量时,数值不变,有效位数扩展到 16 位,在内存中以 8 个字节存储。

（4）字符型数据赋给整型变量时,将字符的 ASCII 码赋给整型变量。例如:

```
i ='a';                //已定义 i 为整型变量
```

由于字符'a'的 ASCII 码为 97,因此,赋值后 i 的值为 97。

（5）将一个占字节多的整型数据赋给一个占字节少的整型变量或字符变量,例如,把一个 4 个字节的 long 型数据赋给一个 2 个字节的 short 型变量,或将一个 2 个字节的 int 型数据赋给 1 个字节的 char 型变量,只将其低字节原封不动地送到该变量(即发生截断)。例如:

```
i =289;                //假设已定义 i 为整型变量
c ='a';                //假设已定义 c 为字符变量
c =i;                  //假设将一个占 2 个字节的 int 型数据赋给 char 型变量
```

赋值情况如图 2.8 所示,c 的值为 33。如果用"％c"输出 c,将得到字符"!"(其 ASCII 码为 33)。

要避免进行这种赋值,因为赋值后数值可能发生失真。如果一定要进行这种赋值,应当保证赋值后数值不会发生变化,即所赋的值在变量的数值范围内。如将上面的 i 值改为 123,就不会发生失真。

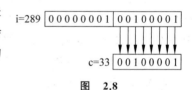

图 2.8

2.9.2 赋值语句

1. 赋值语句是由赋值表达式加上一个分号构成

从前面的例子中已知道,赋值表达式的作用是将一个表达式的值赋给一个变量,因此赋值表达式具有计算和赋值双重功能。程序中的计算功能主要是由赋值语句来完成的。在 C 语言程序中,赋值语句是用得最多的语句。例如:

```
s=2 * 3.14159 * r;     //计算圆周长,赋值给变量 s
```

在前面的叙述中已知:在一个表达式中可以包含另一个表达式。既然赋值表达式是一种表达式,因此它就可以出现在其他表达式之中,例如:

```
if((a=b)>0) t=a;
```

按语法规定,if 后面的括号内是一个"条件",例如可以是:"if(x＞0)…"。现在在 x 的位置上换上一个赋值表达式"a=b",其作用是:先进行赋值运算(将 B 的值赋给 A),然后判断 A 是否大于 0,如大于 0,执行 t=a。注意,在 if 语句中的"a=b"不是赋值语句,而是赋值表达式,以上的写法是合法的。如果写成

```
if((a=b;)>0) t=a;      //"a=b;"是赋值语句
```

就错了。在 if 的条件中可以包含赋值表达式,但不能包含赋值语句。由此可以看到,C 语言把赋值语句和赋值表达式区别开来,增加了表达式的种类,使表达式的应用几乎"无孔不入",能实现其他语言中难以实现的功能。

注意:要能区分赋值表达式和赋值语句。赋值表达式的末尾没有分号,赋值语句的末尾必须有分号。

在一个表达式中可以包含一个或多个赋值表达式,但绝不能包含赋值语句。

2. 变量赋初值

赋值的一种方式是在定义变量时赋予它一个初值。例如:

```
int a =3;              //指定 A 为整型变量,初值为 3
double f =3.56;        //指定 f 为双精度型变量,初值为 3.56
char c ='a';           //指定 c 为字符变量,初值为'a'
```

也可以对被定义的变量中的一部分变量赋初值,其余的变量不赋初值。例如:

```
int a,b,c=5;
```

上式指定 a、b、c 为整型变量,但只对 c 初始化,c 的初值为 5,b 和 c 未被赋初值。

如果对几个变量赋予同一个初值,应写成:

```
int a=3,b=3,c=3;
```

表示 a、b、c 的初值都是 3。

```
int a=3;
```

相当于

```
int a;                 //定义 a 为整型变量
a=3;                   //赋值语句,将 3 赋给 a
```

2.10　数据的输入/输出

2.10.1　数据输入/输出的概念

输入/输出是程序中最基本的一种操作,几乎每一个 C 程序都包含输入/输出。因为要进行运算,就必须给出数据,而运算的结果当然需要输出,以便人们应用。没有输出的程序是没有意义的。

在讨论程序的输入/输出时要注意以下几点。

(1) 输入/输出是以计算机主机为主体而言的。从计算机向输出设备(如显示器、打印机等)输出数据称为输出,从输入设备(如键盘、鼠标、磁盘、光盘、扫描仪等)向计算机输入数据称为输入。如图 2.9 所示。

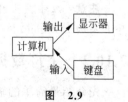

图　2.9

(2) C 语言本身不提供输入/输出语句,输入和输出操作是由 C 函数库中的函数来实现的。在 C 标准函数库中提供了一些输入/输出函数,如 printf() 函数和 scanf()函数。读者在使用它们时，千万不要误认为它们是 C 语言提供的"输入/输出语句"。printf 和 scanf 不是 C 语言的关键字，而只是库函数的名字。实际上人们可以不用 printf 和 scanf 这两个名字，而另外编写一个输入函数和一个输出函数，用来实现输入/输出的功能，即采用其他的名字作为函数名。

C 语言提供的函数以库的形式存放在 C 语言编译系统中，它们不是 C 语言文本中的组成部分。在第 1 章中曾介绍，不把输入/输出作为 C 语句的目的是使 C 语言编译系统简单，因为将语句翻译成二进制的指令是在编译阶段完成的，没有输入/输出语句就可以避免在编译阶段处理与硬件有关的问题，可以使编译系统简化，而且通用性强，可移植性好，在各种型号的计算机和不同的编译环境下都能适用，便于在各种计算机上实现。

各种 C 语言编译系统提供的系统函数库是各软件商提供的，并且已编译成目标文件（.obj 文件）。它们在程序连接阶段与由源程序经编译而得到的目标文件（.obj 文件）相连接，生成一个可执行的目标程序（.exe 文件）。如果在源程序中有 printf()函数，在编译时并不把它翻译成目标指令，而是在连接阶段与系统函数库相连接后，在执行阶段中调用函数库中的 printf()函数。

在不同的编译系统所提供的函数库中，函数的数量、名字和功能是不完全相同的。不过，有些通用的函数（如 printf()和 scanf()），在各种编译系统中都提供，成为各种系统的标准函数。

C 语言函数库中有一批"标准输入/输出函数"，它是以标准的输入/输出设备（一般为终端设备）为输入/输出对象的。其中有 putchar（输出字符）、getchar（输入字符）、printf（格式输出）、scanf（格式输入）、puts（输出字符串）、gets（输入字符串）。本节主要介绍前面四个最基本的输入/输出函数。

（3）在使用系统库输入/输出函数时，要在程序中使用预编译指令，例如：

```
#include <stdio.h>
```

目的是将该"头文件"的内容"包含"到本源文件中。在头文件中包含了调用有关函数时所需的信息。stdio 是 standard input & output（输入和输出）的缩写。文件后缀中"h"是 header 的缩写。#include 指令都是放在程序的开头，因此这类文件被称为头文件。"stdio.h"头文件包含了与标准 I/O 库有关的变量定义和宏定义以及对函数的声明。如果文件开头有以下预编译指令：

```
#include <stdio.h>
```

就可以在本程序模块中使用输入/输出库函数了。

注意：应养成良好的习惯，只要在本程序文件中使用标准输入/输出库函数，应该在程序开头加上 #include ＜stdio.h＞指令。

2.10.2 字符数据的输入/输出

先介绍最简单的输入/输出，即只向计算机输入一个字符，或从计算机输出一个字符。前面已经介绍过，在 C 语言程序中的输入/输出是由函数实现的。C 函数库中提供输入一个字符的函数 putchar()和输出一个字符的函数 getchar()，它们是最简单的，也是最容易理解的。

1. 用 putchar()函数输出一个字符

想从计算机向显示器输出一个字符,要调用系统函数库中的 putchar()函数(字符输出函数)。putchar()函数的一般形式为

```
putchar(c);
```

putchar 是 put character(给字符)的缩写,很容易记住。C 语言的函数名大多是可以见名知义的,不必死记。putchar(c)的作用是输出字符变量 c 的值,显然它是一个字符。

【例 2.9】

任务要求:

先后输出 3 个字符 BOY。

解题思路:

先后调用 3 次 putchar()函数,就能输出 3 个字符。

编写程序:

```
#include <stdio.h>
int main()
{
    char a,b,c;                  //定义 3 个字符变量
    a='B';b='O';c='Y';          //给 3 个字符变量赋值
    putchar(a);                 //向显示器输出字符 B
    putchar(b);                 //向显示器输出字符 O
    putchar(c);                 //向显示器输出字符 Y
    putchar ('\n');             //向显示器输出一个换行符
    return 0;
}
```

运行结果:

```
BOY
```

程序分析:

从此例可以看出:用 putchar()函数可以输出能在显示器屏幕上显示的字符,也可以输出屏幕控制字符,如 putchar('\n')的作用是输出一个换行符,使输出的当前位置移到下一行的开头。如果将最后四个语句改为

```
putchar(a);putchar('\n');
putchar(b);putchar('\n');
putchar(c); putchar('\n');
```

则输出结果为

```
B
O
Y
```

如果把上面的程序改为以下代码,请思考输出结果。

```
#include <stdio.h>
int main()
```

```
{
    int a,b,c;                           //定义 3 个整型变量
    a=66;b=79;c=89;                      //给 3 个整型赋值
    putchar(a);                          //向显示器输出变量 a 的值
    putchar(b);                          //向显示器输出变量 b 的值
    putchar(c);                          //向显示器输出变量 c 的值
    putchar ('\n');                      //向显示器输出一个换行符
    return 0;
}
```

请读者上机运行此程序，可以看到运行时同样输出：

BOY

从前面的介绍已知，在程序中整型数据与字符数据是可以通用的（整型数据的值应在字符的 ASCII 代码范围内），而 putchar()函数是输出字符的函数，它只能输出字符而不能输出整数。由于 66 是字符 B 的 ASCII 代码，因此，putchar(66)输出字符 B。其他类似。

提示：putchar(c)中的 c 可以是字符变量或整型变量（其值在字符的 ASCII 代码范围内），也可以是字符常量或整型常量，如 putchar('B')或 putchar(66)。

可以用 putchar()函数输出其他转义字符，例如：

```
putchar('\101')        ('\101'代表八进制码 101 的字符 A,输出字符 A)
putchar('\015')        ('\015'代表八进制码 15,即十进制数 13 的字符,从附录 A 查出 13 是
                        Enter(回车)的 ASCII 代码,因此输出一个 Enter(回车),不换行,使输出
                        的当前位置移到本行开头)
```

有关转义字符可参阅《C 语言程序设计教程学习辅导》第二部分第 11 章。

2. 用 getchar()函数向计算机输入一个字符

为了向计算机输入一个字符，可以调用系统函数库中的 getchar()函数（字符输入函数）。getchar()函数的一般形式为

```
getchar();
```

getchar 是 get character(取得字符)的缩写，getchar()函数没有参数，它的作用是从计算机终端（一般是显示器的键盘）输入一个字符，即计算机获得一个字符。

getchar()函数的值就是从输入设备得到的字符。

注意：getchar()函数只能接收一个字符。如果想输入多个字符，就要用多个 getchar()函数。

【例 2.10】
任务要求：
用 getchar()函数输入 B、O、Y 3 个字符，并用 putchar()函数输出到屏幕上。
编写程序：

```
#include <stdio.h>
int main()
{
```

```
  char a,b,c;                          //定义字符变量 a、b、c
  a=getchar();                         //从键盘输入一个字符,送给字符变量 a
  b=getchar();                         //从键盘输入一个字符,送给字符变量 b
  c=getchar();                         //从键盘输入一个字符,送给字符变量 c
  putchar(a);                          //将变量 a 的值输出
  putchar(b);                          //将变量 b 的值输出
  putchar(c);                          //将变量 c 的值输出
  putchar('\n');                       //换行
  return 0;
}
```

运行结果:

<u>BOY</u>↙   (连续输入 BOY 后,按 Enter 键,字符才送到内存中的存储单元)

BOY   (输出变量 a、b、c 的值)

提示: 在用键盘输入信息时,并不是在键盘上敲一个字符,该字符就立即送到计算机中。这些字符先暂存在键盘的缓冲器中,只有按了 Enter(回车)键才把这些字符一起输入到计算机中,然后按先后顺序分别赋给相应的变量。

如果在程序运行时,在输入一个字符后马上按 Enter 键,会得到什么结果呢?

运行情况为

<u>B</u>↙   (输入字符 B 后马上按 Enter 键)

<u>O</u>↙   (输入字符 O 后马上按 Enter 键)

B   (输出 B 后换行)

O   (输出 O 后换行)

(输出一个空行)

第 1 行输入的不是一个字符 B,而是两个字符:B 和换行符。其中字符 B 赋给了变量 a,换行符赋给了变量 b。第 2 行接着输入两个字符:O 和换行符。其中字符 O 赋给了变量 c,换行符没有赋给任何变量。在用 putchar() 函数输出变量 a、b、c 的值时,就输出了字符 B,然后输出换行符,再输出字符 O,然后执行 putchar('\n'),换行。

提示: 执行 getchar() 函数不仅可以从输入设备获得一个可显示的字符,而且可以获得在屏幕上无法显示的字符,如控制字符。

用 getchar() 函数得到的字符可以赋给一个字符变量或整型变量,也可以不赋给任何变量,而作为表达式的一部分,在表达式中利用它的值。例如,例 2.12 可以改写为如下程序。

```
#include <stdio.h>
int main()
{
  putchar(getchar());                  //将接收到的字符输出
  putchar(getchar());                  //将接收到的字符输出
  putchar(getchar());                  //将接收到的字符输出
  putchar('\n');
  return 0;
}
```

因为第 1 个 getchar()函数得到的值为 B,因此 putchar()函数输出 B;第 2 个 getchar()函数得到的值为 O,因此 putchar()函数输出 O,第 3 个函数的情况相同。

也可以在 printf()函数中输出刚接收的字符。

```
printf ("%c",getchar ());        //%c 是输出字符的格式声明
```

在执行此语句时,先从键盘输入一个字符,然后用输出格式声明%c 输出该字符。

2.10.3　格式的输入/输出

2.10.2 小节介绍了最简单的输入/输出(只输入/输出一个字符),而实际上在程序中往往需要输入/输出各种类型的数据(如整型、单精度型、双精度型、字符型等),需要有一种函数能处理各种类型数据的输入/输出。

在 2.10.2 小节的程序中已经看到:对终端的输出和输入主要是用 printf()和 scanf()函数来实现的。这两个函数称为格式输出函数和格式输入函数,在进行输入/输出时,程序设计人员必须指定输入/输出数据的格式,即根据数据的不同类型指定不同的输入/输出格式。

C 提供的输入/输出格式比较多,也比较烦琐,初学时不易掌握,更不易记住。用得不对就得不到预期的结果,不少编程人员由于掌握不好这方面的知识而浪费了大量调试程序的时间。

在初学时不必花许多精力去死抠每一个细节,重点掌握最常用的一些规则即可,其他部分可在需要时随时查阅。学习这部分的内容时最好边看书边上机练习,通过编写和调试程序的实践逐步深入而自然地掌握输入/输出的应用。

1. 用 printf()函数输出数据

前面已经多次用到了 printf()函数(格式输出函数),它的作用是向终端(或系统隐含指定的输出设备)输出若干个任意类型的数据(putchar()函数只能输出字符,而且只能是一个字符,而 printf()函数可以输出多个数据,且为任意类型)。

printf()函数的一般格式为

```
printf (格式控制, 输出表列)
```

例如:

```
printf("%d,%c\n",i,c)
```

括号内包括两部分,即格式控制和输出表列。

(1) 格式控制。格式控制是用双撇号括起来的一个字符串,称为转换控制字符串,简称为格式字符串,包括以下两种信息。

① 格式声明。格式声明由"%"和格式字符组成,如%d、%f 等。它的作用是将输出的数据按指定的格式输出。格式声明总是由"%"字符开始的。

② 普通字符。普通字符即需要原样输出的字符。例如,上面 printf()函数中双撇号内的逗号、空格和换行符。

(2) 输出表列。输出表列是需要输出的一些数据,可以是常量、变量或表达式。

下面是 printf()函数的例子。

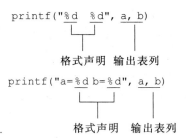

```
printf("%d  %d", a, b)
```
格式声明 输出表列

```
printf("a=%d b=%d", a, b)
```
格式声明 输出表列

在第二个 printf() 函数中的双撇号内的字符,除了 2 个"%d%d"外,还有非格式声明的普通字符(如 a=、b=),它们全部按原样输出。如果 a 和 b 的值分别为 3 和 4,则输出为

a=3 b=4

其中,有下画线的字符是 printf() 函数的"格式控制字符串"中的普通字符按原样输出的结果。3 和 4 是 A 和 B 的值(注意,3 和 4 这两个数字前和后都没有外加空格),其数字位数由 A 和 B 的值的位数而定。假如 a=12,b=123,则输出结果为

a=12 b=123

2. 基本的格式字符

前面已介绍过,在输出时,对不同类型的数据要指定不同的格式声明,而格式声明的主要内容是格式字符。常用的有以下几种格式字符。

(1) d 格式字符。按十进制整型数据的实际长度输出。在前面的例子中已经对它有所了解了。

(2) c 格式字符。用来输出一个字符。例如:

```
char ch='a';
printf("%c",ch);
```

运行时输出字符'a'。

一个整数,只要它的值在 0~255 范围内,可以用"%c"使之按字符形式输出,在输出前系统会将该整数作为 ASCII 码转换成相应的字符;反之,一个字符数据也可以按"%d"格式声明来输出整数。

提示:可以用 %md 或 %mc 格式符指定输出的整数或字符的列数(宽度),m 是一个整数,如 %4d、%5c 等。例如:

```
printf("%a=%5d,b=%3c\n",a,b);  //已知整型变量 a 的值为 10,字符变量 b 的值为 s
```

输出:

a=   10, b=   s

输出 a 的值占 5 列,b 的值占 3 列,故在 10 前有 3 个空格,在 s 前有 3 个空格,请读者自己分析。

(3) s 格式字符。用来输出一个字符串。例如:

```
printf ("%s", "CHINA");
```

执行此函数时,在显示屏上输出字符串"CHINA"(不包括双引号)。

(4) f格式字符。用来输出实数(包括单、双精度数),以小数形式输出。如果不指定输出数据的长度,系统自动指定:实数中的整数部分全部输出,小数部分输出6位。

注意:单精度实数本身的有效位数一般为6~7位,双精度实数的有效位数一般为15~16位,而用f格式输出时,整数部分加小数部分的长度可能超过单精度实数本身的有效位数,因此在输出的数字中并非全部数字都是有效数字。

【例2.11】

任务要求:

分析输出实数时的有效位数。

编写程序:

```
#include <stdio.h>
int main()
{
    float a,b,c;
    a=111111.111;b=222222.222;
    printf("%f\n",a+b);
    return 0;
}
```

运行结果:

```
333333.328125
```

程序分析:

由于float型数据的存储单元只能容纳6~7位有效数字,实际上在a和b中并不能保存赋予它们的9位数字,只能保证6~7位的精度。在输出a+b时,也只能保证6~7位的精度,现在整数部分有6位,实数输出时会给出6位小数,因此共输出了12位数字。但是只有前面6~7位数字是有效数字,后面的几位数字是有误差的,千万不要以为凡是计算机输出的数字都是准确有效的。

双精度数也可用%f格式输出,它的有效位数一般为16位,给出小数6位。

【例2.12】

任务要求:

输出双精度数时的有效位数。

编写程序:

```
#include <stdio.h>
int main()
{
    double a,b;
    a=11111111.11111111;b=22222222.22222222;
    printf("%f\n",a+b);
    return 0;
}
```

运行结果：

33333333.333333

程序分析：

a 和 b 是双精度变量，能提供 16 位精度，但是由于用%f 格式输出只能输出 6 位小数。可以看到有 2 位小数被忽略了。

提示：可以用%m.nf 格式符指定输出的整数列数和小数列数。其中，m 是输出的数的宽度，n 是小数部分的列数。

可以用此办法解决上例的问题。例如，把 printf()函数改为

```
printf("%20.8f\n", a+b);     //指定输出总域宽为20,其中有8位小数
```

输出：

33333333.33333333

最左侧有 3 个空格。在输出时要估计一下数据的范围，恰当使用%m.nf 格式符，可以得到预期结果。

【例 2.13】

任务要求：

求 3 个圆的周长，输出结果时上下按小数点对齐，取两位小数。

编写程序：

```
#include <stdio.h>
#define PI 3.1415926        //PI 为符号常量,在本程序中代表 3.1415926
int main()
{
  double r1=1.53, r2=21.83, r3=123.71, s1, s2, s3;
  s1=2.0 * PI * r1;
  s2=2.0 * PI * r2;
  s3=2.0 * PI * r3;
  printf("s1=%10.2f\ns2=%10.2f\ns3=%10.2f\n",s1,s2,s3);
  return 0;
}
```

运行结果：

```
s1=      9.61
s2=    137.16
s3=    777.29
```

程序分析：

① 程序第 2 行"#define PI 3.1415926"是一个定义符号常量的预处理指令（它不是语句）。在本程序中，用符号常量代表 3.1415926。在程序编译时，系统先进行"预编译"，把程序中所有的 PI 都置换成 3.14159。用符号常量不仅使程序简洁，而且含义清晰，便于理解。

请思考一下，用符号常量和用变量有什么异同？能否互相代替？

② 为提高运算精度,把各变量都定义为双精度型。

③ 在输出时,用"%10.2f"格式声明,指定 s1、s2、s3 的值占 10 列,其中有 2 位小数,这样就保证了按小数点对齐。

(5) e 格式字符。有时希望在输出时以指数形式表示(如数值很大),这时可以用格式声明"%e"来指定用指数形式输出实数。一般 C 编译系统(如 VC++)在处理用指数形式输出时隐含规定:

① 数字部分中的小数位数为 6 位,小数点前必须有而且只有 1 位非零数字。

② 指数部分占 5 列(如 e+002,其中 e 占 1 列,指数符号占 1 列,指数占 3 列)。例如:

```
printf ("%e",123.456);
```

输出:

1.234560 e+002
　　↑　　　↑
　6 列　　5 列

所输出的实数共占 13 列宽度(不同系统的规定可能略有不同)。

格式字符 e 也可以写成大写 E 的形式,此时输出的数据中的指数不是以 e 表示,而以 E 表示,如 1.234560E+002。

提示:格式声明的一般格式可以表示为

% 附加字符 格式字符

如%20.8f 中,20.8 是附加字符,f 是格式字符。

附加字符又称为修饰符,起补充声明的作用。

对于格式字符的含义不必死记,是很好理解的:d 是 decimal(十进制数)的首字母,c 是 character(字符)的首字母,f 是 float number(浮点数,即实数)的首字母,e 是 exponent(指数)的首字母。

printf()函数还提供了其他一些输出格式字符,由于初学时用得不多,故不作详细介绍,如需了解,可参阅本书参考文献的第一条。

3. 用 scanf()函数输入数据

有了以上的基础,对输入就比较好理解了。

1) scanf()函数的一般形式

scanf()函数的一般形式如下:

scanf(格式控制,地址表列)

其中,"格式控制"的含义同 printf()函数;"地址表列"是由若干个地址组成的表列,可以是变量的地址或字符串的首地址。首先来看一个例子。

【例 2.14】

任务要求:

用 scanf()函数输入数据,并输出这些数据。

编写程序：

```
#include <stdio.h>
int main()
{
  int a,b,c;
  scanf("%d%d%d",&a,&b,&c);          //输入 a、b、c 的值
  printf("a=%d,b=%d,c=%d\n",a,b,c);
  return 0;
}
```

运行结果：

3 4 5↙   (输入 a、b、c 的值，数据间以空格分隔)
a=3,b=4,c=5   (输出 a、b、c 的值)

程序分析：

scanf()函数中的 &a、&b 和 &c 中的"&"是"地址运算符"，&a 是指变量 a 在内存中的地址。上面 scanf()函数的作用是：读入 a、b、c 的值并存放到变量 a、b、c 的存储单元中（&a、&b、&c 指出变量 a、b、c 在内存中的地址），如图 2.10 所示。变量 a、b、c 的具体地址是在程序编译连接阶段分配的，在运行时系统会根据 &a、&b、&c 找到 a、b、c 的存储单元。

"%d%d%d"表示要按十进制整数形式连续输入 3 个数据。输入数据时，在两个数据之间以一个或多个空格分隔，也可以用 Enter 键或 Tab 键分隔输入的数据。

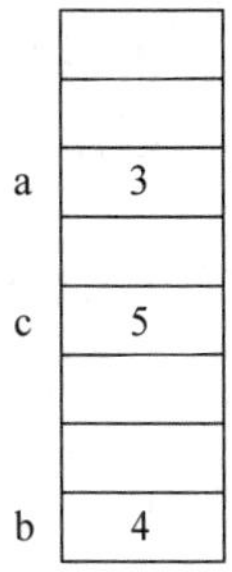

下面的输入均合法。

图 2.10

① 3 4 5↙   (两个数据之间以空格分隔)
② 3↙   (两个数据之间插入回车符)
  4 5↙   (两个数据之间以空格分隔)
③ 3(按 Tab 键)4↙ (两个数据之间插入 Tab 键)
  5↙

用上面的"%d%d%d"格式字符串输入数据时，不能用逗号作两个数据间的分隔符，如下面的输入不符合要求。

3,4,5↙

2）scanf()函数中的格式声明

与 printf()函数中的格式声明相似，以%开始，以一个格式字符结束，中间可以插入附加的字符。例如：

```
scanf("%d%d%d",&a,&b,&c);          //格式控制字符串中包含 3 个格式声明符%d
scanf("a=%db=%dc=%d",&a,&b,&c);    //格式控制字符串中包含格式声明符以外的字符
```

对 scanf()函数的用法说明如下。

① scanf()函数中的"格式控制"后面应当是变量地址，而不是变量名。例如，若 A 和 B 为整型变量，如果写成

```
scanf ("%d%d",a,b);
```

是不对的。应将"a,b"改为"&a,&b"。许多初学者常常会犯此错误。

② 如果在"格式控制字符串"中除了格式声明外还有其他字符,则在输入数据时在对应位置应输入与这些字符相同的字符。例如:

```
scanf("%d,%d", &a,&b);                    //在两个%d间插入一个逗号
```

输入时应采用以下形式。

3,4↙   (在输入的两个数据间也应插入一个逗号)

注意:3 后面是逗号,它与 scanf()函数中的"格式控制"中的逗号相对应。如果输入时不用逗号而用空格或其他字符是不对的(与 scanf()函数中指定的输入格式不匹配)。例如:

3 4↙   (用空格分隔数据,与要求不符)
3:4↙   (用冒号分隔数据,与要求不符)

如果改为

```
scanf("%d  %d", &a,&b);
```

由于在两个%d间有两个空格,因此在输入时,两个数据间应有 2 个或更多的空格字符。例如:

10 34↙

或

10   34↙

如果改为

```
scanf("%d:%d:%d", &h,&m,&s);
```

输入时应采用以下形式。

12:23:36↙   (冒号是 scanf()函数中要求的)

如果改为

```
scanf("a=%d,b=%d,c=%d",&a,&b,&c);
```

输入时应采用以下形式。

a=12,b=24,c=36↙

采用这种形式是为了使用户输入数据时添加必要的信息,使含义清楚,不易发生输入数据的错误。

③ 在用"%c"格式声明输入字符时,空格字符和"转义字符"都作为有效字符输入,例如:

```
scanf("%c%c%c",&c1,&c2,&c3);
```

在执行此函数时应该连续输入 3 个字符,中间不要有空格。例如:

abc↙　　　　　　　　　　　　　　　　(字符间没有空格)

若在两个字符间插入空格就不对了。例如：

a b c↙

第 1 个字符'a'送给 c1；第 2 个字符是空格字符' '，送给 c2；第 3 个字符'b'送给 c3。而并不是把'a' 送给 c1，把'b' 送给 c2，把'c' 送给 c3。

提示：在连续输入数值时，在两个数值之间需要插入空格（或其他分隔符），以使系统能区分两个数值。在连续输入字符时，在两个字符之间不要插入空格或其他分隔符，系统能区分两个字符。

④ 在输入数值数据时，空格、回车、Tab 键或遇不合要求的输入，认为该数据结束。例如：

```
scanf("%d%c%f", &a, &b, &c);
```

若输入：

1234a123o.26↙
　|　|　|
　a　b　c

第一个整数数据对应%d，在输入 1234 之后遇字符'a'，因此认为数值 1234 后已没有数字了，第一个数据到此结束，把 1234 送给变量 a。字符'a'送给变量 b，由于%c 只要求输入一个字符，系统能判定该字符已输入结束，因此输入字符'a'之后不需要加空格。字符'a'后面的数值应送给变量 c。如果由于疏忽把本来应为 1230.26 错打成 123o.26，由于 123 后面出现字母'o'，就认为该数值数据到此结束，将 123 送给变量 c。

对于以上介绍的用 scanf() 函数输入数据的方法不必死记，只需知道就可以了，在遇到问题时可以知道问题出在什么地方，不至于茫然。初学时建议用最简单的形式，例如：

```
scanf("%d%d", &a, &b);
```

或

```
scanf("%d  %d", &a, &b);
```

提示：本节介绍的是最常用、最基本的格式输入/输出的方法，掌握了这些方法，就可以顺利地进行简单的程序设计并能得到正确的结果了。有关格式输入/输出的更多知识，可参考《C 语言程序设计教程学习辅导》第二部分第 11 章。

本章小结

1. 在 C 语言中，数据都是属于一定的类型的。不同类型的数据在计算机中所占的空间大小和存储方式是不同的。整数以其二进制数（补码）形式存储，字符型数据以其对应的ASCII 代码形式存储，实数以指数形式存储。

2. 要注意区分类型和变量、类型名和变量名。例如：

```
int a=3;
```

其中,int 是类型名,a 是变量名。类型相当于模板,它只是一种抽象的规定,不占存储空间,不能在其中存放数据,如写成"int=3;"是错误的。变量是根据类型的属性建立的实体,它占存储空间,可以在其中存放数据,写成"a=3;"是正确的。

3. 在程序中,数据的表现形式有常量和变量。常量有字面常量和符号常量两种形式。符号常量与变量不同,它不占存储空间,不能对它指定类型,不能被赋值,它只是一个字符串,在本程序文件中用来代替一个已知的常量。

4. 标识符用来标识一个对象(包括变量、符号常量、函数、数组、文件、类型等)。变量名必须符合 C 标识符的命名规则,不要使用系统已定义的关键字(见附录 B)和系统预定义的标识符。变量名要尽量"见名知义"。

5. 要注意区分字符和字符串。'a'是一个字符,"a"是一个字符串,它包括'a'和'\0'两个字符。一个字符(char)型变量只能存放一个字符。

6. 使用++(自加)和--(自减)是 C 语言的一个特点,可以使程序清晰、简练。但用得不适当,也会产生副作用,出现二义性。一般只使用最简单的形式,如 i++、++i、p--、++p。为便于理解和减少出错,需要时可以加括号。

7. 在算术表达式中,允许不同类型的数值数据和字符数据进行混合运算。在混合运算时,C 语言编译系统把 float 型数据都处理为 double 型。

两个不同类型数据进行算术运算时,占字节少的数据先转换为字节多的数据类型,然后进行运算,得到的结果是字节多的数据类型。

8. C 语言中语句的作用是使计算机执行特定的操作,所以称为执行语句。程序开头对变量的定义(如"int a;")是对变量指定类型,并据此分配存储空间(以便存放数据),这是在程序编译时处理的;在程序运行时不产生相应的操作,它们不是 C 语句。

9. 表达式加一个分号就成为一个 C 语句。赋值表达式加一个分号就成为赋值语句。C 程序中的计算功能主要是由赋值语句实现的。

10. 在赋值时要注意赋值号(=)两侧的数据类型是否一致。如果都是数值型数据,则可以进行赋值,这种情况称为赋值兼容;若两侧数据的具体类型不一致,在赋值时先要进行类型转换,将赋值号右侧的数据转换成赋值号左侧变量的类型,再赋值。注意可能发生的数据失真。

11. 在 C 语言程序中,数据的输入/输出主要是通过调用 scanf()函数和 printf()函数实现的。scanf()函数和 printf()函数不是 C 语言标准中规定的语句,而是 C 语言编译系统的函数库中提供的标准函数。要熟练掌握 scanf()函数和 printf()函数的应用。

12. 熟悉几个名词。

- 格式控制:scanf()函数和 printf()函数中双撇号中的部分。如"printf("c=%6.2f\n",c);"中双撇号包括的部分"c=%6.2f\n"。
- 格式声明:由%和格式字符(也可以有附加字符)组成,如%d、%c、%7.2f。
- 格式字符:用来指定各种输出格式,如 d、c、f、e 等。
- 附加格式字符(也称修饰符):对格式字符的作用作附加说明,如"%3d,%7.2f,%-10.3f"中有下画线的字符。

13. 赋值语句和输入/输出语句是顺序程序结构中最基本的语句,它们不产生流程的跳转。

习题

2.1　用下面的 scanf() 函数输入数据,使 a=3,b=7,x=8.5,y=71.82,c1='A',c2='a'。在键盘上应如何输入?

```
#include <stdio.h>
int main()
{
  int a,b;
  float x,y;
  char c1,c2;
  scanf("a=%d b=%d",&a,&b);
  scanf(" %f %e",&x,&y);
  scanf(" %c %c",&c1,&c2);
  return 0;
}
```

2.2　用下面的 scanf() 函数输入数据,使 a=10,b=20,c1='A',c2='a',x=1.5,y=−3.75,z=67.8,在键盘上如何输入数据?

```
scanf("%5d%5d%c%c%f%f% * f,%f",&a, &b, &c1, &c2, &x, &y, &z);
```

2.3　输入一个华氏温度,要求输出摄氏温度。计算公式为

$$C = \frac{5}{9}(F - 32)$$

输出要有文字说明,取 2 位小数。

2.4　设圆半径 $r=1.5$,圆柱高 $h=3$,求圆周长、圆面积、圆球表面积、圆球体积、圆柱体积。用 scanf() 函数输入数据,再输出计算结果。输出时要求有文字说明,取小数点后 2 位数字。请编写程序。

2.5　假如我国国民生产总值的年增长率为 6.5%,计算 10 年后我国国民生产总值与现在相比增长的百分比。计算公式为

$$p = 100 \times (1 + r)^n$$

式中,r 为年增长率;n 为年数;p 为与现在相比的百分比。

2.6　存款利息的计算。有 1000 元,想存 5 年,可按以下五种方法存款。

(1) 一次存 5 年期。

(2) 先存 2 年期,到期后将本息再存 3 年期。

(3) 先存 3 年期,到期后将本息再存 2 年期。

(4) 存 1 年期,到期后将本息再存 1 年期,连续存 5 次。

(5) 存活期存款。活期利息每一季度结算一次。

某年银行存款的利息如下:1 年期定期存款利息为 1.75%;2 年期定期存款利息为 2.25%;3 年期定期存款利息为 2.35%;5 年期定期存款利息为 2.75%;活期存款利息为 0.31%(活期存款每一季度结算一次利息)。

如果 r 为年利率，n 为存款年数，则计算本息和的公式如下。

1 年定期本息和：$\qquad\qquad P = 1000 \times (1+r)$

n 年定期本息和：$\qquad\qquad P = 1000 \times (1+n \times r)$

存 n 次 1 年期的本息和：$\qquad P = 1000 \times (1+r)^n$

活期存款本息和：$\qquad\qquad P = 1000 \times \left(1 + \dfrac{r}{4}\right)^{4n}$

提示：$1000 \times \left(1 + \dfrac{r}{4}\right)$ 是一个季度的本息和。

2.7　从银行贷了一笔款 d，准备每月还款额为 p，月利率为 r，试计算多少个月能还清。设 d 为 300 000 元，p 为 6000 元，r 为 1%。对求得的月份取小数点后一位，对第二位按四舍五入处理。

提示：计算还清月数 m 的公式为

$$m = \frac{\log p - \log(p - d \times r)}{\log(1+r)}$$

可以将公式改写为

$$m = \frac{\log\left(\dfrac{p}{p - d \times r}\right)}{\log(1+r)}$$

C 语言的库函数中有求对数的函数 log10，是求以 10 为底的对数，$\log(p)$ 表示 $\log p$。

2.8　请编写程序将 China 译成密码，密码的规律是：用原来的字母后面第 4 个字母代替原来的字母。例如，字母 A 后面第 4 个字母是 E，用 E 代替 A。因此，China 应译为 Glmre。请编写一程序，用赋初值的方法使 c1、c2、c3、c4、c5 这 5 个变量的值分别为'C'、'h'、'i'、'n'、'a'，经过运算，使 c1、c2、c3、c4、c5 分别变为'G'、'l'、'm'、'r'、'e'，并输出。

2.9　编写程序，用 getchar() 函数读入两个字符给 c1 和 c2，然后分别用 putchar() 函数和 printf() 函数输出这两个字符。要求：

(1) 变量 c1 和 c2 应定义为字符型还是整型？或二者皆可？

(2) 要输出 c1 和 c2 值的 ASCII 码，应如何处理？用 putchar() 函数还是 printf() 函数？

(3) 整型变量与字符变量是否在任何情况下都可以互相代替？如"char c1,c2;"与"int c1,c2;"是否无条件地等价？

第3章　选择结构程序设计

在顺序结构中,各语句是按排列的先后次序顺序执行的,是无条件的,不必事先作任何判断。但在实际中,常常有这样的情况:要根据某个条件是否成立决定是否执行指定的任务。例如:

(1) 如果你在家,我去拜访你。　　　　　(需要判断你是否在家)

(2) 如果考试不及格,要补考。　　　　　(需要判断是否及格)

(3) 周末我们去郊游。　　　　　　　　　(需要判断是否为周末)

(4) 如果 a>b,输出 a。　　　　　　　　(需要判断 a 是否大于 b)

判断的结果应该是一个逻辑值:"是"或"否",在计算机语言中用"真"和"假"表示。例如,当 a>b 时,满足 a>b 的条件,就称"条件 a>b 为真";如果 a≤b,不满足 a>b 的条件,就称"条件 a>b 为假"。

由于程序需要处理的问题往往比较复杂,因此,在大多数程序中都会包含条件判断。选择结构就是根据指定的条件是否满足,决定执行不同的操作(从给定的两组操作中选择其一)。

3.1　简单的选择结构程序

先通过以下几个程序初步了解怎样在 C 语言程序中用选择结构处理问题。

【例 3.1】

任务要求:

输入两个实数,要求按代数值由小到大的顺序输出这两个数。

解题思路:

设两个变量 a 和 b,若 a≤b,则两个变量的值不必改变;若 a>b,则把 a 和 b 的值互换,然后顺序输出,即可实现题目要求。因此,此题的算法是:做一次比较,然后决定是否进行变量值的交换。

类似这样简单的问题可以不必先写出算法或画流程图,而是直接编写程序。或者说,算法在编程者的脑子里,相当于在算术运算中对简单的问题可以"心算"而不必在纸上写出来一样。

编写程序:

```
#include <stdio.h>
int main()
```

```
{
    float a,b,temp;
    printf("Please enter a and b:");
    scanf("%f,%f",&a,&b);
    if(a>b)
        {temp=a; a=b; b=temp;}
    printf("%7.2f,%7.2f\n",a,b);
    return 0;
}
```

运行结果：

```
Please enter a and b: 3.6,-3.2↙
 -3.20,   3.60
```

【例 3.2】

任务要求：

输入 3 个数 a、b、c，要求按由小到大的顺序输出。

解题思路：

解此题的算法比例 3.1 稍复杂一些，现在用伪代码写出算法。

```
begin
    if a >b 将 a 和 b 对换      (a 是 a 和 b 中的小者)
    if a >c 将 a 和 c 对换      (a 是 a 和 c 中的小者，因此 a 是三者中的最小者)
    if b >c 将 b 和 c 对换      (c 是 b 和 c 中的小者，也是三者中的次小者)
    输出 a、b、c 的值
end
```

编写程序：

按以上算法编写程序。

```
#include <stdio.h>
int main()
{
    float a,b,c,temp;
    printf("Please enter a,b,c:");
    scanf("%f,%f,%f",&a,&b,&c);
    if(a>b)                           //如果 a>b
        {temp=a;a=b;b=temp;}          //实现 a 和 b 的互换
    if(a>c)                           //如果 a>c
        {temp=a;a=c;c=temp;}          //实现 a 和 c 的互换
    if(b>c)                           //如果 b>c
        {temp=b;b=c;c=temp;}          //实现 b 和 c 的互换
    printf("%7.2f,%7.2f,%7.2f\n",a,b,c);
    return 0;
}
```

运行结果：

```
Please enter a,b,c:33.52, -27.65, 100.45↙
 -27.65,   33.52, 100.45
```

3.2　选择结构中的关系运算

在例 3.2 的程序中,if 语句的括号中给出一个需要判别的条件,如 a＞b、a＞c、b＞c。这些"条件"在程序中是用一个表达式来表示。类似这种表示判别条件的表达式还有 a＋b＞c、b*b－4*a*c＞0、'a'＜'v'。

这种式子显然不是数值表达式,它包括了"＜"和"＞"这样的比较符号。这些式子的值并不是一个普通的数值,而是一个逻辑值("真"或"假")。例如,问对方:"你是中国人吗?"回答只有两个:"是"或"不是";而不能回答:"3"或"4"。

用来进行比较的符号称为关系运算符(或比较运算符),它用来比较运算符两侧的数据,上面这些表达式称为关系表达式。

3.2.1　关系运算符及其优先次序

C 语言提供六种关系运算符。

- ＜(小于)
- ＜＝(小于或等于)
- ＞(大于)　　优先级相同(高)
- ＞＝(大于或等于)
- ＝＝(等于)　　优先级相同(低)
- !＝(不等于)

关于优先的次序说明如下。

(1) 前四种关系运算符(＜、＜＝、＞、＞＝)的优先级别相同,后两种也相同。前四种高于后两种。例如,"＞"优先于"＝＝",而"＞"与"＜"优先级相同。

(2) 关系运算符的优先级低于算术运算符。

(3) 关系运算符的优先级高于赋值运算符。

以上关系如图 3.1 所示。

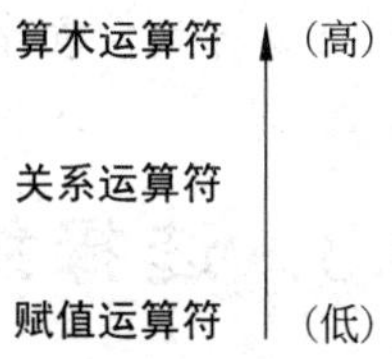

例如:

c＞a＋b	等同于	c＞(a＋b)
a＞b＝＝c	等同于	(a＞b)＝＝c
a＝＝b＜c	等同于	a＝＝(b＜c)
a＝b＞c	等同于	a＝(b＞c)

算术运算符　(高)

关系运算符

赋值运算符　(低)

图　3.1

3.2.2　关系表达式

用关系运算符将两个表达式(可以是算术表达式、逻辑表达式、赋值表达式、字符表达式)连接起来的式子,称为关系表达式。例如,下面都是合法的关系表达式。

a＋b＞b＋c

(a＝3)＞(b＝5)

'a'＜'z'

(a＞b)＞(b＜c)

前面已说明,条件判断的结果是一个逻辑值（"真"或"假"）。同理,关系表达式的值也是一个逻辑值。例如,关系表达式"5＝＝3"的值为"假","5＞0"的值为"真"。

在 C 语言的关系运算中,以 1 代表"真",以 0 代表"假"。

例如,当 a＝3、b＝2、c＝1 时,有以下几种情形。

- 关系表达式 a＞b 的值为"真",表达式的值为 1。
- 关系表达式(a＞b)＝＝c 的值为"真"（因为 a＞b 的值为 1,等于 c 的值）,表达式的值为 1。
- 关系表达式 b+c＜a 的值为"假",表达式的值为 0。

提示：从本质上说,关系运算的结果（即关系表达式的值）不是一个数值,而是一个逻辑值。但是由于 C 语言追求精练灵活,没有提供逻辑型数据（在其他高级语言如 Pascal、FORTRAN、C++中都允许定义和使用逻辑型数据。C99 也增加了逻辑型数据,用关键字 bool 定义逻辑型变量）。为了便于处理关系运算和逻辑运算的结果,C 语言以 1 代表"真",以 0 代表"假"（这种规定只是 C 语言的特殊处理方法,不要误认为是所有计算机语言的普遍规则）。用 C 语言的人要注意这样的规定。

由于用了 1 和 0 代表真和假,而 1 和 0 又是数值,所以在 C 语言程序中还允许把关系运算的结果（即 1 和 0）看作和其他数值型数据一样,可以参加数值运算,或把它赋值给数值型变量。例如,若 a、b、c 的值为 3、2、1。请分析下面的赋值表达式。

```
d=a>b         d的值为 1
f=a>b>c       f的值为 0(因为">"运算符是自左至右的结合方向,先执行 a>b,得值为 1;再执行
              关系运算 1>c,得值 0,赋给 f)
```

这是 C 语言灵活性的一种表现,允许把关系表达式作为一般数值来处理。对于有经验的人来说,可以利用它实现一些技巧,使程序精练专业。但是对初学者来说,可能会不好理解,容易弄错。在学习阶段,还是应当强调程序的清晰易读,不要写出别人不懂的程序。

3.3　选择结构中的逻辑运算

有时需要判断的条件不是一个简单的条件,而是一个复合的条件。例如：

- 一个人是中国公民,且年满 18 岁才有选举权。这就要求同时满足两个条件：中国公民,年满 18 岁。
- 5 门课都及格才能升级。这就要求同时满足 5 个条件。
- 70 岁以上（含 70 岁）的老人和 10 岁以下（含 10 岁）的儿童入公园免票。这就要对入园者检查两个条件,即 age＞69 或 age＜11,必须满足其中之一。

以上问题仅用一个关系表达式是无法表示的,需要用一个逻辑运算符把两个关系表达式组合在一起才能处理。在有的计算机语言（如 Basic 和 Pascal）中用 AND、OR 和 NOT 作为逻辑运算符,分别代表逻辑运算符"与""或"和"非"。例如：

```
(a>b) AND  (x>y)
```

其中,AND 是逻辑运算符,代表"与",即运算符两侧的关系表达式(或其他逻辑量)的值都为"真"(二者的条件都满足)。

上面表达式的意思是:"a>b"与"x>y"两个条件都同时满足。如果已知 a>b 和 x>y,则上面的表达式的值为"真"。

3.3.1　逻辑运算符及其优先次序

在 C 语言中不直接用 AND、OR 和 NOT 作为逻辑运算符,而用其他符号代替,如表 3.1 所示。

表 3.1　C 语言逻辑运算符及其含义

运算符	含　义	举　例	说　　明
&&	逻辑与	a&&b	如果 a 和 b 都为真,则结果为真;否则为假
||	逻辑或	a||b	如果 a 和 b 有一个以上为真,则结果为真;二者都为假时,结果为假
!	逻辑非	!a	如果 a 为假,则!a 为真;如果 a 为真,则!a 为假

"&&"和"||"是双目(元)运算符,它要求有两个运算对象(操作数),如(a>b)&&(x>y)和(a>b)||(x>y)。"!"是一目(元)运算符,只要求有一个运算对象,如"!(a>b)"。

表 3.2 为逻辑运算的"真值表"。用它表示当 a 和 b 的值为不同组合时,各种逻辑运算所得到的值。

表 3.2　逻辑运算的真值表

a	b	! a	! b	a && b	a || b
真	真	假	假	真	真
真	假	假	真	假	真
假	真	真	假	假	真
假	假	真	真	假	假

怎样看表 3.2 呢? 以表中第 3 行为例,当 a 为真,b 为假时,!a 为假,!b 为真,a && b 为假,a||b 为真。这是很简单的,也是最基本的。

如果在一个逻辑表达式中包含多个逻辑运算符,如"!a && b || x > y && c",那么如何确定它的运算次序呢? C 语言规定按以下的优先次序确定。

(1)!(非)→&&(与)→||(或),即"!"为三者中最高的。

(2)逻辑运算符中的"&&"和"||"低于关系运算符,"!"高于算术运算符,如图 3.2 所示。

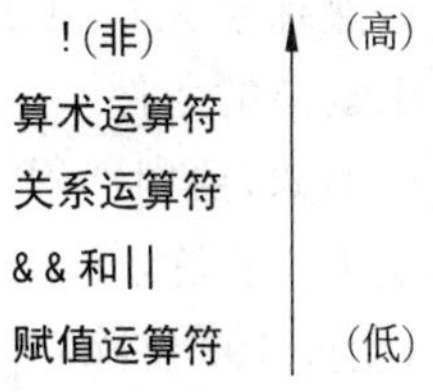

例如:

①(a>b) && (x>y)可写成:a>b && x>y。

②(a==b)||(x==y)可写成:a==b||x==y。

③(!a)||(A>B)可写成:!a||A>B。

!(非)　　　　(高)
算术运算符
关系运算符
&& 和 ||
赋值运算符　　(低)

图　3.2

3.3.2　逻辑表达式

用逻辑运算符将关系表达式或逻辑量连接起来的式子就是逻辑表达式。

逻辑表达式的值是一个逻辑量"真"或"假"。前面已说明：C 语言编译系统在表示逻辑运算结果时，以数值 1 代表"真"，以数值 0 代表"假"。但是在判断一个逻辑量是否为"真"时，测定它的值是 0 还是非 0，如果是 0 就代表它为"假"，如果是非 0 则认为它是"真"。因为逻辑量只有两种可能值，所以把被测定的对象划分为两种情况（0 和非 0），以便于处理。

例如：

（1）若 a＝4，则!a 的值为 0。因为 a 的值为非 0，被认作"真"，对它进行"非"运算，得"假"，"假"以 0 代表。

（2）若 a＝4，b＝5，则 a&&b 的值为 1。因为 a 和 b 均为非 0，被认为是"真"，因此 a&&b 的值也为"真"，值为 1。

（3）a、b 的值分别为 4 和 5，则 A||B 的值为 1。因为 a 和 b 均为非 0，即"真"。

（4）a、b 的值分别为 4 和 5，则!A||B 的值为 1。因为!a 为"假"，而 b 为"真"。

（5）4&&0||2 的值为 1。因为 4&&0 为"假"，而 2 为非 0，故进行"或"运算的结果为"真"。

通过这几个例子可以看出，由系统给出的逻辑运算结果不是 0 就是 1，不可能是其他数值。而在逻辑表达式中作为参加逻辑运算的运算对象（操作数）可以是 0（"假"）或任何非 0 的数值（按"真"对待）。

逻辑运算符两侧的运算对象不但可以是 0 和 1，或者是 0 和非 0 的整数，也可以是字符型、实型或指针型等数据。系统最终以 0 和非 0 来判定它们属于"真"或"假"。例如：'c' && 'd'的值为 1（因为'c'和'd'的 ASCII 值都不为 0，按"真"处理），所以 1&&1 的值为 1。

可以将表 3.2 改写成表 3.3 的形式。

表 3.3　逻辑运算的真值表

a	b	!a	!b	a&&b	a||b
非 0	非 0	0	0	1	1
非 0	0	0	1	0	1
0	非 0	1	0	0	1
0	0	1	1	0	0

熟练掌握 C 语言的关系运算符和逻辑运算符后，可以巧妙地用一个逻辑表达式来表示一个复杂的条件。

例如，要判别用 year 表示的某一年是否为闰年。闰年的条件是符合下面二者之一：①能被 4 整除，但不能被 100 整除，如 2024。②能被 4 整除，又能被 400 整除，如 2000（注意，能被 100 整除，不能被 400 整除的年份不是闰年，如 2100）。可以用一个逻辑表达式来表示：

```
(year%4==0&&year%100! =0)||year%400==0
```

当 year 为某一整数值时，如果上述表达式的值为真（1），则 year 为闰年；否则 year 为非闰年。

可以加一个"!",用来判别非闰年：

!((year%4==0&&year%100!=0)||year%400==0)

若此表达式的值为真(1)，year 为非闰年。

也可以用下面的逻辑表达式判别非闰年：

(year%4!=0)||(year%100==0&&year%400!=0)

若表达式的值为真，year 为非闰年。请注意表达式中右边的一对括号内的不同运算符(%、!=、&&、==)的运算优先次序。

3.4   用 if 语句实现选择结构

有了以上的基础，就可以顺利地利用选择结构进行编程了。C 语言可以用不同的方法实现选择结构(包括 if 语句、条件表达式、switch 语句等)，其中 if 语句是最基本的，用得最多。本节先介绍 if 语句。在 if 语句中包含一个逻辑表达式，用它判定所给定的条件是否满足，并根据判定的结果(真或假)决定选择执行哪一种操作(在 if 语句中给出两种可能的选择)。

3.4.1   if 语句的形式

C 语言提供了三种形式的 if 语句供用户选用。

1. 第一种 if 语句

if(表达式) 语句

例如：

```
if(x>y) printf("%d\n",x);
```

这种 if 语句的执行过程如图 3.3(a)所示。

2. 第二种 if 语句

if(表达式) 语句 1
    else 语句 2

例如：

```
if (x>y)
    printf("%d\n",x);
else
    printf("%d\n",y);
```

这种 if 语句的执行过程如图 3.3(b)所示。

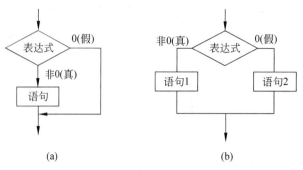

(a)   (b)

图 3.3

3. 第三种 if 语句

```
if (表达式 1) 语句 1
else if (表达式 2) 语句 2
else if (表达式 3) 语句 3
        ⋮
else if (表达式 m) 语句 m
else 语句 n
```

流程图如图 3.4 所示。

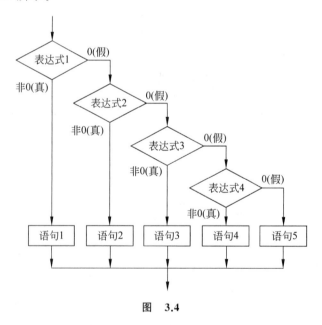

图 3.4

例如：

```
if(number>500)       cost=0.15;
else if(number>300)  cost=0.10;
else if(number>100)  cost=0.075;
else if(number>50)   cost=0.05;
else                 cost=0;
```

对 if 语句的用法说明如下。

(1) 三种形式的 if 语句中在 if 后面都有"表达式",一般是逻辑表达式或关系表达式。例如:

```
if (number>300 && number<=500) cost=0.10;
```

在执行 if 语句时先对括号中的表达式求解,若表达式的值为 0,按"假"处理;若表达式的值为非 0,按"真"处理,执行指定的语句。假如有以下 if 语句:

```
if(a) printf("OK");
```

若变量 a 的值为 3,按"真"处理,输出 OK。由此可见,表达式的类型不限于逻辑表达式,可以是任意的数值类型(包括整型、实型、字符型、指针型数据等)。

(2) if 语句中有内嵌语句,每个内嵌语句都要以分号结束。例如:

```
if (x>0)
    print ("%f\n", x);
else
    printf("%f\n", -x);
```
各有一个分号

分号是 C 语句中不可缺少的部分,即使是 if 语句中的内嵌语句,也不能例外。如果无此分号,则会出现语法错误。读者可以上机试验一下。

(3) 不要误认为上面是两个语句(一个 if 语句和一个 else 语句)。它们都是属于同一个 if 语句。else 子句不能作为独立语句单独使用,它只能是 if 语句的一部分,与 if 配对使用。

(4) 在 if 和 else 后面可以只含一个内嵌的操作语句(如上例),也可以有多个操作语句,但应当用花括号"{}"将几个语句括起来成为一个复合语句。例如:

```
if (a+b>c && b+c>a && c+a>b)
{
    s=0.5*(a+b+c);
    area=sqrt(s*(s-a)*(s-b)*(s-c));
    printf("area=%6.2f",area);
}
else
    printf("It is not a trilateral.");
```

注意:在 else 上面一行的右花括号"}"外面不需要再加分号,因为{}内是一个完整的复合语句,不需另附加分号。

3.4.2　if 语句的嵌套

在 if 语句中又包含一个或多个 if 语句,称为 if 语句的嵌套。

【例 3.3】

任务要求:

有一函数

$$y = \begin{cases} -1 & (x < 0) \\ 0 & (x = 0) \\ 1 & (x > 0) \end{cases}$$

要求：编写程序，要求输入一个 x 值后输出 y 值。

解题思路：

先用伪代码写出算法。

（1）输入 x。

（2）若 x<0，则 y=-1。

（3）若 x=0，则 y=0。

（4）若 x>0，则 y=1。

（5）输出 y。

也可以用流程图表示，如图 3.5 所示。

编写程序：

```
#include <stdio.h>
int main()
{
  int x,y;
  printf("Enter x:");
  scanf("%d",&x);
  if(x<0)
    y=-1;
  else
    if(x==0) y=0;
    else y=1;
  printf("x=%d,y=%d\n",x,y);
  return 0;
}
```

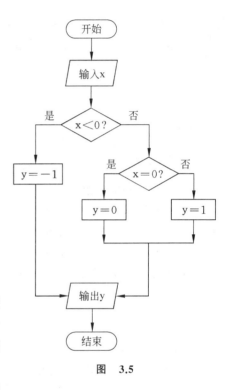

注意：在使用嵌套的 if…else 时，会出现多个 if 和多个 else，要注意哪个 if 与哪个 else 配对。配对的规则是：else 总是和在它前面最近的未配对的 if 相配对。请读者结合本例分析。

图 **3.5**

在本书配套的《C 语言程序设计教程学习辅导》的第二部分第 12 章中对使用 if 的嵌套时的配对规则做了详细介绍与分析，读者可参考。

3.5 利用 switch 语句实现多分支选择结构

if 语句只有两个分支可供选择，而实际问题中常常需要用到多分支的选择。例如，学生成绩分类（85 分以上为 A 等，70～84 分为 B 等，60～69 分为 C 等……），人口统计分类（按年龄分为老、中、青、少、儿童），工资统计分类，银行存款分类等，当然这些都可以用嵌套的 if 语句来处理。但如果分支较多，则嵌套的 if 语句层数多，程序冗长而且可读性降低。C 语言提供了 switch 语句，用来处理多分支选择。它的一般形式如下：

```
switch (表达式)
{
```

```
    case 常量表达式 1：语句 1
    case 常量表达式 2：语句 2
       ⋮
    case 常量表达式 n：语句 n
    default：语句 n+1
}
```

【例 3.4】

任务要求：

要求按照考试成绩的等级输出百分制分数段，A 等为 85 分以上，B 等为 70~84 分，C 等为 60~69 分，D 等为 60 分以下。成绩的等级由键盘输入。

解题思路：

这是一个多分支选择问题，根据百分制分数将学生成绩分为 4 个等级，如果用 if 语句来处理，至少要用 3 层嵌套的 if 进行 3 次检查判断。可以用 switch 语句进行一次检查即可得到结果。

编写程序：

```c
#include <stdio.h>
int main()
{
  char grade;
  scanf("%c",&grade);
  printf("Your score:");
  switch(grade)
  {
    case 'A': printf("85~100\n");break;
    case 'B': printf("70~84\n");break;
    case 'C': printf("60~69\n");break;
    case 'D': printf("<60\n");break;
    default: printf("Data error!\n");
  }
  return 0;
}
```

运行结果：

A↙　　　　　　　　　　　（从键盘输入大写字母 A，按 Enter 键）
Your score: 85~100　　　（输出对应的分数段）

程序分析：

grade 定义为字符变量。从键盘输入一个大写字母赋给变量 grade。switch 得到 grade 的值并把它和各 case 子句中给定的值（'A'、'B'、'C'、'D'之一）相比较，如果和其中之一相同（称为匹配），则执行该 case 后面的语句（即 printf 语句），输出相应的信息。如果输入的字符与'A'、'B'、'C'、'D'都不相同，就执行 default 后面的语句，输出"Data error!"的信息。注意，在每个 case 后面的语句中，最后都有一个 break 语句，它的作用是使流程转到 switch 语句的末尾（即右花括弧处）。流程图如图 3.6 所示。

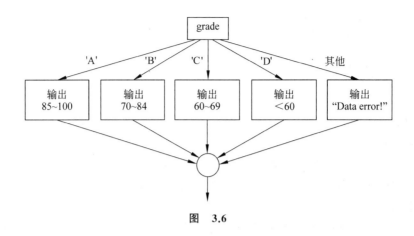

图 3.6

对 switch 语句的用法说明如下。

（1）switch 后面的括号内有"表达式"，表达式的值应为整型类型（包括字符型）。

（2）switch 下面的花括弧内是一个复合语句。这个复合语句包括若干子句，它是 switch 语句的语句体。语句体内包含多个以关键字 case 开头的子句和最多一个以 default 开头的子句。

case 后面跟一个常量（或常量表达式），如 case'A'，它们和 default 都是起标号（标记）的作用，用来标志一个位置。执行 switch 语句时，先计算 switch 后面的"表达式"的值，然后将它与各 case 标号比较，如果与某一个 case 标号中的常量相同，流程就转到此 case 标号后面的语句。如果没有与 switch 表达式相匹配的 case 常量，流程转去执行 default 标号后面的语句。

（3）可以没有 default 标号，此时如果没有与 switch 表达式相匹配的 case 常量，则不执行任何语句，流程转到 switch 语句的下一个语句。

（4）每一个 case 常量表达式的值必须互不相同，否则就会出现互相矛盾的现象（对表达式的同一个值有两种或多种执行方案）。

（5）各个 case 和 default 的出现次序不影响执行结果。例如，可以先出现"default:…"，再出现"case 'D': …"，然后是"case 'A': …"。

（6）case 标号只起标记的作用。在执行 switch 语句时，根据 switch 表达式的值找到匹配的入口标号。在执行完一个 case 标号后面的语句后，就从此标号开始执行下去，不再进行判断。例如，在例 3.4 中，如果在各个 case 子句中没有 break 语句，将连续输出：

```
Your score:85~100
70~84
60~69
<60
Data error!
```

注意：在执行第一个 case 子句后，应该用 break 语句使流程跳出 switch 结构，即终止 switch 语句的执行。最后一个子句（一般为 default 子句）可以不加 break 语句，因为流程已到了 switch 结构的结束处。

（7）加了 break 语句后，在 case 子句中虽然包含了一个以上执行语句，但可以不必用花括号括起来,会自动顺序执行本 case 子句中的所有的执行语句。当然加上花括号也可以。

(8) 多个 case 标号可以共用一组执行语句,例如:

```
case 'A':
case 'B':
case 'C': printf(">60\n");break;
```

当 grade 的值为'A'、'B'、'C'时,都执行同一组语句,输出">60",然后换行。

3.6 选择结构程序综合举例

以上介绍了选择结构的算法以及 C 语言实现选择结构的语句,在此基础上可以进一步学习编写选择结构的 C 语言程序。

【例 3.5】

任务要求:

写程序,判断某一年是否为闰年。

解题思路:

前面已介绍过判别闰年的方法。现在用图 3.7 来表示判别闰年的算法。图 3.7 用 N-S 流程图表示算法。用 N-S 流程图表示多级选择结构,简单清晰,层次分明。以变量 leap 代表是否为闰年的信息。根据闰年规则逐项进行判断,最后若判定是闰年,就令 leap=1;若非闰年,令 leap=0。最终检查 leap 是否为 1(真),若是 1,则输出"闰年"信息。

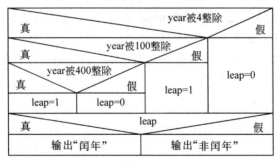

图 3.7

编写程序:

```c
#include <stdio.h>
int main()
{
    int year, leap;
    printf("Please enter a year:");
    scanf("%d",&year);
    if(year%4==0)
    {
        if (year%100==0)
        {
            if (year%400==0)
```

```
            leap=1;
        else
            leap=0;
    }
    else
        leap=1;
    }
    else
        leap=0;
    if (leap)
        printf("%d is ",year);
    else
        printf("%d is not ",year);
    printf("a leap year.\n");
    return 0;
}
```

运行结果：

```
Please enter a year: 2024↙
2024 is a leap year.
```

或

```
please enter a year: 2100↙
2100 is not a leap year.
```

程序分析：

请仔细分析 if 与 else 的配对关系。为了使程序结构清晰，便于他人阅读，也便于日后自己维护，在编写程序时应尽量写成锯齿形式，内嵌语句向右缩进 2 列或更多，同一层次的成分（如同一层的 if 和 else）出现在同一列上。

也可以将程序中第 7～20 行改写成以下的 if...else if...else 形式语句（本章 3.4.1 小节中介绍的第三种 if 语句）。

```
if(year%4!=0)
    leap=0;
else if(year%100!=0)
    leap=1;
else if(year%400!=0)
    leap=0;
else
    leap=1;
```

也可以用一个逻辑表达式包含所有的闰年条件，将上述 if 语句用下面的语句代替。

```
if((year%4==0 &&year %100!=0)||(year%400==0))
    leap=1;
else
    leap=0;
```

【例 3.6】

任务要求：

求 $ax^2+bx+c=0$ 方程的解。要求能处理任何的 a、b、c 值的组合。

解题思路：

在第 2 章例 2.3 中曾处理此问题，但前提是 a、b、c 的值满足判别式 b^2-4ac 大于或等于 0 的情况，即方程存在有理数解。但是根据代数知识，应该有以下几种可能。

(1) $a=0$，不是二次方程，而是一次方程。

(2) $b^2-4ac=0$，有两个相等的实根。

(3) $b^2-4ac>0$，有两个不相等的实根。

(4) $b^2-4ac<0$，有两个共轭复根。

画出 N-S 流程图表示算法（见图 3.8），可以看到，用 N-S 流程图表示算法很容易理解，一目了然。

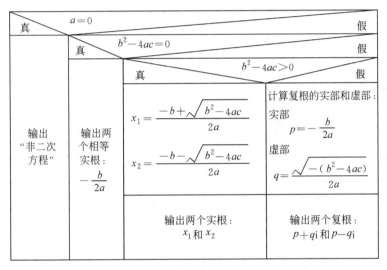

图　3.8

编写程序：

```c
#include <stdio.h>
#include <math.h>
int main()
{
    double a,b,c,disc,x1,x2,realpart,imagpart;
    printf("Please enter a,b,c:");
    scanf("%lf,%lf,%lf",&a,&b,&c);
    printf("The equation ");
    if(fabs(a)<=1e-6)
        printf("is not a quadratic.\\n");
    else
    {
        disc=b*b-4*a*c;
        if(fabs(disc)<=1e-6)
            printf("has two equal roots:%8.4f\n",-b/(2*a));
        else if(disc>1e-6)
        {
```

```
        x1=(-b+sqrt(disc))/(2*a);
        x2=(-b-sqrt(disc))/(2*a);
        printf("has distinct real roots:%8.4f and %8.4f\n",x1,x2);
    }
    else
    {
        realpart=-b/(2*a);
        imagpart=sqrt(-disc)/(2*a);
        printf("has complex roots：\n");
        printf("%8.4f+%8.4fi\n",realpart,imagpart);
        printf("%8.4f-%8.4fi\n",realpart,imagpart);
    }
    }
    return 0;
}
```

运行结果：

```
please enter a,b,c: 1,2,1↙
The equation has two equal roots: -1.0000
please enter a,b,c: 1,2,2↙
The equation has complex roots:
    -1.0000+  1.0000i
    -1.0000-  1.0000i
please enter a,b,c: 2, 6, 1↙
The equation has distinct real roots:  -0.1771 and -2.8229
```

程序分析：

程序中用变量 disc 代表判别式 b^2-4ac，先计算 disc 的值，以减少以后的重复计算。对于判断 b^2-4ac 是否等于 0 时，要注意，由于 disc（即 b^2-4ac）是实数，而实数在计算和存储时会有一些微小的误差，因此不能直接进行如下判断："if(disc==0)…"，因为这样可能会出现本来是零的量，由于上述误差而被判别为不等于零，故导致结果错误。所以采取的办法是判别 disc 的绝对值（fabs(disc)）是否小于一个很小的数（例如 10^{-6}），如果小于此数，就认为 disc 等于 0。程序中以变量 realpart 代表实部 p，以 imagpart 代表虚部 q，以增加可读性。

在程序中用格式声明"%8.4f"指定输出格式，表示输出的数据共占 8 列宽度，其中小数点后有 4 位，因此在输出 -1 时，在负号前有一个空格，即" -1.0000"。

【例 3.7】

任务要求：

运输公司对用户计算运费。路程越远，折扣越大，计算方法如下（s 代表路程，单位为 km）。

- $s<250$（没有折扣）。
- $250 \leqslant s<500$（2%折扣）。
- $500 \leqslant s<1000$（5%折扣）。
- $1000 \leqslant s<2000$（8%折扣）。
- $2000 \leqslant s<3000$（10%折扣）。
- $s \leqslant 3000$（15%折扣）。

解题思路:

设 1t/km 货物的基本运费为 p(price 的缩写),货物重为 w(weight 的缩写,单位为吨),距离为 s(单位为 km),折扣为 d(discount 的缩写),则总运费 f(freight 的缩写)的计算公式为

$$f = p \times w \times s \times (1 - d)$$

经过仔细分析,发现折扣的变化是有规律的:从图 3.9 中可以看到,折扣的"变化点"都是 250 的倍数(250,500,1000,2000,3000)。利用这一特点,可以在横轴上加一种坐标 c,c 的值为 $s/250$。c 代表 250 的倍数。当 $c < 1$ 时,表示 $s < 250$,无折扣;$1 \leqslant c < 2$ 时,表示 $250 \leqslant s < 500$,折扣 $d = 2\%$;$2 \leqslant c < 4$ 时,$d = 5\%$;$4 \leqslant c < 8$ 时,$d = 8\%$;$8 \leqslant c < 12$ 时,$d = 10\%$;$c \geqslant 12$ 时,$d = 15\%$。

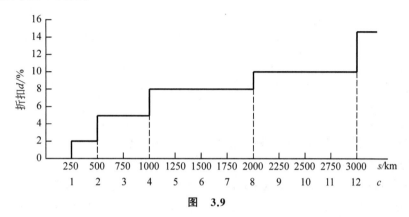

图　3.9

编写程序:

```c
#include <stdio.h>
int main()
{
  int c,s;
  double p,w,d,f;
  printf("Please enter price,weight,distance:");
  scanf("%lf,%lf,%d",&p,&w,&s);
  if(s>=3000) c=12;
  else c=s/250;
  switch(c)
  {
    case 0:d=0;break;
    case 1:d=2;break;
    case 2:
    case 3:d=5;break;
    case 4:
    case 5:
    case 6:
    case 7:d=8;break;
    case 8:
    case 9:
    case 10:
```

```
    case 11:d=10;break;
    case 12:d=15;break;
    }
    f=p*w*s*(1-d/100.0);
    printf("freight=%10.2f\n",f);
    return 0;
}
```

运行结果：

Please enter price,weight,distance: 23,345.7,136↙
freight=1081349.60

说明：

c 和 s 是整型变量，因此 c＝s/250 为整数。当 s≥3000 时，令 c＝12，而不使 c 随 s 增大，这是为了在 switch 语句中便于处理，用一个 case 可以处理所有 s≥3000 的情况。

本章小结

1. 选择结构是结构化程序的三种基本结构之一，用来对一个指定的条件进行判断，根据判断的结果选择两种操作中的一种。

2. 掌握算术运算符、关系运算符、逻辑运算符以及算术表达式、关系表达式、逻辑表达式的概念和使用。算术表达式的值是一个数值，关系表达式和逻辑表达式的值是一个逻辑量（"真"或"假"）。在 C 语言中规定：在表示一个逻辑值（如关系表达式、逻辑表达式的值）时，以 1 代表真，0 代表假。在判别一个逻辑量的值时，以非 0 作为真，0 作为假。在 C 语言程序中，逻辑量（包括关系表达式和逻辑表达式）可以作为数值参加数值运算。

3. 在 C 语言中，主要用 if 语句实现选择结构，用 switch 语句实现多分支选择结构。

掌握 if 语句的三种形式。注意 if 与 else 的配对规则（else 总是和在它前面最近的未配对的 if 相配对）。为了使程序清晰，减少错误，可以采取以下方法：①内嵌 if 也包括 else 部分；②把内嵌的 if 放在外层的 else 子句中；③加花括号，限定范围；④程序写成锯齿形，同一层次的 if 和 else 在同一列上。

4. 在用 switch 语句实现多分支选择结构时，"case 常量表达式"只起语句标号作用，如果 switch 后面的表达式的值与 case 后面的常量表达式的值相等，就执行 case 后面的语句。但特别要注意，执行完这些语句后不会自动结束，会继续执行下一个 case 子句中的语句。因此，应在每个 case 子句最后加一个 break 语句，才能正确实现多分支选择结构。

习题

3.1　写出下面各逻辑表达式的值。设 a＝3,b＝4,c＝5。

(1) a+b>c&&b==c

(2) a||b+c&&b-c

(3) !(a>b)&&!c||1

(4) !(x=a)&&(y=b)&&0

(5) !(a+b)+c-1&&b+c/2

3.2　有 3 个整数 a、b、c，由键盘输入，输出其中最大的数，请编写程序。

3.3　有一个函数：

$$y = \begin{cases} x & (x < 1) \\ 2x-1 & (1 \leqslant x < 10) \\ 3x-11 & (x \geqslant 10) \end{cases}$$

要求：编写程序，输入 x，输出 y 值。

3.4　给出一个百分制成绩，要求输出成绩等级 A、B、C、D、E。90 分以上为 A，80～89 分为 B，70～79 分为 C，60～69 分为 D，60 分以下为 E。

3.5　给一个不多于 5 位的正整数，要求：

(1) 求出它是几位数。

(2) 分别输出每一位数字。

(3) 按逆序输出各位数字，例如原数为 321，应输出 123。

3.6　企业发放的奖金根据利润提成。利润 I 低于或等于 100 000 元的，奖金可提 10%；利润高于 100 000 元且低于 200 000 元(100 000<I≤200 000)时，低于 100 000 元的部分按10%提成，高于 100 000 元的部分，可提成 7.5%；200 000<I≤400 000 时，低于 200 000 元的部分仍按上述办法提成(下同)。高于 200 000 元的部分按 5%提成；400 000<I≤600 000 元时，高于 400 000 元的部分按 3%提成；600 000<I≤1 000 000 时，高于 600 000 元的部分按 1.5%提成；I>1 000 000 时，超过 1 000 000 元的部分按 1%提成。从键盘输入当月利润I，求应发奖金总数。要求：

(1) 用 if 语句编程序。

(2) 用 switch 语句编程序。

3.7　输入 4 个整数，要求按由小到大的顺序输出。

3.8　有 4 个圆塔，圆心分别为(2,2)、(-2,2)、(-2,-2)、(2,-2)，圆半径为 1m，如图 3.10 所示。这 4 个塔的高度为 10m，塔以外无建筑物。今输入任一点的坐标，求该点的建筑高度(塔外的高度为 0)。

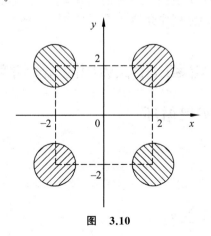

图　3.10

第4章 循环结构程序设计

4.1 程序中需要用循环结构

用顺序结构和选择结构可以解决简单的、不出现重复的问题。但是,在现实生活中许多问题是需要进行重复处理的。例如,计算一个学生5门课的平均成绩很简单,只需要把5门课的成绩相加,然后除以5即可。如果需要得到一个班50个学生每人的平均成绩,就要做50次"把5门课的成绩相加,然后除以5"的工作。如果在程序中重复写50次相同的程序段显然是十分烦琐的。类似的问题还有很多,如工厂各车间的生产日报表、全国各省市的人口统计分析、各大学招生情况统计、全校教职工工资报表等。

事实上,绝大多数的应用程序都包含重复处理。循环结构就是用来处理需要重复处理的问题,所以,循环结构又称为重复结构。

循环结构有两种循环:一种是无休止的循环,如地球围绕太阳旋转,永不终止;每一天24小时,周而复始;另一种是有终止的循环,达到一定条件循环就结束了,如统计完第50名学生成绩后就不再继续了。计算机程序只处理有条件的循环。如果程序永远不结束,是不正常的。计算机算法的特性是有效性、确定性和有穷性。

要构成一个有效的循环,应当指定两个条件。

(1) 需要重复执行的操作,这称为循环体。

(2) 循环结束的条件,即在什么情况下停止重复的操作。

循环结构是结构化程序设计的基本结构之一,它和顺序结构、选择结构共同作为各种复杂程序的基本构造单元。因此,熟练掌握选择结构和循环结构的概念及使用是程序设计最基本的要求。

C语言提供了几种能直接实现循环结构的语句,主要有while语句、do...while语句和for语句,用起来很方便。下面分别作介绍。

4.2 用while语句和do...while语句实现循环

4.2.1 用while语句实现循环

先看一下利用循环的例子。

【例4.1】

任务要求:

求 $1+2+3+\cdots+100$,即 $\sum\limits_{n=1}^{100} n$。

解题思路：

对此问题可以有不同的求解方法，有的人用心算，把它化成 50 组头尾两数之和：（1＋100）＋（2＋99）＋（3＋98）＋…＋（49＋52）＋（50＋51），每个括号内的值都是 101，一共有 50 对括号，所以总和是 50×101，很容易得出 5050。这是适宜于心算的算法。

用计算机算题，计算机是不会按上面的方法自动分组的，必须事先由人们设计计算的方法。对于这样简单的问题去设计巧妙的算法是没有必要的。计算机的最大特点是快，所以适宜用最"笨"的办法去处理一些简单的问题，就是采取一个一个数累加的方法，从 1 加到 100。对于人来说，这是"笨"办法，对于计算机来说却是"好"办法。

用传统流程图和 N-S 结构流程图表示从 1 加到 100 的算法，如图 4.1 所示。

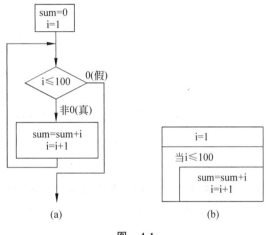

图 4.1

变量 sum 是用来存放累加值的，i 是准备加到 sum 的数值，让 i 从 1 变到 100，先后累加到 sum 中。具体步骤如下。

（1）开始时使 sum 的值为 0，被加数第一次取值为 1。开始进入循环结构。

（2）判别 i≤100 条件是否满足，由于 i 小于 100，因此 i≤100 的值为真。所以应当执行其下面矩形框中的操作。

（3）执行 sum＝sum＋i，此时 sum 的值变为了 1；然后使 i 的值加 1，i 的值变为了 2，这是为下一次加 2 而准备。流程返回菱形框。

（4）再次检查 i≤100 条件是否满足，由于 i 的值为 2，小于 100，因此 i≤100 的值仍为真，所以还应执行其下面矩形框中的操作。

（5）再次执行 sum＝sum＋i，由于 sum 的值已变为 1，i 的值已变为 2，因此，执行 sum＝sum＋i 后 sum 的值变为 3。再使 i 的值加 1，i 的值变为 3。流程再返回菱形框。

（6）再次检查 i≤100 条件是否满足……如此反复执行矩形框中的操作，直到 i 的值变成了 100，把 i 加到 sum 中，然后 i 又加 1 变成 101 了。当再次返回菱形框检查 i≤100 条件时，由于 i 已是 101，大于 100，i≤100 的值为假，不再执行矩形框中的操作，循环结构结束。

编写程序：

```
#include <stdio.h>
int main()
{
    int i,sum=0;          //sum 是用来存放累加和的变量,初值为 0
    i=1;
    while(i<=100)         //当 i 小于或等于 100 时,执行下面花括号中的复合语句
    {
        sum=sum+i;        //将 i 的当前值累加到变量 sum 中
        i++;              //使 i 的值加 1
    }
    printf("%d\n",sum);
    return 0;
}
```

运行结果：

5050

从上面的程序可以看到怎样用 while 语句去实现循环。while 语句的一般形式如下：

while (表达式) 程序语句

当表达式为非 0 值（代表逻辑值"真"）时，执行 while 语句中的内嵌语句（如程序中花括号中的复合语句）。其流程图如图 4.2 所示。

while 循环的特点是：先判断表达式，后执行循环体（即内嵌语句）。

注意：

（1）循环体如果包含一个以上的语句，应该用花括号括起来，以复合语句的形式出现。如果不加花括号，则 while 语句的范围只到 while 后面第一个分号处。例如，本例中 while 语句中如无花括号，则 while 语句范围只到"sum＝sum＋i;"。

（2）在循环体中应有使循环趋向于结束的语句。例如，在本例中循环结束的条件是 i＞100。因此，在循环体中应该有使 i 增值以最终导致 i＞100 的语句，现用"i＋＋;"来达到此目的。如果无此语句，则 i 的值始终不改变，循环永不结束。

思考：如果 while 语句中的条件改为"(i<100)"，情况会怎样？输出结果是什么？

4.2.2　用 do...while 语句实现循环

do...while 语句的特点是先执行循环体，然后判断循环条件是否成立。其一般形式为

do
　　循环体语句
while(表达式);

　　do...while 是这样执行的：先执行一次循环体语句，然后判别"表达式"，当表达式的值为非 0（"真"）时，返回重新执行循环体语句。如此反复，直到表达式的值等于 0（"假"）为止，此时循环结束。可以用图 4.3 表示其流程。请注意 do...while 循环用 N-S 流程图的表示形式［见图 4.3（b）］。

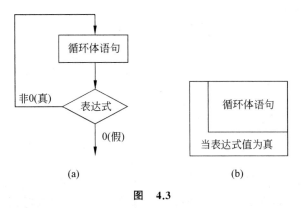

图　4.3

　　同一个问题既可以用 while 循环处理，也可以用 do...while 循环来处理。二者是可以互相转换的。

【例 4.2】

任务要求：

　　用 do...while 循环求 $1+2+3+\cdots+100$，即 $\sum\limits_{n=1}^{100} n$。

解题思路：

　　画出流程图，如图 4.4 所示。

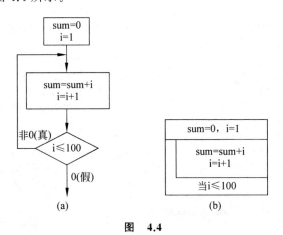

图　4.4

编写程序：

```
#include <stdio.h>
int main()
{
    int i,sum=0;
```

```
    i=1;
    do                          //在循环开始时不检查条件,先执行一次循环体
    {
        sum=sum+i;
        i++;
    }while(i<=100);
    printf("%d\n",sum);
    return 0;
}
```

运行结果：

```
5050
```

可以看到,结果和例4.1完全相同。

【例 4.3】

任务要求：

募集慈善基金 10000 元,有若干人捐款,每输入一个人的捐款数后,计算机就输出当时的捐款总和。当某一次输入捐款数后,总和达到或超过 10000 元时,即宣告结束,输出最后的累加和。

解题思路：

解此题的思路是设计一个循环结构,在其中输入捐款数,求出累加和,然后检查此时的累加和是否达到或超过预定值,如果达到了,就结束循环操作。

编写程序：

```
#include <stdio.h>
int main()
{
    float amount,sum=0;              //变量 sum 用来存放累加和
    do
    {
        scanf("%f",&amount);         //输入一个捐款金额
        sum=sum+amount;              //求出当前的累加和
    }while(sum<10000);               //如未达 10000 元继续执行循环
    printf("sum=%9.2f\n",sum);
    return 0;
}
```

运行结果：

```
1000↙                    (输入捐款额)
1850↙
1500↙
2600↙
2500↙
1200↙
sum=10650.00
```

程序分析：

此题与前面的题不同，事先不知道要执行多少次循环，只给出循环的条件（sum＜10000），每次循环结束时检查此条件是否满足，当某一次 sum 已超过 10000 元时，不再继续执行循环体。

提示： 设计循环结构要考虑两个问题，一是循环体；二是循环结束条件。例 4.1 中 while 循环中 while 语句判断的条件（i＜＝100）是循环继续的条件，而不是结束条件。在例 4.3 中 while 循环继续的条件是（sum＜10000），也就是结束循环的条件是 sum＞＝10000。千万不要错写成 while(sum＞10000)。

4.3　用 for 语句实现循环

用 while 语句可以实现循环结构，但是它必须明确地给出继续执行循环的条件（如 sum＜10000），而在许多情况下，人们给出的往往是执行循环的次数，如统计 100 人的平均工资、求一个学生 5 门课的总成绩等。用 C 语言中的 for 语句更为灵活方便，不仅可以用于循环次数已经确定的情况，而且可以用于循环次数不确定而只给出循环结束条件的情况，它完全可以代替 while 语句。

4.3.1　for 语句的一般形式和执行过程

for 语句的一般形式为

for(表达式 1;表达式 2;表达式 3) 语句

for 语句的执行过程如下。

（1）先求解表达式 1。

（2）求解表达式 2，若其值为真（值为非 0），则执行 for 语句中指定的内嵌语句，然后执行第（3）步；若为假（值为 0），则结束循环，转到第（5）步。

（3）求解表达式 3。

（4）转回上面第（2）步继续执行。

（5）循环结束，执行 for 语句下面的一个语句。

可以用图 4.5 来表示 for 语句的执行过程。

for 语句最简单、也最易理解的应用形式如下：

for(循环变量赋初值;循环条件;循环变量增值) 语句

例如：

for(i=1;i<=100;i++)　sum=sum+i;

该语句的执行过程与图 4.1 一样，相当于以下语句

```
i=1;
while(i<=100)
{
```

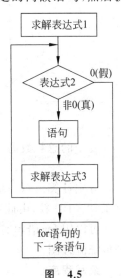

图 4.5

```
    sum=sum+i;
    i++;
}
```

一个 for 语句就相当于几行 while 语句，显然，用 for 语句简单、方便。for 循环语句功能丰富，使用灵活，方法多变，使用上有许多技巧。

4.3.2 for 循环程序举例

学习了循环以后，可以实现一些有趣的算法。

【例 4.4】

任务要求：

相传古代印度国王舍罕要褒赏他聪明能干的宰相达依尔（国际象棋的发明者），国王问他要什么？达依尔回答说："国王只要在国际象棋的棋盘第 1 个格子中放 1 粒麦子，第 2 个格子中放 2 粒麦子，第 3 个格子中放 4 粒麦子，以后按此比例每一格加一倍，一直放到第 64 格 [国际象棋的棋盘是 8×8＝64（格）]，我感恩不尽，其他我什么都不要。"国王想："这能有多少！还不容易吗！"于是让人扛来一袋小麦，但不到一会儿就用没了，又用了一袋很快也用完了。结果全印度的粮食全部用完还不够。国王纳闷，怎样也算不清这笔账。现在用计算机来算一下。

解题思路：

每个格子中的麦子粒数如图 4.6 所示。

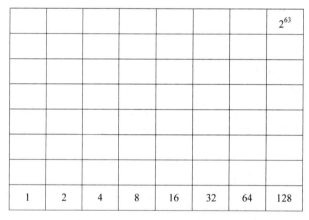

							2^{63}
1	2	4	8	16	32	64	128

图 4.6

麦子的总粒数为

$$1+2+2^2+2^3+\cdots+2^{63}$$

分别计算出每一格的麦子粒数，把它们加起来，就得到总粒数。据估算，$1m^3$ 的小麦约有 1.42×10^8 粒，由此可以大致计算出小麦的体积。

可以用 for 语句实现循环。画出流程图（见图 4.7），其中图 4.7(a) 是 N-S 流程图，图 4.7(b) 是传统流程图。

编写程序：

```
#include <stdio.h>
```

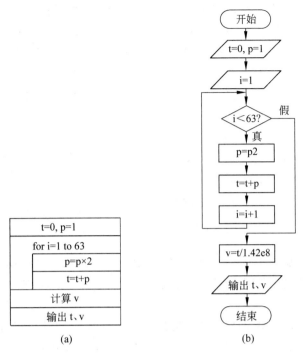

图　4.7

```
int main()
{
    double p=1, t=1, v;
    int i;
    for(i=1; i<64; i++)              //执行 63 次循环
    {
        p=p * 2;                     //p 是当前一个格子中的麦子粒数
        t=t+p;                       //t 是当前麦子总粒数
    }
    v=t/1.42e8;                      //v 是总体积,单位为 m³
    printf("total=%e\n",t);          //用指数形式输出麦子总粒数
    printf("volume=%e\n",v);         //用指数形式输出麦子总体积
    return 0;
}
```

运行结果:

```
total=1.844674e+019
volume=1.299066e+011
```

计算结果为:共有小麦约 1.844674×10^{19} 粒,体积约 1.3×10^{11} m³。相当于全中国 960 万平方公里的土地上全铺满 1.3cm 厚的小麦,相当于我国几百年的产量。

程序分析:

变量 p 用来存放一个格子中的麦子粒数,变量 t 用来存放某一时刻的麦子总粒数,变量 v 用来存放麦子的体积。变量 i 用来控制循环的次数,开始时 i=1、i<64,开始第 1 次循环。在循环体中,执行 p=p * 2,p 的原值是 1,新值是 2,p 的新值是其前一格麦子粒数的 2 倍。

它是当前第二格子中的麦粒数。再执行 t＝t＋p,t 的新值就是前 2 格的麦子总粒数。在完成第 1 次循环后,执行 i++,i 的值加 1 变为 2,由于 2＜64,所以又执行第 2 次循环,此时得到的 p 的新值是第 3 格的麦子粒数,t 的新值是前 3 格的麦子总粒数。以此类推,当 i 变到 63 时,执行最后一次循环,此时得到的 p 的新值是第 64 格的麦子粒数,t 的新值是 64 格的麦子总粒数。i 再变为 64,由于 i 不再小于 64,因此不再执行循环。接着计算体积,输出结果。

思考:

(1) 程序执行了 63 次循环,那么怎样实现累加了 64 个格子的小麦呢?

(2) 如果把第 6 行改为 for(i=1;i<=64;i++),结果会怎样?

(3) 如果把第 6 行改为 for(i=0;i<64;i++),结果会怎样?

【例 4.5】

任务要求:

人口增长预测。据 2010 年年末人口统计,我国人口为 1370536875 人,如果人口的年增长率为 1%,请计算到哪一年中国总人口超过 15 亿。

解题思路:

此题与例 2.2 类似,但本题不是要计算出多少年后的人口(这可以直接用公式计算),而是要计算出每一年的人口,检查它是否达到 15 亿人。这就需要用循环来处理。

假设原来人口为 p_0,则一年后的人口为

$$p = p_0 \times (1+r)$$

式中,r 是年增长率。用此公式依次计算出每年的人口,每算出一年的人口后,就检查一下是否达到或超过 15 亿人? 如果未达到或超过 15 亿人,就再计算下一年的人口,直到某一年的人口达到或超过 15 亿人为止。

编写程序:

```
#include <stdio.h>
int main()
{
  double p=1.354e9,r=0.01;
  int year;
  for(year=2010; p<1.5e9; year++)
  {
    p=p * (1+r);                    //赋值号两侧的变量 p 代表不同含义
  }
  printf("year=%d,p=%e\n",year-1,p);
  return 0;
}
```

运行结果:

```
year=2021,p=1.510615e+009
```

即到 2021 年,中国人口达到 15.10615 亿。如果 r 变量(表示增长率)改为 0.005,则结果为

```
year=2031,p=1.503509e+009
```

即到 2031 年,中国人口达到 15.03509 亿。

程序分析:

程序中没有用两个变量 p0 和 p 来代表原来人口和一年后的人口,而用一个变量 p 代表不同年份的人口。开始时 p 的值是原有人口数,把 p 代入 p＊(1＋r)公式,求出一年后的人口,然后把它赋给变量 p,此时 p 的值已不是原有人口,而是一年后的人口。在第 2 次循环中,再以这个 p 的新值为基础,计算出下一年的人口。如此不断由 p 的上一个值推算出 p 的新值,直到 p≥1.5eq(15 亿)为止。

year 代表年份。循环体中只有一个语句,用来计算从 2011 年开始的各年的人口数。在 for 语句中设定的循环条件是 p＜1.5e9(15 亿),当某一年的 p 达到或超过 15 亿,就停止循环,输出年份和当年的人口数。

经过计算,结果如下:

```
year=3010,p=2.837870e+013
```

即 1000 年后的 3010 年,我国将有 283787 亿人口(28.3787 万亿人口)。全国面积为 960 万平方公里,平均每平方米将居住 2.85 人。如果年增长率为 1.5％(有的不发达国家还高于此值),则 1000 年后我国将有 39596880 亿人口,包括大山、河流、沙漠在内,每平方米将要居住约 400 人。要盖多高的楼才能在 1 平方米的地面上住 400 人? 我们可不能让后代无立锥之地啊!

提示: 注意区分变量 p 在不同阶段中的不同含义。可以看到:一个变量开始时有一初值,通过一定的运算,可以推算出一个新的值,再从这个新值又推算出下一个新值,即不断用计算出的新值去取代原有的值,这种方法称为迭代(iterate),而计算公式 $p=p*(1+r)$ 称为迭代公式。迭代算法一般是用循环来实现的。迭代是一种常用的算法,用人工实现很麻烦,而用计算机实现却十分方便。

思考:

(1) 在 printf()函数中,输出项为什么是"year－1",而不是 year?

这是由于在最后结束循环前 year 又加了 1,因此在输出年份时应输出 year－1 的值,而不是 year 的值。

(2) 如果要求输出每一年的人口数,应该如何修改程序?

(3) 如果人口年增长率 r＝1％,要求计算 1000 年后的人口,程序应该如何修改?

4.4　循环的嵌套

一个循环体内又包含另一个完整的循环结构,称为**循环的嵌套**。内嵌的循环中还可以嵌套循环,这就是多层循环。

有三种循环,即 while 循环、do...while 循环和 for 循环可以互相嵌套。例如,下面几种都是合法的形式。

(1) while(...)
```
    {
      ⋮
      while(...)
        {...}
      ⋮
    }
```

(2) do
```
    {
      ⋮
      do
        {...}
        while(...)
      ⋮
    } while(...)
```

(3) for(;;)
```
    {
      for(;;)
        {...}
    }
```

(4) while(...)
```
    {
      ⋮
      do
      {...} while(...);
      ⋮
    }
```

(5) for(;;)
```
    {
      ⋮
      while(...)
      {...}
      ⋮
    }
```

(6) do
```
    {
      ⋮
      for(;;)
        {...}
    }while(...);
```

4.5 提前结束循环

4.5.1 用 break 语句提前退出循环

在执行循环语句时,在正常情况下只要满足给定的循环条件,就应当一次一次地重复执行循环体,直到不满足给定的循环条件为止。但是有些情况下,需要提前结束循环。

【例 4.6】

任务要求:

统计各班级的学生的平均成绩。已知各班人数不等,但都不超过 30 人。编一个程序能处理人数不等的各班学生的平均成绩。

解题思路:

如果各班人数相同,问题比较简单,只需用一个 for 语句控制即可。

```
for(i=1;i<31;i++)
  {...}
```

但是现在有的班不足 30 人,使程序也能统计出该班的平均成绩。可以约定:当输入的成绩是负数时,就表示本班数据已结束(一般情况下成绩不会是负数)。在程序接收到一个负的分数时就提前结束循环,计算出本班的平均成绩。

用 break 语句可以提前结束循环。

编写程序:

```
#include <stdio.h>
int main()
```

```
{
    float score,sum=0,average;
    int i,n;
    for(i=1; i<31; i++)
    {
        scanf("%f",&score);                        //输入一个学生的成绩
        if(score<0) break;                         //如果输入负值,则跳出循环
        sum=sum+score;                             //把该成绩累加到 sum
    }
    n=i-1;                                         //学生数应是 i-1
    average=sum/n;                                 //计算平均成绩
    printf("n=%d,average=%7.2f\n",n,average);      //输出学生数和平均成绩
    return 0;
}
```

运行结果：

<u>100↙</u>　　　　　　　　　　(输入一个学生的成绩)
<u>80↙</u>　　　　　　　　　　(输入一个学生的成绩)
<u>70↙</u>　　　　　　　　　　(输入一个学生的成绩)
<u>-1↙</u>　　　　　　　　　　(输入负数,表示本班数据结束)
n=3,average=   90.00

程序分析：

如果一个班有 30 人,则输入完 30 人的成绩并累计总分后自动结束循环,不必再输入负数作为结束标志。在结束循环后 i 的值等于 31(因为执行完 30 次循环后,i 再加 1,变成 31,此时才终止循环),因此学生数 n 应该等于 i-1。

如果一个班人数少于 30 人,则在输入完全班学生的成绩后,输入一个负数,此时执行 break 语句,跳过循环体其余的语句,也不再继续执行其余的几次循环,而是直接跳到循环下面的语句(n=i-1;)继续执行。刚输入的数不进行累加(不执行"sum＝sum＋score;"),注意此时 i 的值,假如已输入了 25 个有效分数,在第 26 次循环时输入一个负数,此时 i 的值是 26,而学生数 n 应是 i-1。

在第 3 章中已经介绍过用 break 语句可以使流程跳出 switch 结构,继续执行 switch 语句下面的一个语句。从本章的叙述可知 break 语句还可以用来从循环体内跳出循环体,提前结束循环。

break 语句的一般形式为

```
break;
```

break 语句不能用于循环语句和 switch 语句之外的任何其他语句中。

4.5.2　用 continue 语句提前结束本次循环

continue 语句的一般形式为

```
continue;
```

其作用为结束本次循环,即跳过循环体中下面尚未执行的语句,接着进行下一次是否执行循环的判断。

注意：continue 语句和 break 语句的区别如下。continue 语句只结束本次循环，而不是终止整个循环的执行；break 语句则是结束整个循环过程，不再判断执行循环的条件是否成立。

如果有以下两个循环结构。

（1）

```
while(表达式 1)
{
    ⋮
  if(表达式 2) break;
    ⋮
}
```

（2）

```
while(表达式 1)
{
    ⋮
  if(表达式 2) continue;
    ⋮
}
```

程序段（1）的流程如图 4.8 所示，而程序段（2）的流程如图 4.9 所示。请注意图 4.8 和图 4.9 中当"表达式 2"为真时的流程转向。

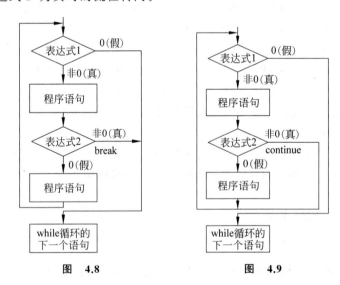

图 4.8   图 4.9

【例 4.7】

任务要求：

输入一个班全体学生的成绩，把不及格学生的成绩输出，并求出及格学生的平均成绩。

解题思路：

在进行循环中，检查学生的成绩，把其中不及格的成绩输出，然后跳过后面总成绩的累加和求平均成绩的语句。用 continue 语句即可处理此问题。

编写程序：

```c
#include <stdio.h>
int main()
{
  float score,sum=0,average;
  int i,n=0;
  for(i=1; i<6; i++)                        //假设有 5 个学生
  { printf("Please enter score:");
    scanf("%f",&score);                     //输入学生成绩
    if(score<60)                            //如果不及格
    {  printf("Fail:%7.2f\n",score);        //输出不及格的成绩
       continue;                            //跳过下面的语句,结束本次循环
    }
    sum=sum+score;
    n=n+1;                                  //n 用来统计及格学生人数
  }
  average=sum/n;                            //及格学生平均分数
  printf("\nn=%d,average=%7.2f\n",n,average);    //输出及格学生人数和平均分数
  return 0;
}
```

运行结果：

```
Please enter score:89↙
Please enter score:56↙
Fail:56                          (输出不及格的成绩)
Please enter score:76↙
Please enter score:58↙
Fail:58                          (输出不及格的成绩)
Please enter score:98↙

n=3,average=87.67
```

程序分析：

为了减少输入量,本程序只按 5 个学生处理。在输入不及格学生的成绩后,输出该成绩,然后跳过循环体中未执行的语句,即不参加累计总分 sum,也不累计合格学生数 n。但是,继续执行后面的几次循环。

通过以上两个例子,可以了解 break 和 continue 的应用与区别。

4.6　几种循环的比较

（1）几种循环语句都可以用来处理同一个问题,一般情况下它们可以互相代替。

（2）在 while 循环和 do...while 循环中,在 while 后面的括号内指定循环条件,因此为了使循环能正常结束,应在循环体中包含使循环趋于结束的语句(如 i++或 i=i+1 等)。

用 for 循环时,可以在 for(表达式 1;表达式 2;表达式 3)的"表达式 3"中包含使循环趋于结束的操作,如 for(i=0;i<10;i++)。

（3）用 for 循环时可以在表达式 1 和表达式 3 中放入更多的内容，例如：

```
for(sum=0,i=1;i<=10;i++)  sum=sum+i;
```

其中，表达式 1 是一个逗号表达式，它包含两个简单的表达式 sum＝0 和 i＝1。用此 for 语句可以求出 1～10 的和。

还可以把循环体中的操作放到表达式 3 中。例如：

```
for(sum=0,i=1;i<=10; sum=sum+i, i++);
```

其作用与前面相同。

可以看到，for 语句的功能更强，凡用 while 循环能完成的，用 for 循环也都能实现。

在《C 语言程序设计教程学习辅导》第二部分第 13 章中介绍了使用 for 语句的多种形式，灵活利用它可以形成一些技巧，有兴趣的读者可以参考。

（4）用 while 循环时，循环变量初始化的操作应在 while 和 do...while 语句之前完成。而 for 语句可以在表达式 1 中实现循环变量的初始化。

（5）while 循环、do...while 循环和 for 循环，都可以用 break 语句跳出循环，用 continue 语句结束本次循环。

4.7　循环程序综合举例

在本章前几节中已介绍了几个用到循环的程序，通过这些程序，读者应掌握了如何利用 C 语言中的有关语句来实现循环结构。下面再举几个综合的稍复杂一些的例子，以帮助读者进一步掌握循环算法和它的应用。

【例 4.8】

任务要求：

有一对兔子，出生后第 3 个月起每个月都生一对兔子。小兔子长到第 3 个月后，每个月又生一对兔子。假设所有兔子都不死，要求得到前 40 个月的兔子数。

解题思路：

这是一个有趣的古典数学问题。从表 4.1 中可以看出兔子繁殖的规律。

表 4.1　兔子繁殖的规律

第几个月	小兔子对数	中兔子对数	老兔子对数	兔子总数
1	1	0	0	1
2	0	1	0	1
3	1	0	1	2
4	1	1	1	3
5	2	1	2	5
6	3	2	3	8
7	5	3	5	13
⋮	⋮	⋮	⋮	⋮

注：不满 1 个月的为小兔子，满 1 个月不满 2 个月的为中兔子，满 2 个月（进入第 3 月）以上的为老兔子。

可以看到每个月的兔子总数依次为 $1,1,2,3,5,8,13,\cdots$ 这就是有名的斐波那契 (Fibonacci) 数列。

这个数列有如下特点：第 1、2 两个数为 1、1。从第 3 个数开始，每个数是其前面两个数之和。即

$$F_1 = 1 \qquad (n=1) \qquad (第 1 个数)$$
$$F_2 = 1 \qquad (n=2) \qquad (第 2 个数)$$
$$F_n = F_{n-1} + F_{n-2} \qquad (n \geqslant 3) \qquad (递推公式)$$

解此题的算法如图 4.10 所示。

现在要计算斐波那契数列的前 40 个数。根据流程图可以写出程序。

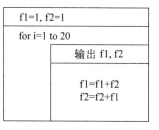

图 4.10

编写程序：

```c
#include <stdio.h>
int main()
{
  long int f1,f2;
  int i;
  f1=1;f2=1;
  for(i=1; i<=20; i++)
  {
      printf("%12ld %12ld ",f1,f2);
      if(i%2==0) printf("\n");
      f1=f1+f2;
      f2=f2+f1;
  }
  return 0;
}
```

运行结果：

```
       1            1            2            3
       5            8           13           21
      34           55           89          144
     233          377          610          987
    1597         2584         4181         6765
   10946        17711        28657        46368
   75025       121393       196418       317811
  514229       832040      1346269      2178309
 3524578     57022887      9227465     14930352
24157817     39088169     63245986    102334155
```

程序分析：

(1) 程序中变量 f1 和 f2 用了长整型，在 printf() 函数中输出格式符用"%12ld"，而不是用"%12d"。在 Turbo C 中，int 型变量被分配 2 个字节，能存储的最大整数是 32 767。在输出第 23 个数之后，输出的整数已超过 32 767，因此，只有用长整型变量才能容纳。但用 VC++ 时不存在此问题，变量 f1 和 f2 可以定义为 int 型。

(2) if 语句的作用是在输出 4 个数后换行。i 是循环变量，当 i 为偶数时换行，而 i 每增

加 1,就要计算和输出 2 个数(f1,f2),因此 i 每隔 2 个数换一次行,相当于每输出 4 个数后换行输出。

【例 4.9】

任务要求:

在程序中给出一个整数 m,判断它是否为素数。

解题思路:

所谓素数(prime number,也称质数),是指除了 1 和它本身以外,不能被任何整数整除的数。例如 17 是素数,因为它不能被 2~16 任一整数整除。因此,判断一个整数 m 是否为素数,只需用 2~m−1 的每一个整数去除 m,如果都不能被整除,那么 m 就是一个素数。

其实可以简化。m 不必用 2~m−1 的每一个整数去除,只需用 2~$\sqrt{m}$ 的每一个整数去除就可以了。如果 m 不能被 2~$\sqrt{m}$ 任一整数整除,m 必定是素数。例如,要判别 17 是否为素数,只需用 2~4 的每一个整数去除 17,由于都不能整除,可以判定 17 是素数。

为什么可以作此简化呢? 因为如果 m 能被 2~m−1 任一整数整除,其两个因子必定有一个小于或等于 $\sqrt{m}$,而另一个则大于或等于 $\sqrt{m}$。例如 16,$\sqrt{16}$ 是 4,16 能被 2、4、8 整除,16=2×8,2<4,8>4;16=4×4,4=$\sqrt{16}$。因此,只需检查 2~4 中有无因子,即可判定 16 是否为素数。

根据以上结论,判断整数 m 是否为素数的程序算法如下:让 m 被 i(i 由 2 变到 k=$\sqrt{m}$)除,如果 m 能被某一个 i(2~k 的任何一个整数)整除,则 m 必然不是素数,不必再进行下去,此时的 i 必然小于或等于 k;如果 m 不能被 2~k 任一整数整除,则 m 应是素数,此时在完成最后一次循环后,使 i 再加 1,因此 i 的值就等于 k+1,这时才终止循环。在循环结束后判别 i 的值是否大于或等于 k+1,若是,则表明未曾被 2~k 任一整数整除过,因此输出"是素数"。

解此题的算法如图 4.11 所示。

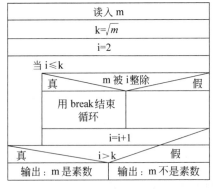

图 4.11

编写程序:

```
#include <stdio.h>
#include <math.h>
int main()
{
    int m,i,k;
```

```
printf("Please enter a integer number:");
scanf("%d",&m);                          //输入一个整数 m
k=(int)sqrt(m);                          //对 m 求平方根,再取整
for(i=2;i<=k;i++)                        //i 作为除数
  if(m%i==0) break;                      //如果 m 被 i 整除,m 肯定不是素数
if(i>k) printf("%d is a prime number.\n",m);
else printf("%d is not a prime number.\n",m);
return 0;
}
```

运行结果:

```
Please enter a integer number: 17↙
17 is a prime number.
```

程序分析:

应注意 for 语句是怎样执行的。如果输入 m 的值为 16,sqrt(m)是 16 的平方根,即 4,k 的值也为 4。从 for 语句括号中的内容可以看出:本来应执行 3 次循环体(当循环变量 i 的值为 2、3、4 时都满足执行循环的条件),但在执行第 1 次循环时,m%i 的值等于 0(%是求余运算符,m%i 是 m 被 i 除的余数,显然 16/2 的余数为 0)。因此,执行 if 语句中内嵌的 break 语句提前终止了循环,不再执行第 2 次、第 3 次循环。for 语句中的 if 语句用来判定在 for 语句中是否执行过 break 语句而提前终止循环,如果因执行了 break 语句而提前终止了循环,循环变量 i 最后的值必小于或等于 k,例如,当 m 为 16 时,在执行第 1 次循环过程中因 m%i 等于 0 而执行 break 语句,此时 i 的值为 2,显然 i<k。

如果 m 的值为 17,当循环变量 i 的值先后为 2、3、4 时,m%i 的值都不等于 0,在执行完 3 次循环体后 i 的值又加 1,i 最后的值为 5,此时 i>k。所以,用 if(i>k)即可判定 m 是否曾被 i 整除过。如果 i>k,就输出"m 是素数";如果 i≤k,就输出"m 不是素数"。

【例 4.10】
任务要求:

为使电文保密,往往按一定规律将其转换成密码,收报人再按约定的规律将其译回原文。例如,可以按以下规律将电文变成密码:将字母 A 变成字母 E,a 变成 e,即变成其后的第 4 个字母,W 变成 A,X 变成 B,Y 变成 C,Z 变成 D,如图 4.12 所示。

字母按上述规律转换,非字母字符不变。例如,"China!" 转换为"Glmre!"。

输入一行字符,要求输出其相应的密码。

解题思路:

图 4.12

分析图 4.12,可以发现两种情况。

(1) 从字母 A 到 V,把它们变成后面第 4 个字母,这个问题比较简单,只需将字母的 ASCII 代码加上 4 就行了。例如,A+4 就是 E。

(2) 从字母 W 到 Z,就不能简单地将字母加 4,例如,'W'+4 并不是 A。W 的 ASCII 码是 87,加 4 等于 91,从附录 A 中可以查出它的代表字符是"["。可以看出:应当再减去 26 才能得到 A,即'W'+4-26,也就是'W'-22=87-22=65,这是 A 的 ASCII 代码。

99

怎样区分以上两种情况呢？先使字母加 4，如果其值范围在 65～90（即 A～Z 的 ASCII 码）或 97～122（即 a～z 的 ASCII 码），就表示原来的字母的范围肯定为'A'～'W'或'a'～'z'，加 4 之后没有超出字母的范围；如果加 4 之后其值大于 Z 或 z，就表示原来的字母为 W 或 w，应减去 26 才对。

编写程序：

```
#include <stdio.h>
int main()
{
  char c;
  while((c=getchar())!='\n')
  {
    if((c>='a'&&c<='z')||(c>='A'&&c<='Z'))   //判定 c 是否字母
    {
      c=c+4;                                   //是字母就加 4
      if(c>'Z'&&c<='Z'+4||c>'z') c=c-26;       //如在字母范围外就减 26
    }
    printf("%c",c);
  }
  printf("\n");
  return 0;
}
```

运行结果：

China! ↙
Glmre!

程序分析：

程序中对输入字符的处理办法是：先判定 c 是否为大写字母或小写字母，若是，则将其值加 4（变成其后的第 4 个字母）。如果加 4 以后字符值大于'Z'或'z'，则表示原来的字母在 W（或 w）之后，按前面所说，使 c 的值减 26，它转换为 A～D（或 a～d）的一个字母。

有一点请读者注意，内嵌的 if 语句不能写成：

```
if( c>'Z'||c>'z') c=c-26;                      //请和程序第 7 行比较
```

因为满足(c>'Z' && c<='Z'+4)条件，就表示 c 在未加 4 之前是大写字母 W、X、Y、Z 之一，故要减去 26 成为密码字母。如果没有满足(c<='Z'+4)这一条件，则所有**小写字母**都满足(c>'Z')的条件（请查附录 A 中的 ASCII 表），从而也都执行"c=c-26;"语句，这就会出错。因此，必须限制其范围为(c>'Z' && c<='Z'+4)，即原字母为 W～Z。只有符合此条件才能减 26，否则不应按此规律转换。

思考：为什么对小写字母不按此处理？即没有写成"(c>'z' && c<='z'+4)"，而只写成"(c>'z')"？

答案：由于此前已判定 c 是字母，如果出现 c>'z'，肯定是由原来的小写字母 w、x、y、z 加 4 的结果，它肯定小于或等于'z'+4，因此，加(c>'z')条件和加此条件的效果是一样的，不必画蛇添足。

本章小结

1. 循环结构是用来处理需要重复处理的操作的。循环结构是结构化程序设计的基本结构之一。熟练掌握循环结构的概念及使用,是程序设计的最基本的要求之一。

2. 要构成一个有效的循环,应当指定两个条件:①需要重复执行的操作,即循环体;②循环结束的条件。

3. 在 C 语言中可以用来实现循环结构的有三种语句:while 语句、do...while 语句和 for 语句,它们是可以互相代替的。其中以 for 循环用得最广泛、最灵活。应当掌握这三种语句的特点和应用技巧,尤其要注意循环结束条件的确定,不然很容易出错。例如,例 4.1 中循环继续的条件是 $i \le 100$(或者说循环结束的条件是 $i > 100$),常常有人把 while 语句中循环继续的条件错写成 $i < 100$(即循环结束的条件是 $i \ge 100$),这就导致少执行一次循环。

4. 如果循环体有多于一个的语句,应当用花括号把循环体中的多个语句括起来,构成复合语句,否则系统认为循环体只有一个简单的语句。

5. break 语句和 continue 语句是用来改变循环状态的。continue 语句和 break 语句的区别是:continue 语句只结束本次循环,而不是终止整个循环的执行;break 语句是结束整个循环过程,不再判断执行循环的条件是否成立。

6. 循环可以嵌套。所谓嵌套,是指在一个循环体中包含另一个完整的循环结构。三种循环语句(while 语句、do...while 语句、for 语句)可以互相嵌套,即任一个循环语句可以成为任一种循环的循环体的一部分。

7. 有关循环的算法很丰富,学习了循环之后,可以写出复杂和有趣的程序,大大拓宽了编程的题材,提高了编程的水平。本章的习题内容比较丰富有趣,希望读者尽量多做题、多看题,掌握各种解题的算法。

习题

4.1　统计全单位人员的平均工资。单位的人数不固定,工资数从键盘先后输入,当输入 -1 时表示输入结束(前面输入的是有效数据)。

4.2　一个单位下设 3 个班组,每个班组人数不固定,需要统计每个班组的平均工资。分别输入 3 个班组所有职工的工资,当输入 -1 时表示该班组的输入结束。输出班组号和该班组的平均工资。

4.3　百鸡问题。公元 5 世纪末,我国古代数学家张丘建在他编写的《算经》里提出了"百鸡问题":"鸡翁一,值钱五;鸡母一,值钱三;鸡雏三,值钱一。百钱买百鸡,问鸡翁、母、雏各几何?"说成白话文是:"公鸡每只 5 元,母鸡每只 3 元,小鸡 3 只 1 元。想用 100 元买100 只鸡,问公鸡、母鸡、小鸡应各买多少只?"

4.4　猴子吃桃问题。猴子第 1 天摘下若干个桃子,当即吃了一半,还不过瘾,又多吃了一个。第 2 天早上又将剩下的桃子吃掉一半,又多吃了一个。以后每天早上都吃了前一天剩下的一半零一个。到第 10 天早上想再吃时，就只剩一个桃子了。问第 1 天摘了多少个桃子。

4.5　输入两个正整数 m 和 n，求其最大公约数和最小公倍数。

4.6　输入一行字符，分别统计出其中英文字母、空格、数字和其他字符的个数。

4.7　求 $\sum\limits_{n=1}^{20} n!$（即求 $1!+2!+3!+4!+\cdots+20!$）。

4.8　输出所有的"水仙花数"。所谓"水仙花数"，是指一个 3 位数，其各位数字的立方和等于该数本身。例如，153 是一水仙花数，因为 $153=1^3+5^3+3^3$。

4.9　一个数如果恰好等于它的因子之和，这个数就称为"完数"。例如，6 的因子为 1、2、3，而 $6=1+2+3$，因此 6 是"完数"。编程找出 1000 之内的所有完数，并按下面格式输出其因子。

6 : its factors are 1,2,3.

4.10　一个球从 100 米高度自由落下，每次落地后反跳回原高度的一半；再落下，再反弹。求它在第 10 次落地时，共经过了多少米？第 10 次反弹多高？

4.11　输出以下图案。

```
        *
      * * *
    * * * * *
  * * * * * * *
    * * * * *
      * * *
        *
```

4.12　两个乒乓球队进行比赛，各出 3 人。甲队 3 人为 A、B、C，乙队 3 人为 X、Y、Z。已抽签决定比赛名单。有人向队员打听比赛的名单，A 说他不和 X 比，C 说他不和 X、Z 比，请编程序找出 3 对赛手的名单。

第 5 章　利用数组处理批量数据

5.1　为什么要用数组

迄今为止,我们在程序中接触到的都是属于基本类型(整型、字符型、实型)的数据,它们都是简单的数据类型。对于简单的问题,用以上简单的数据类型处理就可以了。但对有些数据对象,用简单的数据类型还不能充分反映出数据的特性,从而对它们进行有效的操作。例如,要处理一个班 30 个学生的成绩,如果用普通的变量来代表 30 个学生的成绩,就要用 30 个变量,如 $s_1, s_2, s_3, \cdots$。如果有 100 个学生呢? 显然是很不方便的。因此,应当有简化的方法。

人们想出这样的方法:既然它们都是同一类性质的数据(都代表学生成绩),就可以用同一个名字(如 s)来代表它们,而在名字右下角加下标来表示是哪个学生的数据,如用 s_1, $s_2, s_3, \cdots, s_{30}$ 代表 30 个学生的成绩。这样,这些数据就不是零散的、互不相关的数据,而是一组具有同一属性的数据,这一组数据就成为一个数组(array),s 是数组名,下标代表学生的序号,例如 s_{15} 代表第 15 个学生的成绩。由于计算机键盘无法表示上下标,因此 C 语言规定用方括号中的数字来表示下标,如 s[15]表示 s_{15},即第 15 个学生的成绩。这样就把具有同一属性的若干个数据组织成一个整体,它们再也不是互相孤立无关的单个数据,而是互相关联的数据,便于统一处理。

提示:数组是有序数据的集合。数组中的每一个元素都属于同一个数据类型。用一个统一的数组名和下标来唯一地确定数组中的元素。

在 C 语言程序中,可以根据需要来定义数组,并且用循环的方法对数组中的元素进行操作,这样就可以有效地处理大批量的数据,大大提高了工作效率,十分方便。

本章介绍怎样定义和使用数组,同时介绍有关数组的算法。

5.2　怎样定义和引用一维数组

一维数组是最简单的数组,数组元素只有 1 个下标,如 s_{15}。除了一维数组以外,还有二维数组(它的元素有 2 个下标,如 $a_{2,3}$)、三维数组(它的元素有 3 个下标,如 $b_{2,5,4}$)和多维数组(它的元素有多个下标)。它们的概念和用法是相似的。本节先介绍一维数组。

5.2.1 怎样定义一维数组

在 C 语言中定义数组的方法与定义变量的方法类似,所不同的是一次定义一批有关联的变量。在定义数组时需要指定这批变量的类型、数组名称以及数组中包含多少个元素。

例如:

```
int a[10];
```

它表示定义了一个整型数组,数组名为 a,此数组中包含 10 个元素。

定义一维数组的一般形式为

类型符　数组名[常量表达式];

说明:

(1) 数组名的命名规则和变量名相同,遵循标识符命名规则。

(2) 在定义数组时,需要指定数组中元素的个数。方括号中的常量表达式用来表示元素的个数,即数组长度。例如,指定了 int a[10],表示 a 数组有 10 个元素。

注意: 这 10 个元素是: a[0],a[1],a[2],a[3],a[4],a[5],a[6],a[7],a[8],a[9]。由于下标是从 0 开始的,按上面的定义,不存在数组元素 a[10],最后一个数组元素是 a[9]。

(3) 上面定义一维数组的一般形式中的"常量表达式"中,可以包括常量和符号常量,不能包含变量,即数组的大小是定义时就确定的,在程序运行过程中不能改变数组的大小。下面这样定义数组是不行的。

```
int n;
scanf("%d", &n);            //企图在程序中临时输入数组的大小 n,错误
int a[n];
```

5.2.2 怎样引用一维数组的元素

必须先定义数组,才能引用数组中的元素。只能逐个引用数组元素,而不能一次引用整个数组中的全部元素。

例如:

```
t=a[6];                     //将 a 数组中序号为 6 的元素 a[6]的值赋给变量 t,正确
printf("%d,%d,%d,%d,%d,%d,%d,%d,%d,%d\n",a);  //企图用数组名一次输出全部元素,
                            //错误
```

怎样引用数组元素呢? 表示数组元素的一般形式为

数组名[下标]

例如,a[5]表示 a 数组中序号为 5 的元素,a[0]表示 a 数组中序号为 0 的元素。

"下标"既可以是整型常量,也可以是整型表达式。例如:

a[2+1],a[2 * 3],a[7/3]

相当于

a[3],a[6],a[2]

注意：定义数组时用到的"数组名[常量表达式]"和引用数组元素时用到的"数组名[下标]"在形式上相似,但在含义和用法上是不同的。例如：

```
int a[10];              //定义数组长度为 10
t =a[6];                //引用 a 数组中序号为 6 的元素。此时 6 不代表数组长度
```

另外,定义数组和引用数组简便的判别方法为：如果在"数组名[常量]"前有类型名(如 int、float、char 等),则此时是定义数组;如果在其前面没有类型名,则是引用数组元素。

【例 5.1】

任务要求：

利用循环结构把数值 0～9 赋给数组元素 a[0]～a[9],然后按逆序输出各元素的值。

解题思路：

先用循环结构给数组元素 a[0]～a[9]赋值 0～9,这样,这样每个数组元素就都有固定的值了,然后按 a[9]～a[0]的顺序输出各元素的值。

编写程序：

```
#include <stdio.h>
int main()
{
  int i,a[10];          //定义整型变量 i 和整型数组 a,a 有 10 个元素
  for(i=0;i<=9;i++)     //先后对 10 个数组元素赋值
    a[i]=i;
  for(i=9;i>=0; i--)
    printf("%d ",a[i]); //按逆序先后输出数组 a 中的 10 个元素
  printf("\n");
  return 0;
}
```

运行结果：

```
9 8 7 6 5 4 3 2 1 0
```

程序分析：

第 1 个 for 循环的作用是给 a 数组中的元素赋值,当执行第 1 次循环时,i 的值等于 0,因此 a[i]=i 就相当于 a[0]=0,也就是把 0 赋给 a 数组中的序号为 0 的元素。其余类似,如图 5.1 所示。

第 2 个 for 循环的作用是按逆序输出 a 数组中的 10 个元素。由于在循环开始时 i 的初值为 9,因此先输出的是 a[9],然后输出 a[8]……最后输出 a[0]。

a 数组	
a[0]	0
a[1]	1
a[2]	2
a[3]	3
a[4]	4
a[5]	5
a[6]	6
a[7]	7
a[8]	8
a[9]	9

图　5.1

5.2.3　一维数组的初始化

对数组元素的赋值既可以通过赋值语句来实现,也可以在定义数组时同时给予初值,这就称为数组的**初始化**。数组的初始化可以用以下方法实现。

(1) 在定义数组时对全部数组元素赋初值。例如：

```
int a[10]={0,1,2,3,4,5,6,7,8,9};
```

将数组元素的初值依次放在一对花括号内,按顺序赋给相应的数组元素。经过上面的定义和初始化之后,a[0]＝0,a[1]＝1,a[2]＝2,a[3]＝3,a[4]＝4,a[5]＝5,a[6]＝6,a[7]＝7,a[8]＝8,a[9]＝9。

（2）可以只给一部分元素赋值。例如：

```
int a[10]={0,1,2,3,4};
```

定义 a 数组有 10 个元素,但花括号内只提供 5 个初值,这表示只给前面 5 个元素赋初值。对于数值型数组,系统会将后面全部元素的初值设为 0。

（3）在对全部数组元素赋初值时,由于数据的个数已经确定,因此可以在定义数组时不指定数组长度,系统会根据数据的数量确定数组的长度。例如：

```
int a[5]={1,2,3,4,5};          //定义 a 数组有 5 个元素并对全部元素赋予初值
```

可以写成：

```
int a[]={1,2,3,4,5};           //由于有 5 个初值,系统能确定数组只有 5 个元素
```

在第 2 种写法中没有指定数组的大小,由于花括号中有 5 个数,系统就会据此自动地定义 a 数组的长度为 5。

提示：如果所定义的数组的长度和初始化的数据的个数相同,则定义数组时可以不写数组的长度。

但若希望数组的长度与提供初值的个数不相同,则数组长度不能省略。例如,想定义数组 a 的长度为 10,而只赋予 5 个初值,就不能省略数组长度的定义,否则系统会默认数组长度为 5。必须写成：

```
int a[10]={1,2,3,4,5};
```

这样定义数组 a 长度为 10,但只初始化前 5 个元素,后 5 个元素为 0。

5.2.4   一维数组程序举例

【例 5.2】

任务要求：

用数组来处理求斐波那契数列问题。输出数列中前 20 个数。

解题思路：

在第 4 章例 4.8 中已介绍了斐波那契数列。数列前两个数均为 1。以后各数为其前两个数之和。即

$$F_1＝1$$
$$F_2＝1$$
$$F_n＝F_{n-1}＋F_{n-2} \quad (n\geqslant3)$$

建立一个数组,将数列中第 1 个数放在数组第 1 个(序号为 0)的元素中,数列中第 2 个数放在数组第 2 个(序号为 1)的元素中。数组序号为 i 的元素的值是其前两个元素值之和,用斐波那契数列可表示为

$$F[i] = F[i-1] + F[i-2]$$

用循环来求出数组各元素的值。

编写程序：

```c
#include <stdio.h>
int main()
{
  int i;
  int f[20]={1,1};                 //最前面两个元素 f[0]和 f[1]的值都是 1
  for(i=2;i<20;i++)                //求出 f[2]到 f[19]的值
    f[i]=f[i-2]+f[i-1];
  for(i=0;i<20;i++)
  {
    if(i%5==0) printf("\n"); //如 i 能被 5 整除,插入一个换行
      printf("%12d",f[i]);   //输出各元素的值
  }
  printf("\n");
  return 0;
}
```

运行结果：

```
    1         1         2         3         5
    8        13        21        34        55
   89       144       233       377       610
  987      1597      2584      4181      6765
```

程序分析：

在第 4 章的例 4.8 中是用循环处理简单的变量,本例则是用循环处理数组。(请思考二者的异同。)

从表面上看,两个程序都能正确求出并输出结果,但例 4.8 的程序在顺序求出并输出各个数后,不能保存这些数据,如果要单独输出第 10 个数是比较困难的。而用数组处理时,把每个数据都保存在各个数组元素中,如果要单独输出第 10 个数是很容易的,直接输出 f[9] 即可。(请思考为什么不是输出 f[10],而是 a[9]。)

if 语句用来控制换行,每行输出 5 个数据。

【例 5.3】

任务要求：

有 n 个数,要求对它们按由小到大的顺序排列。

解题思路：

这种问题称为数的排序(sort)。排序的原则有两种,一种是"升序",从小到大;另一种是"降序",从大到小。我们可以把这个题目抽象为一般形式:对 n 个数按升序排列。

对一组数据进行排序的方法很多,本例介绍用"**起泡法**"排序。"起泡法"的思路是:先将第 1 个数和第 2 个数比较,如果第 2 个数比第 1 个数小,就将两个数互换,这样,小的数就会排到前面。然后再将第 2 个数和第 3 个数比较,如果第 3 个数比第 2 个数小,就将两个数互换,这样第 3 个数就是 3 个数中最大的了。以此规律,将相邻两个数比较,将小的调到

前头。

为简单起见，现在分析 6 个数的排序过程，如图 5.2 所示。第 1 次将第 1 个数 9 和第 2 个数 8 比较，由于 9＞8，因此将第 1 个数和第 2 个数对调，8 就成为第 1 个数，9 就成为第 2 个数。第 2 次将第 2 个数和第 3 个数（9 和 5）比较并对调……如此共进行 5 次，最后得到 8—5—4—2—0—9 的顺序，可以看到：最大的数 9 已"沉底"，成为最下面的一个数，而小的数"上升"了。最小的数 0 已向上"浮起"一个位置。以上过程称为自上到下两两比较了一"趟"（即一轮）。经第 1 趟（共 5 次比较与交换）后，已得到最大的数 9。

然后对余下的前面 5 个数（8、5、4、2、0）进行新的一轮比较，以便使次大的数"沉底"。按上面的方法进行第 2 趟比较，如图 5.3 所示。经过这一轮的 4 次比较与交换，得到次大的数 8。

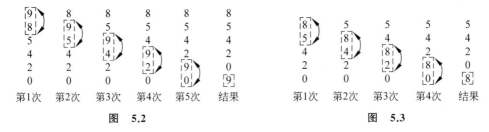

第1次　第2次　第3次　第4次　第5次　结果　　　　　第1次　第2次　第3次　第4次　结果

图　5.2　　　　　　　　　　　　图　5.3

按此规律进行下去，可以想到：对 6 个数需要比较 5 趟，才能使 6 个数完全按由小到大的顺序排列好。在第 1 趟中要进行 5 次两个数之间的比较；在第 2 趟中需要比较 4 次……在第 5 趟中只需比较 1 次。

如果有 n 个数，则要进行 $n-1$ 趟比较。在第 1 趟比较中要进行 $n-1$ 次两两比较，在第 j 趟比较中要进行 $n-j$ 次的两两比较。

请读者分析排序的过程，原来 0 是最后一个数，经过第 1 趟的比较与交换，0"上升"为第 5 个数（最后第 2 个数）；再经过第 2 趟的比较与交换，0"上升"为第 4 个数；再经过第 3 趟的比较与交换，0"上升"为第 3 个数……每经过一趟比较与交换，最小的数"上升"一位，最后升到第 1 个数，这如同水底的气泡逐渐冒出水面一样，故称为"冒泡法"或"起泡法"。

现在据此画出流程图（见图 5.4，设 $n=10$），并根据流程图写出程序。

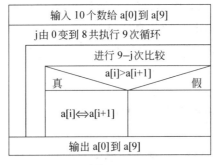

输入 10 个数给 a[0] 到 a[9]		
j 由 0 变到 8 共执行 9 次循环		
进行 9－j 次比较		
a[i]>a[i+1]		
真		假
a[i]⇔a[i+1]		
输出 a[0] 到 a[9]		

图　5.4

编写程序：

```c
#include <stdio.h>
int main()
```

```
{
    int a[10];
    int i,j,t;
    printf("input 10 numbers :\n");
    for (i=0;i<10;i++)
        scanf("%d",&a[i]);         //先后输入 10 个整数
    printf("\n");
    for(j=0;j<9;j++)               //进行 9 次循环,实现 9 趟比较
        for(i=0;i<9-j;i++)         //在每一趟中进行 9-j 次比较
            if (a[i]>a[i+1])       //相邻两个数比较
                {t=a[i];a[i]=a[i+1];a[i+1]=t;}
    printf("the sorted numbers :\n");
    for(i=0;i<10;i++)
        printf("%d ",a[i]);
    printf("\n");
    return 0;
}
```

运行结果:

```
input 10 numbers:
13 20 64 78 21 8 14 30 45 23↙     (输入 10 个数)
the sorted numbers:
8 13 14 20 21 23 30 45 64 78      (已排好序的数列)
```

程序分析:

程序中实现起泡法排序算法的主要是 9～12 行。请仔细分析嵌套的 for 语句。当执行外循环第 1 次循环时,j=0。然后执行第 1 次内循环,i=0,将 a[i] 和 a[i+1] 比较,就是将 a[0] 和 a[1] 比较;执行第 2 次内循环时,i=1,将 a[i] 和 a[i+1] 比较,就是将 a[1] 和 a[1] 比较……执行最后一次内循环时,i=8,将 a[i] 和 a[i+1] 比较,就是将 a[8] 和 a[9] 比较。这时第 1 趟过程完成了。

当执行第 1 次外循环时,j=1,开始第 2 趟过程。内循环继续的条件是 i<9-j,由于 j=1,因此相当于 i<8,即 i 由 0 变到 7,要执行内循环 8 次,以此类推。

通过此例,要着重学习有关排序的算法,理解拿到一个问题之后怎样去构思解题的思路。

5.3　怎样定义和引用二维数组

5.3.1　怎样定义二维数组

在学会定义一维数组后,定义二维数组是很容易掌握的。例如:

```
float a[3][4],b[5][10];
```

定义 a 为 3×4(3 行 4 列)的数组,b 为 5×10(5 行 10 列)的数组。

定义二维数组的一般形式为

类型名　数组名[常量表达式][常量表达式];

注意：前面定义的数组不能写成下面的形式。

```
float a[3,4],b[5,10];          //在一对方括号内写两个下标是不对的
```

C 语言中,二维数组中元素排列的顺序是按行存放的,即在内存中先顺序存放第 1 行元素,再存放第 2 行元素。图 5.5 表示对 a[3][4]数组存放的顺序。

在内存中,第 1 行元素和第 2 行元素是连续存放的。假设数组 a 存放在从 2000 个字节开始的一段存储单元中,一个元素占 4 个字节,则前 16 个字节(2000～2015)存放第 0 行的 4 个元素;接着的 16 个字节(2016～2031)存放第 1 行的 4 个元素,以此类推,如图 5.6 所示。

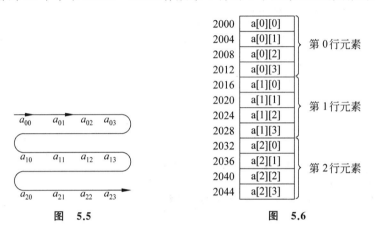

图　5.5　　　　　　　　　　图　5.6

提示：用矩阵形式表示二维数组是逻辑上的概念,形象地表示出行和列的关系。而在内存中存放数组是物理上的实现,是线性的、连续存放的,而不是二维的。

C 语言允许使用多维数组,例如：

```
int a[2][3][4];              //定义三维数组 a,它有 2 页、3 行、4 列
```

本章不详细介绍多维数组,有了二维数组的基础,读者在需要进一步学习和掌握多维数组时是不会感到困难的。

5.3.2　怎样引用二维数组的元素

可以这样引用二维数组元素：

```
b=a[2][3];                   //将 a 数组中第 2 行第 3 列元素的值赋给变量 b
```

二维数组元素的表示一般形式为

数组名[下标][下标]

下标可以是整型常量,也可以是整型表达式,如 a[2−1][2 * 2−1]。

数组元素可以出现在表达式中,也可以被赋值,例如：

```
b[1][2]=a[2][3]/2;
```

在使用数组元素时应该注意,下标值应在已定义的数组大小的范围内。常出现的错

误如：

```
int a[3][4];                //定义 a 为 3×4 的整型数组
    ⋮
a[3][4]=3;                  //对 a 数组第 3 行第 4 列元素赋值
```

按以上的定义,数组 a 可用的行下标的范围为 0～2,列下标的范围为 0～3。a[3][4]超过了数组的范围。

注意：在定义数组时用的 a[3][4]和引用元素时的 a[3][4]的区别如下：前者用 a[3][4]来定义数组的维数和各维的大小,后者 a[3][4]中的 3 和 4 是数组元素的下标值,a[3][4]代表行序号为 3、列序号为 4 的元素(行序号和列序号均从 0 起算)。区分的方法前面已说明,再次强调一下：如果在 a[3][4]前面有类型符(如 int),是定义数组；否则是引用数组元素。

5.3.3　二维数组的初始化

可以用下面的方法对二维数组初始化。

(1) 分行给二维数组赋初值。例如：

```
int a[3][4]={{1, 2, 3, 4}, {5, 6, 7, 8}, {9, 10, 11, 12}};
```

这种赋初值的方法比较直观,把第 1 个花括号内的数据给第 1 行的元素,第 2 个花括号内的数据赋给第 2 行的元素……即按行赋初值。

(2) 可以将所有数据写在一个花括号内,按数组排列的顺序对各元素赋初值。例如：

```
int a[3][4]={1, 2, 3, 4, 5, 6, 7, 8, 9, 10, 11, 12};
```

效果与前相同。但以第 1 种方法为好,一行对一行,界限清楚。如果数据很多再用第 2 种方法,写成一大片,容易遗漏,也不易检查。

(3) 可以对部分元素赋初值。例如：

```
int a[3][4]={{1}, {5}, {9}};
```

它的作用是只对各行第 1 列(即序号为 0 的列)的元素赋初值,其余元素值自动为 0。赋初值后数组各元素为

```
1 0 0 0
5 0 0 0
9 0 0 0
```

也可以对各行中的某一元素赋初值,例如：

```
int a[3][4]={{1}, {0, 6}, {0, 0, 11}};
```

初始化后的数组元素如下：

```
1 0  0  0
0 6  0  0
0 0  11 0
```

这种方法在非 0 元素少时比较方便,不必将所有的 0 都写出来,只需输入少量数据即

可。也可以只对某几行元素赋初值,例如:

```
int a[3][4]={{1},{5,6}};
```

数组元素为

```
1 0 0 0
5 6 0 0
0 0 0 0
```

第3行不赋初值。也可以对第2行不赋初值,例如:

```
int a[3][4]={{1}, {}, {9}};
```

（4）如果对全部元素都赋初值（即提供全部初始数据）,则定义数组时对第一维的长度可以不指定,但第二维的长度不能省。例如:

```
int a[3][4]={1, 2, 3, 4, 5, 6, 7, 8, 9, 10, 11, 12};
```

与下面的定义等价:

```
int a[][4]={1, 2, 3, 4, 5, 6, 7, 8, 9, 10, 11, 12};
```

系统会根据数据总个数和第二维的长度算出第一维的长度。数组一共有12个元素,每行4列,显然可以确定行数为3。

在定义时也可以只对部分元素赋初值而省略第一维的长度,但应分行赋初值。例如:

```
int a[][4]={{0, 0, 3}, {}, {0, 10}};
```

这样的写法能通知编译系统:数组共有3行。数组各元素为

```
0  0  3 0
0  0  0 0
0 10  0 0
```

从本小节的介绍中可以看到:C语言在定义数组和表示数组元素时采用a[][]这种两个方括号的方式,在对数组初始化时十分有用,它使概念清楚,使用方便,不易出错。

5.3.4 二维数组程序举例

【例5.4】

任务要求:

将一个二维数组 a 的行和列的元素互换（即行列转置）,存到另一个二维数组 b 中。例如:

$$a = \begin{bmatrix} 1 & 2 & 3 \\ 4 & 5 & 6 \end{bmatrix}, \quad b = \begin{bmatrix} 1 & 4 \\ 2 & 5 \\ 3 & 6 \end{bmatrix}$$

解题思路:

将a数组中第i行第j列元素赋给b数组中第j行第i列元素,例如a[0][0]赋给b[0][0],a[0][1]赋给b[1][0],a[0][2]赋给b[2][0]……可以用双层循环来处理,用外循环控制行

的变化,内循环控制列的变化。

编写程序:

```
#include <stdio.h>
int main()
{
    int a[2][3]={{1,2,3},{4,5,6}};        //定义 a 数组并赋初值
    int b[3][2],i,j;                       //定义 b 数组,未赋初值
    printf("array a:\n");
    for (i=0;i<2;i++)                      //用 i 控制行数的变化
    {
        for (j=0;j<3;j++)                  //用 j 控制列数的变化
          {
            printf("%5d",a[i][j]);         //输出 a 数组中第 i 行第 j 列元素
            b[j][i]=a[i][j];               //将 a 数组第 i 行第 j 列元素赋给 b 数组中第 j 行
                                           第 i 列元素

          }
        printf("\n");
    }
    printf("array b:\n");
    for (i=0;i<3;i++)                      //输出 b 数组各元素
    {
        for(j=0;j<2;j++)
          printf("%5d",b[i][j]);
        printf("\n");
    }
    return 0;
}
```

运行结果:

```
array a:
    1 2 3
    4 5 6
array b:
    1 4
    2 5
    3 6
```

思考: 如果把第 7 行“for(i=0;i<2;i++)”改为“for(i=0;i<=2;i++)”,意味着什么? 结果会怎样?

【例 5.5】

任务要求:

有一个班合计为 30 个学生,已知每个学生 5 门课的成绩,要求输出平均成绩最高的学生的平均分以及该学生的序号。

解题思路:

对于批量数据的处理,宜用数组。对本题而言,宜用二维数组,用一行中的各元素存放一个学生的成绩,即行代表学生,列代表一门课的成绩。要存放 30 个学生 5 门课的成绩,要

用一个 30×5 的二维数组。另外,由于要比较各人的平均分,所以要计算出各人的平均分,并存放在数组中。因此,对每个学生来说,要存放 6 个数据。这样,数组的大小就应该是 30×6。

设计算法：

(1) 求每人的平均分,放在数组每一行的最后一列中。

(2) 找出最高的平均分和该学生的序号。

(3) 输出最高的平均分和该学生的序号。

为了减少输入数据的工作量,我们在程序中改为 5 个学生 5 门课的成绩。流程如图 5.7 所示。

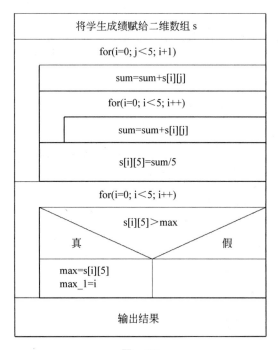

图　5.7

编写程序：

```
#include <stdio.h>
int main()
{
  int i,j,max_i;
  float sum,max=0;
  float s[5][6]={{78,82,93,74,65},{91,82,72,76,67},{100,90,85,72,98},
              {67,89,90,65,78},{77,88,99,45,89}};
  for(i=0;i<5;i++)
  {
    sum=0;                          //使 sum 初值为 0
    for(j=0;j<5;j++)
      sum=sum+s[i][j];              //累加序号为 j 的学生各门课的成绩
    s[i][5]=sum/5;                  //求序号为 j 的学生各门课的平均分
```

```
    }
    for(i=0;i<5;i++)
        if(s[i][5]>max)                    //将 5 个学生的平均分逐个与 max 比较
            {max=s[i][5];max_i=i;}         //如果比 max 大,就用序号为 i 的学生的平均分取代
                                              max 的原值,将 i 的当前值保存在 max_i 中
    printf("stu_order=%d\nmax=%7.2f\n",max_i,max);  //输出最高平均分和该生的序号 i
    return 0;
}
```

运行结果:

```
stu_order=2                          (学生序号为 2)
max=  89.00                          (该生的平均分为 89)
```

程序分析:

(1) 在对数组初始化时,只对各行的前 5 列赋初值,第 6 列默认为 0。

(2) 注意第 1 个 for 语句的范围。

请思考能否不要"sum＝0;"这一行,或者把这一句改放到 for 语句的前面? 结论是不可以。分析第 2 个 for 语句(内嵌的 for 语句)的范围。求平均分的语句在第 2 个 for 语句之外,为什么?

执行了第 1 个 for 语句(包括内嵌的 for 语句)后,求出了 5 个学生的平均分,分别放在 s[0][5] 到 s[4][5] 中,即 5 个学生的第 5 列元素中。

(3) 第 3 个 for 语句内嵌了一个 if 语句,用来将 5 个学生的平均分逐个与 max 比较。max 的初值为 0,显然经过第 1 次比较后,序号为 0 的学生的平均分取代了 0,成为 max 的当前值。下一次是以序号为 1 的学生的平均分与 max(即序号为 0 的学生的平均分)相比,把大者存放到 max 中。其他学生的类似。这种算法称为"**打擂台**"算法。打擂台时,第 1 个人先站在台上,第 2 个人上去与他比武,如果第二个人赢了,他就留在台上。后面的人依次与前面各人中的胜者比,最后留在台上的就是冠军。此时将 i 记下来,保存在 max_i 中,最后的 max_i 的值就是平均分最高者的序号。

思考: 上段最后一句话中所得结果的原因。

5.4　字符数组

前面介绍的数组都是数值型的数组,数组中的每一个元素都是用来存放数值型的数据。实际上,数组不仅可以是数值型的,也可以是字符型的或其他类型的(如指针型、结构体型)。用来存放字符数据的数组是**字符数组**,字符数组中的一个元素存放一个字符。

5.4.1　怎样定义字符数组及对其初始化

假如想把"I am happy"一共 10 个字符(包括空格)存放在一个字符数组中,可以这样做:

```
char c[10];                //定义一个字符数组 c,包含 10 个元素,每个元素可以存放一个字符
c[0]='I'; c[1]=' '; c[2]='a'; c[3]='m'; c[4]=' ';c[5]='h'; a[6]='a'; a[7]='p';
c[8]='p'; c[9]='y';        //将字符赋给字符数组的元素
```

以上定义了 c 为字符数组，包含 10 个元素。赋值以后数组的状态如图 5.8 所示。

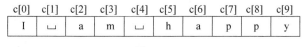

c[0]	c[1]	c[2]	c[3]	c[4]	c[5]	c[6]	c[7]	c[8]	c[9]
I	⊔	a	m	⊔	h	a	p	p	y

图　5.8

可以在定义字符数组的同时对各元素赋以初值，即初始化。最容易理解的初始化方式是将字符逐个赋给数组中各元素。例如：

char c[10]={'I',' ','a','m',' ','h','a','p','p','y'};

这就把 10 个字符分别赋给 c[0]～c[9]这 10 个元素。

如果在定义字符数组时不进行初始化，则数组中各元素的值是不可预料的。如果花括号中提供的初值个数（即字符个数）大于数组长度，则按语法错误处理。如果初值个数小于数组长度，则只将这些字符赋给数组中前面那些元素，系统对其余的元素赋以"空字符"（即'\0'）。例如：

char c[10]={'c',' ','p','r','o','g','r','a','m'};

数组状态如图 5.9 所示。

c[0]	c[1]	c[2]	c[3]	c[4]	c[5]	c[6]	c[7]	c[8]	c[9]
c	⊔	p	r	o	g	r	a	m	\0

图　5.9

如果提供的初值个数与预定的数组长度相同，在定义时可以省略数组长度，系统会自动根据初值个数确定数组长度。例如：

char c[]={'I',' ','a','m',' ','h','a','p','p','y'};

数组 c 的长度会自动定为 10。用这种方式可以不必人工去计算字符的个数，尤其在赋初值的字符个数较多时比较方便。

也可以定义和初始化一个二维字符数组，例如：

char diamond[5][5]={{' ',' ','*'},{' ','*',' ','*'}, {'*',' ',' ',' ','*'},
    {' ','*',' ','*'},{' ',' ','*'}};

请分析数组各元素中存放的信息。它代表一个菱形的平面图形，如图 5.10 所示。完整的程序见例 5.6。

5.4.2　怎样引用字符数组

可以引用字符数组中的某个元素得到一个字符。

【例 5.6】

任务要求：

输出一个如图 5.10 所示的菱形图。

```
        *
      *   *
    *       *
      *   *
        *
```

图　5.10

解题思路：

用上面的方法初始化二维数组 diamond，逐个输出其中的元素即可。

编写程序：

```c
#include <stdio.h>
int main()
{
    char diamond[][5]={{' ',' ','*'},{' ','*',' ','*'},{'*',' ',' ',' ','*'},
        {' ','*',' ','*'},{' ',' ','*'}};                //初始化数组
    int i,j;
    for(i=0;i<5;i++)                                      //控制行
    {
        for (j=0;j<5;j++)                                //控制列
            printf("%c",diamond[i][j]);                  //逐个输出数组中的元素
        printf("\n");
    }
    return 0;
}
```

运行结果：

程序运行结果如图 5.10 所示。

程序分析：

请注意怎样构成一个菱形字符数组。先画出一个 5 行 5 列的方格子，然后逐行向格子中填入字符。如第 1 行的顺序由 2 个空格字符、1 个 * 和 2 个空格字符组成。第 2 行的顺序由 1 个空格字符、1 个 *、2 个空格字符、1 个 * 和 2 个空格字符组成，以此类推。然后把这些字符作为初值赋给数组中对应的元素。

读者可能已注意到对第 1 行并没有赋 5 个字符，而只赋了 3 个字符的初值。因为对字符数组来说，在初始化时对未赋值的数组元素，系统会自动赋以'\0'。在输出一行字符时，遇到'\0'就结束，因此在显示屏上只输出前面 3 个字符，后 2 个位置无输出，即保持空白。因此，第 1 行最后 2 个元素可以不必赋空格。此外，读者可能也注意到在定义字符数组 diamond 时没有指定行数，而用了[ ]，这是因为在所赋的初值中已用了 5 个花括号，表明赋给 5 行中的元素，因此在定义字符数组时不必显式地指定行数，系统会自动定义此数组为 5 行 5 列。

5.4.3　字符串和字符串结束标志

在 C 语言中，是将字符串作为字符数组来处理的。例如前面已看到：用一个一维的字符数组来存放字符串"I am happy"，字符串中的字符是逐个存放到数组元素中的。这个字符串的实际长度与定义的数组长度相等（都是 10）。而在实际工作中，人们关心的往往是字符串的有效长度而不是字符数组的长度。例如，定义一个字符数组长度为 100，而存放的实际有效字符只有 40 个。

为了测定字符串的实际长度，C 语言规定了一个"字符串结束标志"，以字符'\0'作为标志。如果有一个字符串，前面 9 个字符都不是空字符（即'\0'），而第 10 个字符是'\0'，则此字符串的有效字符为 9 个。也就是说，在遇到字符'\0'时，表示字符串结束，由它前面的字符组

成一个字符串。

编译系统在处理字符串常量时会自动加一个'\0'作为**结束符**。例如,字符串常量"C Program"共有 9 个字符,但把它存储在内存中时占 10 个字节,最后 1 个字节\0是由系统自动加上的。字符串作为一维数组存放在内存中。

有了结束标志\0后,字符数组的长度就显得不那么重要了。在程序中往往依靠检测'\0' 的位置来判定字符串的长度,而不是根据数组的长度来决定字符串长度。当然,在定义字符数组时应估计实际字符串长度,保证数组长度始终大于字符串实际长度。如果在一个字符数组中先后存放多个不同长度的字符串,则应使数组长度大于最长的字符串的长度。

提示:\0是一个转义字符,它代表一个 ASCII 码为 0 的字符,从 ASCII 码表中可以查到,ASCII 码为 0 的字符不是一个可以显示的字符,而是一个"空操作符",即它什么也不做。用它来作为字符串结束标志不会产生附加的操作或增加有效字符,它只起一个供辨别的标志。

前面曾用过以下语句输出一个字符串。

```
printf("How do you do? \n");
```

在执行此语句从内存向终端输出数据时,系统怎么知道应该输出到哪里就结束呢? 前面已说明:在内存中存放时,系统自动在字符串"How do you do? \n"最后一个字符'\n'的后面加了一个\0作为字符串结束标志,在执行 printf() 函数时,每输出一个字符检查一次,看下一个字符是否为'\0',遇到'\0就停止输出。

对 C 语言处理字符串的方法有了以上的了解后,再对字符数组初始化的方法补充一种方法,即用字符串常量来使字符数组初始化。例如:

```
char c[]={"I am happy"};
```

也可以省略花括号,直接写成:

```
char c[]="I am happy";
```

现在不是像例 5.6 那样用单个字符作为字符数组的初值,而是用一个字符串(注意字符串的两端是用双撇号括起来,而不是用单撇号括起来)作为初值。显然,这种方法直观、方便,符合人们的习惯。注意,此时数组 c 的长度不是 10,而是 11,因为字符串常量的最后由系统加上一个\0。因此,上面的初始化与下面的初始化等价。

```
char c[]={'I', ' ','a', 'm', ' ', 'h', 'a', 'p', 'p', 'y', '\0'};
```

而不与下面的等价。

```
char c[]={'I', ' ','a', 'm', ' ', 'h', 'a', 'p', 'p', 'y'};
```

前者的长度为 11,后者的长度为 10。如果有:

```
char c[10]={"China"};
```

则数组 c 有 10 个元素,前 5 个元素的值为'C'、'h'、'i'、'n'、'a',第 6 个元素为'\0',最后有 4 个元素的值为空字符'\0',如图 5.11 所示。

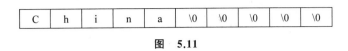

图　5.11

注意：对数值型数组,未赋值的部分元素值默认为 0;而对于字符数组,未赋值的部分元素值默认为空字符。

需要说明的是,字符数组并不要求它的最后一个字符必须为'\0',可以不包含'\0'。像以下这样写完全是合法的：

```
char c[5]={'C', 'h', 'i', 'n', 'a'};
```

是否需要加'\0',完全根据用户的需要决定。但是由于系统对字符串常量自动加一个'\0',因此,为了使处理方法一致,便于测定字符串的实际长度,以及在程序中做相应的处理,在字符数组中也常常人为地加上一个'\0',例如：

```
char c[6]={'C', 'h', 'i', 'n', 'a', '\0'};
```

这样做,便于方便地引用字符数组中的字符串。如定义了以下的字符数组：

```
char c[]={"C++ program"};
```

若想用一个新的字符串代替原有的字符串"C++ program"的部分,比如从键盘输入 Hello 5 个字符作为字符数组前 5 个元素,原来字符串中的"C++ p"被替代。如果不加'\0',字符数组中的字符如下：

```
Hellorogram
```

新字符串和老字符串连成一片,无法区分开。如果想输出字符数组中的字符串,则会连续输出 Hello rogram。如果在字符串 Hello 后面加了一个'\0',它取代了第 6 个字符 r,它是字符串结束标志,在输出字符数组中的字符串时,遇到'\0'就停止输出,因此只输出了字符串 Hello。从这里可以看到在字符串末尾加'\0'的作用。

5.4.4　怎样进行字符数组的输入/输出

1. 字符数组输入/输出的方法

字符数组的输入/输出可以有以下两种。

(1) 逐个字符输入/输出。用格式声明"%c"输入或输出一个字符,如例 5.6。

(2) 将整个字符串一次输入或输出。用格式声明"%s",意思是对字符串(string)的输入/输出。例如：

```
char c[]={"China"};
printf("%s", c);
```

在内存中数组 c 的状态如图 5.12 所示。

输出时,遇结束符'\0'就停止输出。输出结果为

```
China
```

数组名代表数组首元素的起始地址,假如 c 数组首元素的起始地址是 2000,则在执行

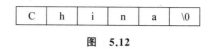

图 5.12

上面的 printf 语句时，从地址 2000 开始顺序输出各字符，直到遇结束符'\0'结束。

2. 输入/输出字符串的注意事项

在输入/输出字符串时要注意有关规定，否则容易出错。

（1）输出字符串时不包括结束符'\0'。

（2）用"％s"格式符输出字符串时，printf()函数中的输出项应是字符数组名，而不是数组元素名。写成下面这样是不对的。

```
printf("%s", c[0]);
```

（3）如果数组长度大于字符串的实际长度，也只输出到'\0'结束。例如：

```
char c[10]={"China"}          //字符串长度为 5,连结束符 '\0'共占 6 个字节
printf("%s", c);
```

在输出时，逐个输出字符，直到遇到'\0'为止，共输出 5 个有效字符，即 China，而不是输出 10 个字符。这就是用字符串结束标志的好处，可以有效地识别和处理字符串。

（4）如果一个字符数组中包含一个以上'\0'，则遇到第一个'\0'时输出就结束了。

（5）可以用 scanf()函数输入一个字符串。例如：

```
char c[6];                    //定义 c 是长度为 6 的字符数组
scanf("%s", c);               //c 是字符数组名
```

可以从键盘输入：

China↙

系统自动在 China 后面加一个'\0'结束符。注意输入的字符串的长度（包括'\0'）必须不大于数组长度（现为 6）。

如果利用一个 scanf()函数输入多个字符串，则在输入时以空格分隔。例如：

```
char str1[5], str2[5], str3[5];  //定义 3 个字符数组
scanf("%s%s%s", str1, str2, str3);
```

输入数据：

How are you?↙

输入后 str1、str2、str3 数组状态如图 5.13 所示。数组中未被赋值的元素的值自动置'\0'。

若改为

H	o	w	\0	\0
a	r	e	\0	\0
y	o	u	?	\0

图 5.13

```
char str[13];
scanf("%s", str);
```

输入以下 12 个字符。

由于系统把空格字符作为输入的字符串之间的分隔符,因此只将空格前的字符 How 送到 str 中。由于把 How 作为一个字符串处理,故在其后加'\0'。str 数组状态如图 5.14 所示。

H	o	w	\0	\0	\0	\0	\0	\0	\0

图　5.14

(6) scanf()函数中的输入项如果是字符数组名,不要再加地址符 &,因为在 C 语言中数组名代表该数组的起始地址。下面的写法不正确。

scanf("%s", &str);

(7) 如果想知道数组 str 在内存中的起始地址,可以用以下的输出语句。

printf("%d", str);   //用%d 输出字符数组 str 的起始地址

由于数组名 c 代表数组起始地址,因此得到用十进制数形式表示的数组 str 的起始地址。

注意:如果改用格式符%s 输出,即

printf("%s", str);   //用%s 输出字符串

则输出的是存放在字符数组中的字符串(如 China)。

5.4.5　字符串处理函数

在程序中往往需要对字符串作某些操作,例如把两个字符串连接起来,将两个字符串进行比较,把一个字符串复制到一个字符数组中,将一个字符串中的小写字母变成大写字母,或将大写字母变成小写字母等,在 C 函数库中提供了一些字符串处理函数,用来实现以上功能。几乎所有版本的 C 语言编译系统都提供这些函数。表 5.1 列出几种常用的字符串处理函数。

表 5.1　字符串处理函数

函 数 形 式	功　　　能
gets(字符数组)	从终端输入一个字符串到字符数组
puts(字符数组)	把字符数组中的字符串(以'\0'结束的字符序列)输出到终端
strcat(字符数组 1,字符数组 2)	连接两个字符数组中的字符串,把字符串 2 接到字符串 1 的后面
strcpy(字符数组 1,字符串 2)	将字符串 2 复制到字符数组 1 中
strcmp(字符串 1,字符串 2)	比较字符串 1 和字符串 2。如果字符串 1 等于字符串 2,则函数值为 0;如果字符串 1 大于字符串 2,则函数值为一个正整数;如果字符串 1 小于字符串 2,则函数值为一个负整数
strlen(字符数组)	测试字符串长度
strlwr(字符串)	将字符串中大写字母换成小写字母
strupr(字符串)	将字符串中小写字母换成大写字母

以上函数的使用方法和详细说明可参阅《C 语言程序设计教程学习辅导》第二部分第 14 章。

5.4.6 字符数组应用举例

【例 5.7】

任务要求：

有 3 个字符串，要求找出其中"最大"者。

解题思路：

如果将两个字符进行比较，所谓"大"者，是指字符的 ASCII 代码较大的那个字符。例如字符'B'大于字符'A'，字符'a'大于字符'A'。如果是字符串，则从第一个字符开始一一进行比较，如果第一个字符相同，就比较下一个字符，直到出现不同为止。如果字符串中都是英文字母，有一个简单的判定方法：按英文字典的排列，在后面出现的为大，例如 "girl" > "boy"，"then" < "they"。

任务要求处理 3 个字符串，需要定义一个二维的字符数组（取名为 str）。假定每个字符串不超过 19 个字符，则可定义二维数组的大小为 3×20，即有 3 行 20 列，每一行可以容纳 20 个字符（包括最后的结束字符'\0'）。图 5.15 表示此二维数组的情况。

str[0]:	C	h	i	n	a	\0	\0	\0	\0	\0	\0	\0	\0	\0	\0	\0	\0	\0	\0
str[1]:	J	a	p	a	n	\0	\0	\0	\0	\0	\0	\0	\0	\0	\0	\0	\0	\0	\0
str[2]:	I	n	d	i	a	\0	\0	\0	\0	\0	\0	\0	\0	\0	\0	\0	\0	\0	\0

图 5.15

如前所述，可以把 str[0]、str[1]、str[2] 看作 3 个一维字符数组，它们各有 20 个元素。可以把它们如同一维数组那样进行处理。今用 gets() 函数分别读入 3 个字符串。经过两次比较，就可得到值最大者，把它放在一维字符数组 string 中。

为了叙述方便，我们把 str[0]、str[1]、str[2] 分别简称为串 0、串 1、串 2。

编写程序：

```c
#include<stdio.h>
#include<string.h>
int main()
{
    char string[20];                //用来存放"最大"的字符串
    char str[3][20];                //存放 3 个字符串
    int i;
    for (i=0;i<3;i++)
        gets (str[i]);              //先后读入 3 个字符串并放在串 0、串 1、串 2 中
    if (strcmp(str[0],str[1])>0)    //把串 0 和串 1 比较,如果串 0 大于串 1
        strcpy(string,str[0]);      //把串 0 复制到 string 中
    else
        strcpy(string,str[1]);      //如果串 0 小于等于串 1,把串 1 复制到 string 中
    if (strcmp(str[2],string)>0)    //把串 2 和 string 比较,如果串 2 大于 string
        strcpy(string,str[2]);      //把串 2 复制到 string 中
    printf("The largest string is:\n%s\n",string);        //输出 string
```

```
    return 0;
}
```

运行结果：

```
CHINA↙
HOLLAND↙
AMERICA↙
The largest string is:
HOLLAND
```

程序分析：

(1) 在使用字符串函数时,在本程序的开头要用♯include ＜string.h＞指令,将头文件 ＜string.h＞包含进来。

(2) 在输入以上国名的字符串时,字母前不应加空格,如果在"HOLLAND"前面多加了一个空格,即" HOLLAND",输出的结果就变成了:

```
The largest string is:
  CHINA
```

因为空格字符参加比较,它大于任何字母字符。

(3) 这个题目也可以不采用二维数组,而设 3 个一维字符数组来处理。读者可自己完成。

【例 5.8】

任务要求：

输入一行字符,统计其中有多少个单词,单词之间用空格分隔开。

解题思路：

如果有一行字符为"I am a boy.",怎样统计其中的单词数呢? 可以有不同的方法。我们采用通过空格统计单词的方法:由空格出现的次数(连续的若干个空格作为出现一次空格;一行开头的空格不统计在内)决定单词数目。从第一个字符开始逐个检查字符串中的字符。

(1) 如果测出某一个字符为非空格,而它前面的字符是空格,则表示"新的单词开始了"。设一个变量 num,用来累计单词数,初值为 0。当发现"新的单词开始了",就使 num (单词数)累加 1,表示增加一个单词。

(2) 如果当前字符为非空格而其前面的字符也是非空格,则意味着仍然是原来那个单词的继续,num 不应再累加 1。

怎样知道前一个字符是否为空格呢? 可以设一个变量 word,用来表示前一个字符是否为空格,以 word 等于 0 代表前一个字符是空格,以 word 等于 1 意味着前一个字符为非空格,word 的初值置为 0。可以用图 5.16 表示处理的方法。

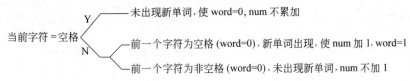

当前字符=空格
Y —— 未出现新单词,使 word=0,num 不累加
N —— 前一个字符为空格 (word=0),新单词出现,使 num 加 1,word=1
—— 前一个字符为非空格 (word=0),未出现新单词,num 不加 1

图　5.16

123

如果输入为"I am a boy."，与每个字符有关的参数状态如表 5.2 所示。

表 5.2　与"I am a boy."各字符有关的参数状态

当前字符	未开始时	I	␣	a	m	␣	a	␣	b	o	y	.
是否为空格		否	是	否	否	是	否	是	否	否	否	否
word 原值	0	0	1	0	1	1	0	1	0	1	1	1
新单词是否开始	未	是	未	是	未	未	是	未	是	未	未	未
word 新值	0	1	0	1	1	0	1	0	1	1	1	1
num 值	0	1	1	2	2	2	3	3	4	4	4	4

根据以上思路用 N-S 流程图表示算法，如图 5.17 所示。变量 i 作为循环变量，num 用来统计单词个数，初值为 0。word 作为判别是否为单词的标志，初值为 0。约定当 word=0 时表示未出现新单词，如果出现新单词，word 就置为 1。

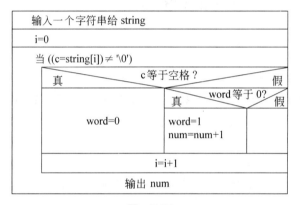

图　5.17

编写程序：

```c
#include <stdio.h>
int main()
{
  char string[81];
  int i,num=0,word=0;                    //开始时单词数为 0,未出现单词
  char c;                                //c 用来存放当前需要判断的字符
  gets(string);                          //读入一个字符串,放在 string 数组中
  for(i=0;(c=string[i])!='\0';i++)       //从第 1 个字符起,到最后一个字符
    if(c==' ') word=0;                   //如果当前字符是空格,则使 word 置 0
    else if(word==0)                     //如果当前字符不是空格,而且前一字符是空格
    {
      word=1;                            //使 word 置 1
      num++;                             //使 num 加 1
    }
  printf("There are %d words in this line.\n",num);        //输出 num
  return 0;
}
```

运行结果：

I am a boy.↙
There are 4 words in this line.

程序分析：

用 gets()函数读入一个字符串"I am a boy.",放在 string 数组中。然后从第 1 个元素(序号为 0)开始逐个检查。程序中 for 语句中的"循环条件"为

(c=string[i])! = '\0'

当 i＝0 时,将字符数组的第 1 个元素(序号为 0 的元素的值,即字母 I)赋给字符变量 c,然后检查它是否为'\0'。由于字母 I 不是结束符'\0',因此应该执行循环体。if 语句检查出当前字符变量 c 的值不是空格,而 word 的值是 0,就使 word 置 1,表示此字符不是空格(为下次的判断作准备);同时使 num 的值加 1,表示开始出现了一个单词,第 1 次循环结束。

第 2 次循环时 i＝1,将字符数组序号为 1 的元素的值(即空格字符)赋给字符变量 c。由于空格不是结束符'\0',因此应该执行循环体。if 语句检查出当前字符 c 是空格,就使 word 的值置 0,表示此字符是空格(为下次的判断作准备),num 的值未增加。以后的过程类似,请读者自己完成整个过程,可对照表 5.2 进行分析。

通过此例可以看到算法是很灵活的,但并不神秘,只要找到处理问题的规律,就能构造出相应的算法。读者通过学习本书,可以了解各种不同的算法,学会自己设计一些简单的算法。

本章小结

1. 数组是有序数据的集合。数组中的每一个元素都属于同一个数据类型,用一个统一的数组名和下标来唯一地确定数组中的元素。在程序中把循环和数组结合起来,用循环对数组中的元素进行操作,可以有效地处理大批量的数据,提高工作效率。

2. 要正确地定义数组。如"int a[10];"表示整型数组 a 有 10 个元素。特别注意数组元素的序号从 0 开始,即数组元素为 a[0]到 a[9],不存在 a[10]。需要特别注意"下标越界"问题。

3. 要区别数组的定义形式和数组元素的引用形式。二者形式上相同,但性质不同。例如:

```
int a[10];      //出现在程序声明部分,前面有类型名,a[10]是定义数组大小
b=a[10];        //出现在程序可执行语句部分,前面无类型名,a[10]是数组元素
```

4. 二维数组的元素在内存中的排列次序为"按行排列"。在对二维数组初始化时,按行赋初值。

5. 在 C 语言中,字符串是存放在字符数组中的。为了确定字符串的结束,C 语言编译系统在每一个字符串的后面加一个'\0'作为字符串结束标志。'\0'不是字符串的组成部分,输出字符串时不包括'\0'。要注意区分字符数组和字符串,字符串可以放在字符数组中,如

果字符串的长度为 n，则能存放该字符串的字符数组的长度应大于或等于 $n+1$。

6. 对字符串的运算要通过字符串函数进行。将一个字符串赋给一个字符数组不能用赋值语句，如 str＝"hello!" 是不合法的。应该用字符串复制函数 strcpy，如 strcpy(str, "Hello!")。有关字符串函数的使用方法，可参阅《C 语言程序设计教程学习辅导》第二部分第 14 章。

在使用字符串函数时，在程序的开头要用 ♯include ＜string.h＞ 将头文件＜string.h＞包含进来。

7. 数组的名字代表数组首元素的地址，而不是代表数组中全部元素的值。不能通过数组名引用数组中的全部元素。用格式声明％s 可以输出字符数组从给定地址开始的字符串（遇到'\0'结束）。

8. 由于引入了数组，程序中的数据结构丰富了，会用到有关的算法（如排序算法），要注意结合例题学习算法。在本章的习题中，又会接触到一些新的算法，请注意学习。

习题

5.1 用筛选法求 100 以内的素数。

5.2 用选择法对 10 个整数排序。

5.3 求一个 3×3 的整型二维数组对角线元素之和。

5.4 已有一个已排好序的数组，要求输入一个数后，按原来排序的规律将它插入数组中。

5.5 将一个数组中的值按逆序重新存放。例如，原来顺序为 8、6、5、4、1，要求改为 1、4、5、6、8。

5.6 输出以下的杨辉三角形（要求输出 10 行）。

```
1
1   1
1   2   1
1   3   3   1
1   4   6   4   1
1   5  10  10   5   1
⋮   ⋮   ⋮   ⋮   ⋮   ⋮
```

5.7 输出"魔方阵"。所谓魔方阵，是指这样的方阵，它的每一行、每一列和对角线之和均相等。例如，三阶魔方阵为

```
8   1   6
3   5   7
4   9   2
```

要求输出由 $1 \sim n^2$ 的自然数构成的魔方阵。

5.8 找出一个二维数组中的鞍点，即该位置上的元素在该行上最大、在该列上最小。也可能没有鞍点。

5.9 有 15 个数按由大到小的顺序存放在一个数组中,输入一个数,要求用折半查找法找出该数是数组中第几个元素的值。如果该数不在数组中,则输出"无此数"。

5.10 有一篇文章共有 3 行文字,每行有 80 个字符。要求分别统计出其中英文大写字母、小写字母、数字、空格以及其他字符的个数。

5.11 输出以下图案。

$$*****$$
$$*****$$
$$*****$$
$$*****$$
$$*****$$

5.12 有一行电文,已按下面的规律译成密码。

A→Z a→z
B→Y b→y
C→X c→x
⋮   ⋮

即第 1 个字母变成第 26 个字母,第 i 个字母变成第"$26-i+1$"个字母;非字母字符不变。要求编写程序将密码译回原文,并输出密码和原文。

5.13 编写一个程序,将两个字符串连接起来,不要用 strcat()函数。

5.14 编写一个程序,将两个字符串 s1 和 s2 进行比较,若 s1>s2,输出一个正数;若 s1=s2,输出 0;若 s1<s2,输出一个负数。不要用 strcpy()函数。两个字符串用 gets()函数读入。输出的正数或负数的绝对值应是相比较的两个字符串相应字符的 ASCII 码的差值。例如,A 与 C 相比,由于 A<C,应输出负数,同时由于 A 与 C 的 ASCII 码差值为 2,因此应输出−2。同理,And 和 Aid 比较,根据第 2 个字符比较结果,n 比 i 大 5,因此应输出 5。

5.15 编写一个程序,将字符数组 s2 中的全部字符复制到字符数组 s1 中。不用 strcpy()函数。复制时,'\0'也要复制过去,'\0'后面的字符不复制。

5.16 输入 10 个英文的国名,要求按其字母大小顺序输出。

第6章 用函数实现模块化程序设计

6.1 函数是什么

通过对前几章的学习,我们已经能够编写一些简单的C语言程序了,但是如果程序的功能比较多,规模比较大,把所有的程序代码都写在一个主函数[main()函数]中,就会使主函数变得庞杂、头绪不清,使阅读和维护程序变得困难。此外,有时程序中要多次实现某一功能(如打印每一页的页头),就需要多次重复编写实现此功能的程序代码。这使程序冗长、不精练。

因此,人们自然会想到采用"组装"的办法来简化程序设计的过程。如同组装计算机一样,事先生产好各种部件(如电源、主板、硬盘驱动器、风扇等),在最后组装计算机时,用到什么就从仓库里取出什么,直接装上就可以了。绝不会采用手工业方式:在用到电源时临时生产一个电源,用到主板时临时生产一个主板。这就是模块化的程序设计。

在C语言中,系统往往提供一批常用的函数来实现各种不同的功能,例如,用sin()函数实现求一个数的正弦函数,用abs()函数实现求一个数的绝对值,把它们保存在函数库中。需要用时,直接在程序中写上sin(a)或abs(a)就可以调用系统函数库中的函数代码,执行这些代码,就可以得到预期的结果。

"函数"是从英文function翻译过来的,其实,function在英文中的意思既是"函数",又是"功能"。从本质意义上来说,函数就是用来完成一定的功能的,这样,对函数的概念就很好理解了,所谓函数名,就是给该功能起一个名字,如果该功能是用来实现数学运算的,就是数学函数。

提示:函数就是功能。每一个函数用来实现一个特定的功能。函数的名字应反映其代表的功能。

在设计一个较大的程序时,往往把它分为若干个程序模块,每一个模块包括一个或多个函数,每个函数实现一个特定的功能。一个C语言程序可由一个主函数和若干个其他函数构成。由主函数调用其他函数,其他函数也可以互相调用。同一个函数可以被一个或多个函数调用任意多次。图6.1是一个程序中函数调用的示意图。

除了可以使用库函数外,有的部门会编写一些本领域(或本单位)常用到的一些专用函数,供本领域(或本单位)的人员使用。

在程序设计中要善于利用函数,可以减少重复编写程序

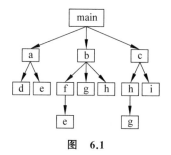

图 6.1

段的工作量,同时可以方便地实现模块化的程序设计。

【例 6.1】

任务要求:

想输出以下的结果,用函数调用实现。

```
*******************
   How do you do!
*******************
```

解题思路:

在输出的文字上下分别有一行 * 号,显然不必重复写这段代码,用一个函数 print_star( ) 来实现输出一行 * 号的功能。再写一个 print_message( )函数来输出中间部分的信息。

编写程序:

```c
#include <stdio.h>
int main()
{
    void print_star();                   //对 print_star()函数进行声明
    void print_message();                //对 print_message()函数进行声明
    print_star();                        //调用 print_star()函数,输出一行 * 号
    print_message();                     //调用 print_message()函数,输出一行信息
    print_star();                        //调用 print_star()函数,输出一行 * 号
    return 0;
}
//下面定义 print_star()函数
void print_star ()                       //定义 print_star()函数
{
    printf("*******************\n");     //输出一行 * 号
}

//下面定义 print_message()函数
void print_message()                     //定义 print_message()函数
{
    printf("How do you do!\n");          //输出一行信息"How do you do!"
}
```

程序分析:

print_star( )和 print_message( )都是用户定义的函数,分别用来实现输出一行 * 号和一行信息的功能。在定义这两个函数时指定函数的类型为 void,意为函数为空类型,即无函数值,也就是说,执行这两个函数后不会把任何值带回 main( )函数,函数名是由用户指定的。

关于函数的用法说明如下。

(1) 一个 C 语言程序可以由一个或多个程序模块组成,每一个程序模块作为一个源程序文件。对于较大规模的程序,一般不把所有内容全放在一个源程序文件中,而是将它们分别放在若干个源文件中,这样便于分别编写、分别编译,提高调试效率。在分别编译后再把它们连接在一起,形成一个完整的程序。

本书中的例题程序基本上都是规模较小的程序，所以用一个源程序文件就可以了，即一个 C 语言程序只包括一个源程序文件。

（2）一个源程序文件由一个或多个函数以及其他有关内容（如指令行、数据定义等）组成。例 6.1 的程序包含了一个主函数和两个其他函数，它们属于同一个源程序文件。一个源程序文件是一个编译单位，在程序编译时是以源程序文件为单位进行编译的，而不是以函数为单位进行编译的。

（3）不论 main() 函数出现在程序中什么位置，在程序执行时总是从 main() 函数开始执行的。如在 main() 函数中调用其他函数，在调用后流程返回到 main() 函数，一般情况下，在 main() 函数中结束整个程序的运行。

（4）所有函数都是平行的，即在定义函数时是分别进行的，是互相独立的。一个函数并不从属于另一个函数，即函数不能嵌套定义。函数间可以互相调用，但不能调用 main() 函数。main() 函数是系统调用的。

（5）从用户使用的角度看，函数分为两种。

① 库函数。它是由编译系统提供的，用户不必自己定义而可以直接使用它们。例如前面提到的 sin() 函数、abs() 函数等，本书附录 E 列出了 ANSI 建议的各种公共函数，大多数编译系统都提供这些函数，放在函数库中供用户选用。不同的 C 语言编译系统提供的库函数的数量和功能会有一些不同，但许多基本的函数是共同的。

② 用户自定义函数。它是用户根据实际需要自己设计的，用来实现用户指定的功能。例如例 6.1 程序中的 print_star() 函数和 print_message() 函数。

（6）从函数的形式看，函数分为两类。

① 无参函数（在定义函数时，函数名后面的括号中是空的，没有参数）。如例 6.1 中的 print_star() 和 print_message() 就是无参函数。无参函数一般来执行一组单纯的操作，在调用无参函数时，主调函数和被调用函数之间不发生数据的传递。如例 6.1 程序中的 print_star() 函数的作用只是输出一行星号。

② 有参函数。主调函数在调用被调用函数时，通过参数向被调用函数传递数据，一般情况下，执行被调用函数后会得到一个函数值，供主调函数使用。第 1 章例 1.3 的 max() 函数就是有参函数，从主函数把实际参数 a 和 b 的值传递给 max() 函数中的形式参数 x 和 y，经过 max() 函数的运算，将变量 z 的值带回主函数。有参函数的类型应定义为与返回值相同的类型［例 1.3 的 max() 函数定义为整型］。

6.2　函数的定义和调用

6.2.1　为什么要定义函数

C 语言规定，在程序中用到的所有函数必须"先定义，后使用"。例如，想用 max() 函数去求两个数中的大者，必须事先对它进行定义，指定它的功能和名字，将这些信息通知编译系统，这样在程序执行 max() 函数时，编译系统就会按照定义时所指定的功能执行。如果事先不定义，编译系统怎么能知道 max 是函数还是变量或其他什么呢？

定义函数应包括以下几个内容。

（1）指定函数的名字，以便以后按名调用。

（2）指定函数的类型，即函数返回值的类型，即函数值是整型还是其他类型。

（3）指定函数的参数的名字和类型，以便在调用函数时向它们传递数据。对无参函数不需要这项。

（4）指定函数应当完成什么操作，也就是函数是做什么的，即函数的功能。这是最重要的，这是在函数体中指定的。

对于 C 语言编译系统提供的库函数，是由编译系统事先定义好的，对它们的定义已放在相关的头文件中。程序设计者不必自己定义，只需用♯include 指令把有关的头文件包含到本文件模块中即可。例如，在程序中若用到数学函数［如 sqrt（）、fabs（）、sin（）、cos（）等］，就必须在本文件模块的开头写上：♯include ＜math.h＞。

库函数只提供了最基本、最通用的一些函数，而不可能包括人们在实际应用中所用到的所有函数，这就要求由程序设计者根据需要自己在程序中定义。

6.2.2　怎样定义函数

1. 怎样定义无参函数

例 6.1 中的 print_star（）和 print_message（）函数都是无参函数，在函数名后面的圆括号中是空的，没有参数。定义无参函数的一般形式为

```
类型名 函数名()
{
    函数体
}
```

函数体中可以包括声明部分和执行语句部分。

在定义函数时要用"类型名"指定函数值的类型，即调用函数后带回来的函数返回值的类型。例 6.1 中的 print_star（）和 print_message（）函数为 void 类型，表示不需要带回函数值。

2. 怎样定义有参函数

定义有参函数的一般形式为

```
类型名 函数名(形式参数表列)
{
    函数体
}
```

下面定义一个有参函数。

```
int max(int x,int y)
{
  int z;                    //函数体中的声明部分
  if(x>y) z=x;
  else z=y;
  return(z);
}
```

131

读者能否很快地看出此函数的功能？

这个函数的功能是：求 x 和 y 二者中的较大者。第 1 行第一个关键字 int 表示函数值是整型的；max 是函数名；括号中有两个形式参数 x 和 y，它们都是整型的。在调用此函数时，主调函数把实际参数的值传递给被调用函数中的形式参数 x 和 y。大括号内是函数体，它包括声明部分和语句部分。声明部分包括对函数中用到的变量进行定义以及对本函数中需要调用的函数进行声明等。在 if 语句中使变量 z 的值等于 x 与 y 中的较大者。return(z)的作用是将 z 的值作为函数的返回值带回到主调函数中。在函数定义时已指定了 max()函数为整型，即要求函数返回的值是整型。另外，在函数体中定义了 z 为整型，通过 return 语句把 z 作为 max()函数的值返回。可以看到：函数的类型和返回值的类型是一致的，都是整型。

return 后面的返回值两侧的圆括号可以省写，如"return(z);"可简化为"return z;"。

6.2.3　怎样调用函数

定义函数的目的是使用这个函数，因此要学会正确使用函数。

1. 调用函数的形式

（1）调用无参函数的形式。

函数名( );

例如：

print_star( );   //调用无参函数 print_star()

（2）调用有参函数的形式。

函数名(实参表列);

例如：

max(a,b);   //调用有参函数 max(),a 和 b 是实际参数(简称实参)

如果实参表列中包含多个实参，则各参数间用逗号隔开。实参与形参的个数应相等，类型应匹配。实参与形参（形式参数的简称）按顺序对应，向形参传递数据。

【例 6.2】

任务要求：

输入两个整数，求输出二者中的大者。要求在主函数中输入两个整数，用一个函数 max()求出其中的较大者，并在主函数中输出此值。

解题思路：

任务要求用一个 max()函数来实现比较两个整数，并将得到的大数带回主函数。显然，两个整数中的较大者也应该是整数，因此 max()函数应当是 int 型。两个数是在主函数中输入的，在 max()函数中进行比较，因此应该定义为有参函数，在函数调用时进行数据的传递。

在第 1 章例 1.3 中已简单介绍过与此相似的程序，现再对程序进行详细分析。

编写程序：

```
#include <stdio.h>
int main()
{
  int max(int x,int y);        //对 max()函数的声明,在 main()函数中将要调用 max()函数
  int a,b,c;
  printf("Please input two number:");
  scanf("%d,%d",&a,&b);        //输入两个整数
  c=max(a,b);                  //调用 max()函数,得到一个值并赋给 c
  printf("max is %d\n",c);     //输出 c 的值就是两个整数中的较大者
  return 0;
}

int max(int x,int y)           //定义 max()函数,函数类型为 int 型,两个参数为 int 型
{
  int z;                       //变量 z 用来存放两个整数中的大者,int 型
  if(x>y) z=x;
  else z=y;
  return(z);
}
```

运行结果：

```
Please input two number:17,-32✓
max is 17
```

程序分析：

程序中第 12～18 行是定义一个函数(注意第 12 行的末尾没有分号)。第 12 行指定了函数名 max 和两个形参名 x、y 以及形参的类型 int。程序第 8 行包含一个函数调用,max 后面括号内的 a 和 b 是实际参数。a 和 b 是在 main()函数中定义的变量并获得用户输入的值。x 和 y 是函数 max()中的形式参数。它们的值是在函数调用过程中从主函数传给形参的,如图 6.2 所示。

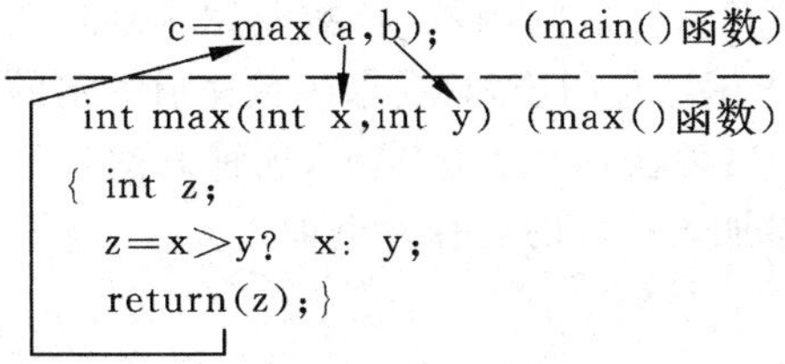

图　6.2

max()函数也可以改写为

```
int max(int x,int y)           //定义 max()函数,函数类型和两个参数均为 int 型
{
  if (x>y) return (x);         //如果 x>y,返回值为 x
  else return (y);             //如果 x≤y,返回值为 y
}
```

这样在 max()函数中少定义了一个变量 z。

2. 函数调用的过程

下面详细说明函数调用的过程。

（1）在定义函数中指定的形参，在未出现函数调用时，它们并不占内存中的存储单元。在发生函数调用时，函数 max() 中的形参被分配内存中的存储单元。

（2）将实参对应的值传递给形参。如图 6.3 所示，实参的值为 2，把 2 传递给相应的形参 x，这时形参 x 就得到值 2；同理，形参 y 得到值 3。

（3）在执行 max() 函数期间，由于形参已经从实参得到了值，就可以进行有关的运算例如，把 x 和 y 比较，把 x 或 y 的值赋给 z 等。

（4）通过 return 语句将函数值带回到主调函数。例 6.2 中在 return 语句中指定的返回值是 z，这个 z 就是函数 max() 的值（即函数返回值）。执行 return 语句就把这个函数返回值带回主调函数 main()。应当注意返回值的类型与函数类型要一致。现在 max() 函数为 int 型，返回值 z 也是 int 型，二者一致。

如果函数不需要返回值，则不需要 return 语句，这时函数的类型应定义为 void 类型。

（5）调用结束，形参单元被释放。此时实参单元仍保留并维持原值，没有改变。如果在执行一个被调用函数时，形参的值发生改变，不会改变主调函数的实参的值。例如，若在执行 max() 函数过程中 x 和 y 的值变为 10 和 15，但 a 和 b 仍为 2 和 3，如图 6.4 所示。这是因为实参与形参是两个不同的存储单元。

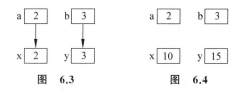

图 6.3   图 6.4

注意：在 C 语言中，实参向形参的数据传递是"值传递"，单向传递，只由实参传给形参，而不能由形参传回来给实参。

3. 调用函数的方式

按函数在程序中出现的位置来分，可以有以下三种函数调用方式。

（1）函数语句。调用没有返回值的函数，函数调用单独作为一个语句。如例 6.1 中的 "print_star();"，这时不要求函数带回值，只要求函数完成一定的操作。

（2）函数表达式。函数出现在一个表达式中，这种表达式称为函数表达式。这时要求函数带回一个确定的值以参加表达式的运算。例如：

```
c=2 * max(a,b);
```

max(a,b) 是赋值表达式的一部分，把它的值乘以 2 再赋给 c。也可以将函数值直接赋给一个变量，例如：

```
c =max(x,y);
```

这时 max(x,y) 也是赋值表达式的一部分。

（3）函数参数。函数调用作为另一个函数的实参。例如：

```
printf ("%d", max (a,b));
```

把 max(a,b) 作为 printf() 函数的一个参数。

6.2.4　对被调用函数的声明和函数原型

1. 对被调用函数的声明

在例 6.2 程序中，main()函数体的开头有一个对 max()函数的声明：

```
int max(int x, int y);
```

前面已简单说明了它的作用，现再作详细说明为什么需要这个声明。

在一个函数中调用另一个函数（即被调用函数）需要具备以下的条件。

（1）被调用的函数必须是已经定义的函数（是库函数或用户自己定义的函数），但只有这一条件还不够。

（2）如果使用库函数，还应该在本文件开头用♯include 指令将该函数有关的信息"包含"到本文件中来。例如使用数学库中的函数，应该包含头文件 math.h。

```
#include <math.h>
```

（3）如果使用用户自己定义的函数，而该函数的位置在主调函数（即调用它的函数）的后面（前提是二者属于同一个源文件模块），在主调函数中应该对被调用函数进行**声明**（declaration）。声明的作用是把函数名、函数参数的个数和参数类型等信息通知编译系统，以便在遇到函数调用时，编译系统能据此识别该函数并检查函数调用是否合法。

例 6.2 中 main()函数的位置就是在定义 max()函数的前面，而程序在进行编译时是从上到下逐行进行的，如果没有对函数的声明，当编译到程序第 8 行时，编译系统无法确定 max 是不是函数名，也无法判断实参(a 和 b)的类型和个数是否与形参(x 和 y)匹配，因而无法进行正确性的检查。如果不作检查，在运行时才发现实参与形参的类型或个数不一致，会出现运行错误。但是在运行阶段发现错误并重新调试程序是比较麻烦的，工作量也较大。应当在编译阶段尽可能多地发现错误，随之纠正错误。

现在，在函数调用之前做了函数声明。因此，编译系统记下了需要调用的函数的有关信息，在对"c＝max(a,b);"进行编译时就"有章可循"了。编译系统根据 max 的名字找到相应的函数声明，根据函数声明对函数的调用的合法性进行全面的检查。例如，在函数声明中已经知道两个形参都是 int 型，而"c＝max(a,b);"中的实参 a 和 b 也是 int 型，这是合法的。如果实参与函数声明中的形参不匹配，编译系统就认为函数调用出错，它属于语法错误。用户根据屏幕显示的出错信息很容易发现和纠正错误。

可以看到，在 main()函数中对函数的声明和函数定义中的第 1 行（函数首部）基本上是相同的，只差一个分号。因此，可以简单地照写已定义的函数的首部，再加一个分号，就成了对函数的"声明"。由于函数声明与函数首部的一致，故把函数声明称为函数原型（function prototype）。为什么要用函数的首部来作为函数声明呢？这是为了便于对函数调用的合法性进行检查。因为在函数的首部包含了检查调用函数是否合法的基本信息（它包括了函数名、函数值类型、参数个数、参数类型和参数顺序），在检查函数调用时要求函数名、函数类型、参数个数和参数顺序必须与函数声明一致，实参类型必须与函数声明中的形参类型相同或赋值兼容（如实型数据可以传递给整型形参，按赋值规则进行类型转换）。如果不是赋值兼容，就按出错处理，这样就能保证函数的正确调用。

使用函数原型作声明是 ANSI C 的一个重要特点。用函数原型来声明函数，能减少编写程序时可能出现的错误。由于函数声明的位置与函数调用语句的位置比较近，因此在写程序时便于就近参照函数原型来书写函数调用，不易出错。

实际上，函数声明中的参数名可以省写，如例 6.2 程序中的声明也可以写成：

```
int max(int, int);              //不写参数名,只写参数类型
```

因为编译系统并不检查参数名，只检查参数类型。因此，参数名是什么都无所谓。甚至可以写成其他的参数名。例如：

```
int max(int m, int n);          //参数名不用 x、y,而用 m、n
```

效果完全相同。

2. 函数原型

根据以上介绍，函数原型有如下两种形式。

函数类型 函数名(参数类型 1 参数名 1,参数类型 2 参数名 2,...,参数类型 *n* 参数名 *n*)；

函数类型 函数名 (参数类型 **1,** 参数类型 **2,...,** 参数类型 *n*)；

有些专业人员喜欢用不写参数名的第二种形式，显得精炼。有些人则愿意用第一种形式，只需照抄函数首部就可以了，不易出错，而且用了有意义的参数名有利于理解程序，例如：

```
void print(int num,char sex,float score);
```

大体上可以猜出这是一个输出学号、性别和成绩的函数。而若写成：

```
void print(int,float,char);
```

则无从知道形参的含义。

注意：对函数的"定义"和"声明"是不一样的。函数的定义是指对函数功能的确立，包括指定函数名、函数值类型、形参及其类型以及函数体等，它是一个完整的、独立的函数单位。函数声明的作用是把函数的名字、函数类型以及形参的类型、个数和顺序通知编译系统，以便在调用该函数时系统按此进行对照检查（如函数名是否正确，实参与形参的类型和个数是否一致）。它不包含函数体。

（1）如果被调用函数的定义出现在主调函数之前，可以不必进行函数声明。因为编译系统已经先知道了已定义函数的有关情况，会根据函数首部提供的信息对函数的调用作正确性检查。如果把例 6.2 改写如下程序［即把 main()函数放在 max()函数的后面］，就不必在 main()函数中对 max()函数进行声明了。

```
#include <stdio.h>
int max(int x,int y)            //定义 max()函数
{
    ⋮
}

int main()                      //主函数在 max()函数定义位置的后面
```

```
{                    //不需要对 max()函数进行声明
    ⋮
}
```

尽管这样可以省去函数声明,但是人们在编写程序时还是愿意将 main()函数写在最前面,因为在程序的开头就能看到程序的主体,相当于到了总调度室,了解到程序的总体结构及其功能,知道调用什么函数得到什么结果。至于函数是怎样实现的,则在后面展示。可以设想,如果把主函数写在最后,在看程序时,先看到一个又一个具体的函数,最后才看到主函数,会找不出头绪,没有总体感。

(2) 如果在源文件模块的开头(在所有函数之前)已对本文件中所调用的所有函数进行了声明,它们的作用范围是全局性的(有关"全局"的概念将在本章 6.6 节介绍),编译系统也由此知道了各被调用函数的有关信息,因此不必在各函数中再对所调用的函数作声明。

6.3　函数的嵌套调用

以上介绍的是函数的简单调用,在被调用的函数体中没有再调用其他函数。在一些比较复杂的问题中,往往在调用一个函数的过程中,又调用另一个函数,如图 6.5 所示。

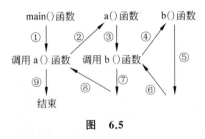

图　6.5

图 6.5 表示的是两层嵌套(包括 main()函数共 3 层函数),其执行过程如下。

① 执行 main()函数的开头部分。

② 遇函数调用语句,调用函数 a(),流程转去 a()函数。

③ 执行 a()函数的开头部分。

④ 遇函数调用语句,调用函数 b(),流程转去函数 b()。

⑤ 执行 b()函数,如果再无其他嵌套的函数则完成 b()函数的全部操作。

⑥ 返回到 a()函数中调用 b()函数的位置。

⑦ 继续执行 a()函数中尚未执行的部分,直到 a()函数结束。

⑧ 返回 main()函数中调用 a()函数的位置。

⑨ 继续执行 main()函数的剩余部分直到结束。

【例 6.3】

任务要求:

输入 4 个整数,找出其中最大的数。要求用函数的嵌套来实现。

解题思路：

根据题目的要求，可以定义一个函数 max4() 来实现从 4 个数(a、b、c、d)中找出最大的数。怎么实现呢？可以另设计一个 max2() 函数，用来找出两个数中的较大者。先用 max2(a,b) 找出 a 和 b 中的较大者，赋给变量 m。再用 max2(m,c) 函数求出 a、b、c 三者中的较大者，再赋给 m，因为 m 是 a 和 b 中的较大者，因此，max2(m,c) 就是 a、b、c 三者中的较大者。再用 max2(m,d) 求出 a、b、c、d 四者中的较大者，它就是 a、b、c、d 4 个数中的最大数。

在 max4() 函数中调用 3 次 max2() 函数，就求出 4 个数中的最大数。最后在主函数中输出结果。

编写程序：

(1) 主函数。

```c
#include <stdio.h>
int main()
{
    int max4(int a,int b,int c,int d);      //对 max4() 函数的声明
    int a,b,c,d,max;
    printf("Please enter 4 interger numbers:");
    scanf("%d %d %d %d",&a,&b,&c,&d);
    max=max4(a,b,c,d);                       //调用 max4() 函数，得到 4 个数中的最大者并赋给变量 max
    printf("max=%d \n",max);
    return 0;
}
```

(2) max4() 函数。

```c
int max4(int a,int b,int c,int d)//定义 max4() 函数
{
    int max2(int,int);           //对 max2() 函数的声明
    int m;                       //m 用来暂存参加比较的两数中的较大者
    m=max2(a,b);                 //调用 max2() 函数，找出 a 和 b 中的较大者，存于 m
    m=max2(m,c);                 //调用 max2() 函数，找出 a、b、c 中的最大者，存于 m
    m=max2(m,d);                 //调用 max2() 函数找出 a、b、c、d 中的最大者，存于 m
    return(m);                   //函数返回值 m 是 4 个数中的最大者
}
```

(3) max2() 函数。

```c
int max2(int x,int y)            //定义 max2() 函数
{
    if(x>y)
        return x;
    else
        return y;                //函数返回值是 x 和 y 中的较大者
}
```

运行结果：

```
Please enter 4 interger numbers:11 45 -54 0↙
max=45
```

138

程序分析:

在主函数中要调用 max4() 函数,因此,在主函数的开头要对 max4() 函数作声明。在 max4() 函数中 3 次调用 max2() 函数(这是嵌套调用),因此,在 max4() 函数的开头要对 max2() 函数作声明。由于在主函数中没有直接调用 max2() 函数,因此,在主函数中不必对 max2() 函数作声明,只需要在 max4() 函数中作声明即可。

main() 函数中的变量 a、b、c、d 和 max() 函数中的形参不是一回事,彼此没有关系。在 main() 函数中用 max4(a,b,c,d) 调用 max4() 函数时,才把变量 a、b、c、d 的值传递给 max4() 函数的形参 a、b、c、d,使形参 a、b、c、d 得到实参 a、b、c、d 的值。但是系统对实参 a 和形参 a 分别分配不同的存储单元。

max4() 函数执行过程是这样的:第 1 次调用 max2() 函数得到的函数值是 a 和 b 中的较大者,把它赋给变量 m;第 2 次调用 max2(m,c) 得到 m 和 c 中的较大者,也就是 a、b、c 中的最大者,再把它赋给变量 m;第 3 次调用 max2(m,d) 得到 m 和 d 中的较大者,也就是 a、b、c、d 中的最大者,再把它赋给变量 m。这是一种递推方法:先求出 2 个数的较大者,以此为基础求出 3 个数的最大者,再以此为基础求出 4 个数的最大者。m 的值一次一次地变化,直到实现最终要求。

max2() 函数的函数体可以只用一个 return 语句,把一个条件表达式的值作为函数返回值。

```
{return(x>y? x:y);}
```

有关条件表达式可参阅《C 语言程序设计教程学习辅导》第二部分第 15 章。

提示: 如果读者怕混淆实参 a、b、c、d 和形参 a、b、c、d 的关系,可以把形参改为其他名字,例如:

```
int max4(int p,int q,int r,int s);
```

同时把 max4() 函数中的 a、b、c、d 也改为 p、q、r、s 即可,其他不改。

本例是一次嵌套调用,有些较复杂的问题可以用多层嵌套调用。

6.4　函数的递归调用

在调用一个函数的过程中又出现直接或间接地调用该函数本身,称为函数的递归调用。C 语言的特点之一就在于允许函数的递归调用。例如:

```
int f(int x)
{
    int y, z;
    z=f(y);                 //在执行 f() 函数的过程中又要调用 f() 函数
    return(2 * z);
}
```

可以看到在调用 f() 函数的过程中又要调用 f() 函数,这是直接调用本函数,如图 6.6 所示。

如果在调用 f1() 函数过程中要调用 f2() 函数,而在调用 f2() 函数过程中又要调用 f1() 函数,就是间接调用本函数,如图 6.7 所示。

图 6.6　　　　　　　　　　　　　图 6.7

提示:在调用一个函数过程中调用另一个函数,称为函数的嵌套调用。在调用一个函数过程中直接或间接调用本函数,称为函数的递归调用。

图 6.6 和图 6.7 所示的两种递归调用都是无终止的自身调用。显然,程序中不应出现这种无终止的递归调用,而只应出现有限次数的、有终止的递归调用,譬如指定递归调用的次数,或者指定当某一条件成立时才执行递归调用,当该条件不满足就不再继续。

下面是一个递归调用的例子。

【例 6.4】

任务要求:

有 5 个学生坐在一起,有人问第 5 个学生多少岁?他说比第 4 个学生大 2 岁;问第 4 个学生的岁数,他说比第 3 个学生大 2 岁;问第 3 个学生,他说比第 2 个学生大 2 岁;问第 2 个学生,他说比第 1 个学生大 2 岁;最后问第 1 个学生,他说是 10 岁。请问第 5 个学生是多大?

解题思路:

想知道第 5 个学生的年龄,就必须先知道第 4 个学生的年龄;而第 4 个学生的年龄也不知道,要想求第 4 个学生的年龄,必须先知道第 3 个学生的年龄;而第 3 个学生的年龄又取决于第 2 个学生的年龄;第 2 个学生的年龄取决于第 1 个学生的年龄。而且每一个学生的年龄都比其前 1 个学生的年龄大 2。显然,这是一个递归问题。如果 age 是年龄函数,age(n) 代表第 n 个学生的年龄,可以用下面的式子表示上述关系。

$$age(5) = age(4) + 2$$
$$age(4) = age(3) + 2$$
$$age(3) = age(2) + 2$$
$$age(2) = age(1) + 2$$
$$age(1) = 10$$

可以用数学公式表述如下:

$$age(n) = \begin{cases} 10 & (n=1) \\ age(n-1)+2 & (n>1) \end{cases}$$

可以看到,当 $n>1$ 时,求第 n 个学生的年龄的公式是相同的,即前一个学生的年龄加 2。因此,可以用同一个公式表示上述关系。图 6.8 所示为求第 5 个学生年龄的过程。

从图 6.8 可知,求解可分成两个阶段:第一阶段是"回溯",即将第 n 个学生的年龄表示为第 $n-1$ 个学生年龄的函数:age($n-1$)+2。而第 $n-1$ 个学生的年龄仍然不知道,还要

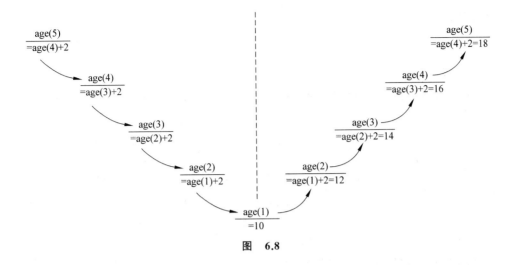

图   6.8

"回溯"到第 $n-2$ 个学生的年龄……直到第 1 个学生的年龄。此时 age(1)已知,不必再向前推了。然后开始第二阶段,采用递推方法,从第 1 个学生的已知年龄推算出第 2 个学生的年龄(12 岁),从第 2 个学生的年龄推算出第 3 个学生的年龄(14 岁)……一直推算出第 5 个学生的年龄(18 岁)为止。也就是说,一个递归的问题可以分为"回溯"和"递推"两个阶段。要经历若干步才能求出最后的值。显而易见,如果要求递归过程不是无限制进行下去,必须具有一个结束递归过程的条件。例如,age(1)=10,此时不再"回溯"了,这就是使递归结束的条件。

编写程序:

可以用一个 age()函数来描述上述递归过程。

```
int age(int n)              //求年龄的递归函数
{
    int c;                  //变量 c 用作存放函数的返回值的变量
    if(n==1)
        c=10;
    else
        c=age(n-1)+2;       //在执行 age()函数过程中又调用 age()函数,即递归调用
    return(c);
}
```

用一个主函数调用 age()函数,求得第 5 个学生的年龄。

```
#include <stdio.h>
int main()
{
    printf("%d\n",age(5)); //输出第 5 个学生的年龄
    return 0;
}
```

主函数的位置如果在 age()函数之后(如本例上面表示的那样),则在 main()函数中可以不对 age()函数进行声明。

运行结果：

18

程序分析：

main( )函数中只有一个语句。整个问题的求解全靠一个 age(5)函数调用来解决。函数调用过程如图 6.9 所示。

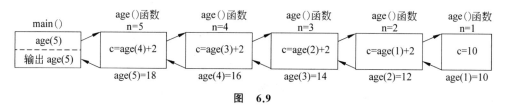

图 6.9

从图 6.9 可以看到：age( )函数共被调用 5 次，即 age(5)、age(4)、age(3)、age(2)、age(1)。其中，age(5)是 main( )函数调用的；其余 4 次是在 age( )函数中调用的，即递归调用 4 次。请读者仔细分析调用的过程。应当强调说明的是，在某一次调用 age( )函数时并不是立即得到 age(n)的值，而是一次又一次地进行递归调用，到 age(1)时才有确定的值，然后再递推出 age(2)、age(3)、age(4)、age(5)。请读者将程序与图 6.8 和图 6.9 结合起来认真分析。

【例 6.5】

任务要求：

分别用递推方法和递归方法求 $n!$，即 $1 \times 2 \times 3 \times \cdots \times n$。

（1）用递推方法求 $n!$。

解题思路：

用递推方法，即从 1 开始，乘 2，再乘 3……一直乘到 n。这种方法容易理解，也容易实现。递推方法的特点是从一个已知的事实出发，按一定规律推下一个事实；再从这个新的已知的事实出发，向下推出一个新的事实……这是和递归不同的。

编写程序：

```c
#include <stdio.h>
int main()
{
    long fac(int n);                          //对 fac()函数进行声明
    int n;
    long fact=0;                              //变量 fact 用来存放 n!的值
    printf("Please input an integer number:"); //输出一行信息,请用户输入 n
    scanf("%d",&n);                           //输入 n
    fact=fac(n);                              //调用 fac()函数,求出 n!
    printf("%d!=%ld\n",n,fact);               //输出 n!
    return 0;
}

long fac(int n)                               //定义 fac()函数
{
```

```
    int i;
    long fac=1;
    for(i=1;i<=n;i++)                          //计算 n!
        fac=fac*i;
    return fac;
}
```

运行结果：

```
Please input an integer number:10↙
10!= 3628800
```

程序分析：

fac()函数是用连乘的方法求 n!。考虑到有的 C 语言编译系统（如 Turbo C 2.0）整型数据的范围是 −32 768～32 767，而当 n 的值等于 8 时，就超过了此范围，因此把函数 fac()和存放 n!的变量 fac 和 fact 定义为 long 型。如果所用的 C 语言编译系统对整型数据分配 4 个字节（如 VC++），可以把程序中的 long 型都改为 int 型，结果相同。

（2）用递归方法求 n!。

解题思路：

递归方法和递推方法是相反的，并不是先求 1 乘 2、再乘 3……直到乘 n，而是直接从目标出发提出问题：现在要求解 5!，怎样才能得到 5!呢？如果知道 4!，就能通过 4!×5 得到 5!；而 4!也不知道，先求出 3!，就能通过 3!×4 得到 4!；而 3!也不知道，要先知道 2!，才能通过 2!×3 得到 3!；而 2!等于 1!×2。而 1!是已知的，不必再回溯了。可用下面的递归公式表示：

$$n!=\begin{cases}1 & (n=0,1)\\ n\times(n-1)! & (n>1)\end{cases}$$

有了上面的基础，很容易写出递归的程序。

编写程序：

```
#include <stdio.h>
int main()
{
    long fac(int n);                           //对 fac()函数的声明
    int n,y;
    printf("Input an integer number:");
    scanf("%d",&n);
    y=fac(n);                                  //调用 fac()函数
    printf("%d!=%ld\n",n,y);
    return 0;
}

long fac(int n)                                //定义 fac()函数
{
    long f;
    if(n<0)
        printf("n<0,data error!");             //如果输入的 n 小于 0,不合法
    else if(n==0,n==1)
        f=1;                                   //0!和 1!等于 0
```

143

```
    else f=fac(n-1) * n;                          //递归调用 fac()函数
    return(f);                                    //f 就是 n!
}
```

运行结果：

```
Input an integer number:12↙
12! = 479001600
```

程序分析：

假如输入的 n 值为 5，在主函数中调用函数 fac(5)就能求出 5!。在执行 fac(5)的过程中，由于 5 不等于 0 和 1，所以执行"f=fac(n-1) * n;"，即 f=fac(4) * 5，需要递归调用 fac()函数，即调用 fac(4)。在执行 fac(4)的过程中，由于 4 不等于 0 和 1，所以执行"f=fac(n-1) * n;"，由于此时 n=4 了，所以相当于 f=fac(3) * 4。在执行 fac(3)的过程中，由于 3 不等于 0 和 1，所以执行"f=fac(n-1) * n;"，由于此时 n=3，所以相当于 f=fac(2) * 3。在执行 fac(2)的过程中，由于 2 不等于 0 和 1，所以执行"f=fac(n-1) * n;"，由于此时 n=2，所以相当于 f=fac(1) * 2。在执行 fac(1)的过程中，由于 1=1，所以执行"f=1;"，不再递归调用 fac()函数，即递归调用结束。

现在是在执行 fac(1)的过程中，在执行完"f=1;"后，就执行 return 语句，f 的值 1 就是函数 fac(1)的值，return 语句将 f 的值 1 带回到 f=fac(1) * 2 中，注意此时 fac(1)已经结束，现在是在执行 fac(2)的过程中，求出 f= fac(1) * 2=1 * 2=2。然后执行 return 语句，将 f 的值 2 作为函数 fac(2)的值带回到函数 fac(3)中的 f=fac(2) * 3，得到 f=2 * 3=6。return 语句将 f 的值 6 作为函数 fac(3)的值带回到函数 fac(4)中的 f=fac(3) * 4，求出 f=6 * 4=24。return 语句将 f 的值 24 作为函数 fac(4)的值带回到函数 fac(5)中的 f=fac(4) * 5，求出 f=24 * 5=120。由于函数 fac(5)是 main()函数调用的，所以 return 语句将 f 的值 120 作为函数 fac(5)的值返回 main()函数的"y=fac(n);"中，即 y=fac(5)，故 y 等于 120，程序输出 120(即 5!的值)后结束。

上面对整个递归过程作了详细的说明，请读者一定要弄清楚：当前是处在哪一层的 fac()函数过程中，求出的 f 值返回到哪一层的 fac()函数中。读者可以参照图 6.8 画出本例的调用过程。

通过此例可以了解递归调用的特点：从一个未知的结果 fac(5)出发，倒推回上一级 [fac(4)]，希望通过 fac(4)来求出 fac(5)，但是现在 fac(4)也是未知的。再往回推到上一级 [fac(3)]仍是未知，再向前推……直到遇到 fac(1)，现在 fac(1)是已知的，即 fac(1)=0。显然不必再往回推了，回溯过程结束。这就是递归的边界条件。然后开始递推过程，由已知的条件[fac(1)=1]推算出 fac(2)，由已知的 fac(2)推算出 fac(3)，由已知的 fac(3)推算出 fac(4)，由已知的 fac(4)推算出 fac(5)，然后得到最后的结果。即执行"未知→未知→……直到出现递归边界条件"，然后执行"已知→已知→已知"的过程。

有些递归问题可以用递推方法解决，但有些问题只能用递归方法解决。如果用递归方法比递推方法简便，符合人们的思考过程，则首选递归方法。

注意：一个问题能否用递归方法处理，取决于以下 3 个条件。

（1）所求解的问题能转化为用同一方法解决的子问题,例如,求 $n!$ 可以转化为 $(n-1)! \times n$。$(n-1)!$ 就是子问题,它的求解方法与 $n!$ 是相同的。

（2）子问题的规模比原问题的规模小,如求 $(n-1)!$ 比求 $n!$ 的规模小,规模应是有规律地递减。表现在调用函数时,参数是递减的,如第一次调用 fac(5),第二次调用 fac(4)……

（3）必须要有递归结束条件(边界条件),例如 fac(1)=1,fac(0)=1,停止递归,否则形成无穷递归,系统无法实现。

这就是采用递归方法解题的条件。

提示：递归是学习 C 语言程序设计中的一个难点,但 C 语言允许使用递归是 C 语言的一大优点(其他有的语言是不支持使用递归的)。用递归可以有效解决一些难题,因此,本书对它作了简单的介绍(其他许多教材往往不介绍递归,或没讲明白),希望读者对它有一个初步的了解。在初学时对递归不可能要求太高,不必要求独立编写出递归程序,能看懂以上程序即可。有了一定基础后,以后需要时再深入学习就不会困难了。在《C 语言程序设计教程学习辅导》第二部分中介绍了用递归方法解题的典型例子——汉诺(Hanoi)塔问题,这是一个比较有趣的问题,有兴趣的读者可以参阅。

6.5　数组作为函数参数

前面已经介绍了可以用变量作函数参数,显然,数组元素也可以作函数实参,其用法与变量相同。此外,数组名也可以作实参和形参,此时传递的是数组首元素地址。

6.5.1　用数组元素作函数实参

由于实参可以是表达式,而数组元素可以是表达式的组成部分,因此数组元素当然可以作为函数的实参,与用变量作实参一样,传递方式是单向传递,即"值传送"方式。

【例 6.6】

任务要求：

有两个运动队 a 和 b,各有 10 个队员,每个队员有一个综合成绩。将两个队的每个队员的成绩按顺序一一对应地逐个比较(即 a 队第 1 个队员与 b 队第 1 个队员比,……)。如果 a 队队员的成绩高于 b 队相应队员成绩的数目,比 b 队队员成绩高于 a 队相应队员成绩的数目多(如 a 队赢 6 次,b 队赢 4 次),则认为 a 队胜。统计出两队队员比较的结果(a 队高于、等于和低于 b 队的次数)。

解题思路：

设两个数组 a 和 b 各有 10 个元素,分别存放 10 个队员的成绩。将两个数组的相应元素逐个比较,用 3 个变量 n、m、k 分别累计 a 队队员高于、等于和低于 b 队队员的次数。用一个函数 higher() 来判断每一次比较的结果,如果 a 队队员高于 b 队队员,结果为 1;二者相等,结果为 0;如果 a 队队员低于 b 队队员,结果为 −1。最后比较 n 和 k,即可得到哪队胜的结果。

编写程序：

```
#include <stdio.h>
int main()
{
    int higher(int x,int y);                //对 higher() 函数的声明
    int a[10],b[10],i,n=0,m=0,k=0;
    printf("Enter array a:\n");             //提示输入 a 队队员成绩
    for(i=0;i<10;i++)                        //输入 a 队 10 个队员成绩
        scanf("%d",&a[i]);
    printf("\n");
    printf("Enter array b:\n");             //提示输入 b 队队员成绩
    for(i=0;i<10;i++)                        //输入 b 队 10 个队员成绩
        scanf("%d",&b[i]);
    printf("\n");
    for(i=0;i<10;i++)                        //比较 10 个队员
    {
        if(higher(a[i],b[i])==1)            //如 a 队队员成绩高于 b 队相应队员
          n++;                              //使 n 累加 1
         else
           if(higher(a[i],b[i])==0)         //如 a 队队员成绩等于 b 队相应队员
             m++;                           //使 m 累加 1
          else
            k=k+1;                          //如 a 队队员成绩低于 b 队相应队员
    }                                       //使 k 加 1
    printf("a higher b %d times\na equal to b %d times\nb higher a %d times\n",n,m,k);
                                            //输出 n、m、k 的值
    if(n>k)
        printf("a wins!\n");
    else
        if (n<k)
            printf("b wins!\n");
        else
            printf("a is equal to b\n");
    return 0;
}

higher(int x,int y)                         //定义 higher() 函数
{
    int flag;
    if(x>y) flag=1;                         //a 队队员成绩高于 b 队相应队员,使 flag 等于 1
    else if(x<y) flag=-1;                   //如 b 队队员成绩高于 a 队相应队员,使 flag 等于-1
    else flag=0;                            //如 a 队队员成绩等于 b 队相应队员,使 flag 等于 0
    return(flag);                           //将 1 或-1,0 返回主函数
}
```

运行结果：

```
Enter array a:
78 83 88 98 65 77 56 73 80 69↙
Enter array b:
65 73 88 69 100 71 65 76 80 64↙
ahigher b 5 times
```

```
a equal to b 2 times
b higher a 3 times
a wins!
```

程序分析：

在第 16 行主函数调用 higher() 函数时，用数组元素（如 a[i]、b[i]）作为函数实参，每次调用函数时，把相应的数组元素的值传递给函数形参（x,y）。其作用和用法与用变量作为函数实参是一样的。

注意：数组元素只能作函数实参，而不能作为函数形参。请读者思考原因。

6.5.2　用数组名作函数参数

用数组元素作函数实参可以向形参传递一个数组元素的值。有时希望在函数中处理整个数组的元素，此时可以用数组名作为函数实参。但请注意，此时并不是将该数组中全部元素传递给所对应的形参。由于数组名代表数组元素的地址，因此只是将数组的首元素的地址传递给所对应的形参。与之对应的形参应当是数组名或指针变量（详见第 7 章）。

【例 6.7】

任务要求：

有 10 个学生成绩存放在数组中。设计一个函数 average，用来求学生的平均成绩。

解题思路：

需要把数组有关信息传递给 average() 函数。采取用数组名作为实参，把数组地址传给 average() 函数，在该函数中对数组进行处理。

编写程序：

```
#include <stdio.h>
int main()
{
  float average(float array[10]);    //函数声明
  float score[10],aver;
  int i;
  printf("Input 10 scores:\n");
  for(i=0;i<10;i++)
    scanf("%f",&score[i]);
  aver=average(score);               //以数组名为实参调用 aveage() 函数
  printf("average score is %5.2f\n",aver);
  return 0;
}

float average(float array[10])       //定义求平均成绩的函数 average()
{
  int i;
  float aver,sum=array[0];
  for(i=1;i<10;i++)
    sum=sum+array[i];                //累加成绩总和
  aver=sum/10;                       //求出平均成绩
  return(aver);                      //将平均成绩作为函数值带回主函数
}
```

运行结果：

```
Input 10 scores:
98 90 78 66.5 100 65 67 99 85 72↙
average score is 82.15
```

程序分析：

（1）程序中用数组名作函数实参，函数 average() 的形参也用数组名。注意应在主调函数和被调用函数分别声明数组。例 6.7 中 array 是形参数组名，score 是实参数组名，分别在其所在函数中声明，不能只在一方声明。

（2）实参数组与形参数组类型应一致（现都为 float 型）。如不一致，结果将出错。

（3）用数组名作为函数参数，在调用函数时并不另外开辟一个存放形参数组的空间，这点是和用变量作函数参数不同的。前已说明，数组名代表数组的首元素的地址，因此，用数组名作函数实参时，只是将实参数组的首元素的地址传给形参数组名，所以形参数组名获得了实参数组的首元素的地址。因此，形参数组首元素 array[0] 和实参数组首元素 score[0] 具有同一地址，它们共占用同一存储单元，score[n] 和 array[n] 指的是同一存储单元，它们具有相同的值，如图 6.10 所示。

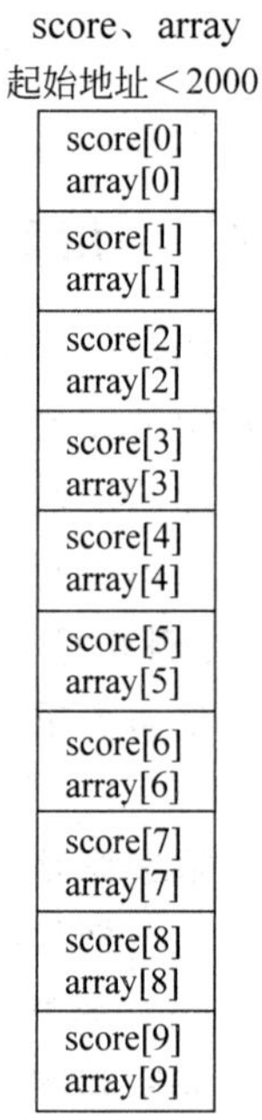

在程序中，定义函数 average() 时声明了形参数组 array 的大小为10。但在实际上，指定其大小并不起任何作用。因为 C 语言编译对形参数组大小不做检查，因此形参数组可以不指定大小，在定义数组时可以在数组名后面跟一个空的方括号，效果是相同的。在学习了第 7 章后可以知道形参数组名实际上是一个指针变量。

score、array
起始地址<2000

score[0] array[0]
score[1] array[1]
score[2] array[2]
score[3] array[3]
score[4] array[4]
score[5] array[5]
score[6] array[6]
score[7] array[7]
score[8] array[8]
score[9] array[9]

图　6.10

【例 6.8】

任务要求：

有两个班，每个班的学生数不同。编写一个函数，分别求两个班的平均成绩。

解题思路：

求一个已知人数的班级的平均成绩的程序已在例 6.7 中解决了。现在问题的关键是用同一个函数求不同人数班级的平均成绩。根据前面所述，在定义形参时不指定数组的大小，函数对不同人数的班级都是适用的。

根据用数组名作函数形参的规定，数组名传递的是数组首元素的地址，而不是数组元素。因此，可以利用同一个函数来求人数不同的班级的平均成绩。在定义 average() 函数时，增加一个参数 n，用来指定当前班级的人数。在例 6.7 的基础上很容易地编写出下面的程序。请注意形参数组没有指定大小。为了简化起见，设第 1 班有 5 名学生，第 2 班有 10 名学生。

编写程序：

```
#include <stdio.h>
int main()
{
    float average(float array[],int n);      //对 average() 函数的声明
```

```
    float score_1[5]={98.5,97,91.5,60,55};    //第1班有5名学生
    float score_2[10]={66.5,89.5,99,69.5,77,89.5,76.5,54,60,99.5};//第2班有10名学生
    printf("The average of class A is %6.2f.\n",average(score_1,5));//输出第1班平均成绩
    printf("The average of class B is %6.2f.\n",average(score_2,10));//输出第2班平均成绩
    return 0;
}

float average(float array[],int n)    //没有指定形参数组的大小,形参n用来接收本班人数
{
    int i;
    float aver,sum=array[0];          //sum的初值是第1个学生的成绩
    for(i=1;i<n;i++)
        sum=sum+array[i];             //将array[1]到array[n]累加到sum中
    aver=sum/n;                       //求平均成绩
    return(aver);                     //将平均成绩作为函数值并带回主函数
}
```

运行结果：

```
The average of class A is 80.40.
The average of class B is 78.20.
```

程序分析：

为了分别求出两个不同大小的数组中元素的平均值,在定义 average() 函数时设一个整型形参 n,在调用 average() 函数时,从主函数的实参把需要处理的数组名传递给形参数组名 array,把该班人数传递给 n。主函数两次调用 average() 函数时需要处理的数组元素个数是不同的,在第一次调用时将实参(值为 5)传递给形参 n,因此在 for 语句中执行 4 次循环,求出的是 5 个学生的平均分。在第二次调用时,将实参值为 10 传递给形参 n,在 for 语句中执行 9 次循环,求出的是 10 个学生的平均分。

提示：再次强调,用数组名作函数实参时,不是把数组元素的值传递给形参,而是把实参数组的首元素的地址传递给形参数组名,这样实参数组和形参数组就共占同一段内存单元,如图 6.11 所示。假如实参数组 a 的首元素的地址为 1000,则形参数组 b 的首元素的地址也是 1000,显然,a[0] 与 b[0] 同占一个存储单元,a[1] 与 b[1] 同占一个存储单元……如果改变了 b[0] 的值,则 a[0] 的值也改变了。也就是说,形参数组中各元素的值如果发生变化,会使实参数组元素的值同时发生变化。

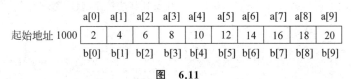

图　**6.11**

这一点是与变量作函数参数的情况不相同的,务必请注意。在程序设计中可以有意识地利用这一特点改变实参数组元素的值(如排序)。

【例 6.9】

任务要求：

用一个函数实现用选择法对 10 个整数按升序排列。

解题思路：

排序有许多不同的方法，前面介绍了"起泡法"，本程序用"选择法"。所谓选择法，是指先选出 10 个数中最小的数，把它和 a[0] 对换，这样 a[0] 就是 10 个数中最小的数了。再在剩下的 9 个数（a[1] 到 a[9]）中选出最小的数，把它和 a[1] 对换，这样 a[1] 就是剩下 9 个数中最小的数，也就是 10 个数中第 2 个小的数……如此一轮一轮地进行下去，每比较一轮，找出一个未经排序的数中最小的一个进行交换。共经过 9 轮的比较和交换，按顺序找出前 9 个小的数，显然最后一个数（a[9]）就是最大的数。

图 6.12 表示用选择法对 5 个数排序的步骤。

a[0]	a[1]	a[2]	a[3]	a[4]	
3	6	1	9	4	未排序时的情况
1	6	3	9	4	第 1 轮，将 5 个数中最小的数 1 与 a[0] 对换
1	3	6	9	4	第 2 轮，将余下的 4 个数中最小的数 3 与 a[1] 对换
1	3	4	9	6	第 3 轮，将余下的 3 个数中最小的数 4 与 a[2] 对换
1	3	4	6	9	第 4 轮，将余下的 2 个数中最小的数 6 与 a[3] 对换，至此完成排序

图　6.12

编写程序：

```c
#include <stdio.h>
int main()
{
    void sort(int array[],int n);        //对 sort() 函数的声明
    int a[10],i;
    printf("Enter the array:\n");
    for(i=0;i<10;i++)                    //输入 a 数组 10 个元素
        scanf("%d",&a[i]);
    sort(a,10);                          //调用 sort() 函数
    printf("The sorted array:\n");
    for(i=0;i<10;i++)                    //输出已排好序的 10 个数
        printf("%d ",a[i]);
    printf("\n");
    return 0;
}

void sort(int array[],int n)             //定义选择法排序函数 sort()
{
    int i,j,k,temp;
    for(i=0;i<n-1;i++)
    {
        k=i;                             //k 用来存放当前最小的元素的序号
        for(j=i+1;j<n;j++)               //将第 i 个元素与其后各元素比较
            if(array[j]<array[k])        //如果第 j 个元素比第 k 个元素小
                k=j;                     //把当前最小元素的序号 j 保存在 k 中
        if(k!=i)                         //如果 k 的值有改变
            (temp=array[k];array[k]=array[i];array[i]=temp; ) //将最小元素与 array[i] 对换
    }
}
```

运行结果：

```
Enter array:
5 7 -3 21 -43 67 321 33 51 0↙
The sorted array
-43 -3 0 5 7 21 33 51 67 321
```

程序分析：

(1) 变量 k 用来存放本轮比较中最小的数在数组中的序号(即数组下标)。在 sort() 函数中,是这样实现选择法排序的：开始执行第 1 次外循环 for 语句时 i=0,因此 k=0,此时尚未进行比较,先认为 array[0] 最小。内循环 for 语句中的 j 从 1 变到 9,将 array[1] 到 array[9] 轮流与 array[k] 比较,现在 k=0,array[0] 的值是 5,array[1] 的值是 7,由于 7>5,则 array[0] 小于 array[1],所以不执行 k=j。在第 2 次内循环中 j 的值是 2,将 array[2] 与 array[0] 比较,array[2] 的值是 −3,它小于 array[0],因此执行 k=j,把 j 的值 2 赋给 k。注意,现在array[k](即 array[2])的值 −3 是已比较过的 3 个数中最小的。

下面未比较过的数应该与当前最小的数 array[2] 比较才能找出最小的数。在下一次内循环中,j 的值是 3,将 array[3] 与 array[2] 比较,array[3] 的值是 21,大于 array[2],不执行 k=j。下一次内循环时,j 的值为 4,将 array[4] 与 array[2] 比较,array[4] 的值是 −43,它小于 array[2],故执行 k=j,k 变为 4,表示当前 array[k] 的值是已比较过的 5 个数中最小的。

以后几次比较,都是 array[j] 大于 array[4],故不执行 k=j,在执行完 9 次内循环后,k 的值保持为 4,表示已比较过的 10 个数中 array[4] 最小。用 if(k!=i) 判断 k 的值是否改变了,如果 k 不等于 i(第 1 轮时 i=0),此时将 array[k] 和 array[i] 对换,现在 k=4、i=0,即将 array[4] 和 array[0] 对换。从程序中可以看到：在执行一次外循环过程中,最多只执行一次互换的操作。

经过执行第 1 次外循环后 10 个数的顺序是：

−43,5,−3,21,5,67,321,33,51,0

10 个数中最小的数 −43 已在最前面。然后执行第 2 次外循环 for 语句,此时 i=1,将 array[1] 与 array[2]～array[9] 比较。由于 array[0] 已是最小的,故 array[0] 不必再参加比较。将其中最小的数对调到第 2 个位置,即 array[1],以此类推。经过执行 9 次外循环,找出最前面 9 个最小的数,显然第 10 个数是最大的。

(2) 可以看到在执行函数调用语句"sort(a,10);"之前和之后,a 数组中各元素的值是不同的。原来是无序的,执行"sort(a,10);"后,a 数组已经排好序,因为形参数组 array 已用选择法进行排序了,形参数组改变也使实参数组随之改变,所以在主函数中输出的 a 数组已是经过排序的数组。

请读者自己画出调用 sort() 函数前后实参数组中各元素的值。

关于数组名作为函数参数的含义,将在第 7 章介绍完指针变量后作进一步的说明。

注意：用变量名或数组元素名作函数参数时,传递的是变量的值;用数组名作函数参数时,传递的是数组首元素的地址。由此可知,调用函数时的虚实结合的方式有两类：一类是值传递方式;另一类是地址传递方式。

采用值传递方式时,系统为形参另开辟存储单元,实参与形参不是同一存储单元,因此形参值的改变不会导致实参值的改变。值传递是单向的,只能从实参传到形参,而不能由形参传到实参。

采用地址传递方式时，传递的是地址，系统不会另外开辟一段存储单元来存放形参数组的值，而是使形参数组与实参数组共占同一段存储单元。由于这个特点，可以利用在函数中改变形参数组的值，从而改变实参数组的值。从表面上看，好似传递是双向的，即从实参传到形参，又从形参传到实参，但从严格意义上说，传递仍然是单向的，传递的仅仅是地址而已。由于地址共享，才会出现改变形参数组的值也改变了实参数组的值。这是一个可以利用的重要技巧。

另外，不仅可以用一维数组名作函数参数，也可以用多维数组名作为函数的实参和形参。

【例 6.10】

任务要求：

有 4 个学生，各有 5 门课的成绩。设计一个函数，用来求出其中的最高成绩。

解题思路：

定义一个二维数组 score，先使变量 max 的初值为二维数组 0 行 0 列元素 score[0][0] 的值，然后将二维数组中各个元素的值与 max 相比，每次比较后都把大者存放在 max 中，取代 max 的原值。全部元素比较完后，max 的值就是所有元素的最大值。

编写程序：

```
#include <stdio.h>
int main()
{
  float highest_score(float array[4][5]);
  float score[4][5]={{61,73,85.5,87,90},{72,84,66,88,78},
      {75,87,93.5,81,96},{65,85,64,76,71}};   //存放成绩的二维数组
  printf("The highest score is %6.2.f.\n",highest_score(score));
  return 0;
}

float highest_score (float array[4][5])       //highest_score()函数用来找出最高成绩
{
  int i,j;
  float max;
  max=array[0][0];
  for(i=0;i<4;i++)
    for(j=0;j<5;j++)
      if(array[i][j]>max) max=array[i][j];
  return (max);
}
```

运行结果：

```
The highest score is 96.00.
```

程序分析：

调用 highest_score() 函数时用实参数组名 score 作为函数实参。将 score 的首元素地

址传递给形参数组 array,这样 array 数组和 score 数组同占一段存储单元,array[0][0]和 score[0][0]代表的是同一存储单元。在 highest_score()函数中经过逐个元素的比较,找到最大的值 max,把 max 作为函数值带回主函数输出。

6.6　变量的作用域——局部变量和全局变量

如果一个 C 语言程序只包含一个 main()函数,数据的作用范围比较简单,在函数中定义的数据在本函数中定义点之后都是有效的。但是,若一个程序包含多个函数,就会产生一个问题,在 A 函数中定义的变量在 B 函数中能否使用? 这就是数据的作用域问题。

6.6.1　什么是局部变量

在函数或复合语句中定义的变量,只在本函数或复合语句的范围内有效(从定义点开始到函数或复合语句结束),它们称为内部变量或局部变量。只有在本函数或复合语句内才能使用它们,在此函数或复合语句以外是不能使用这些变量的。

提示:

(1) 主函数中定义的变量也只在主函数中有效,不会因为是在主函数中定义的,而在整个文件或程序中有效。主函数也不能使用其他函数中定义的变量。

(2) 不同函数中可以使用相同名字的变量,它们代表不同的对象,互不干扰。例如,在 f1()函数中定义了变量 b 和 c,倘若在 f2()函数中也定义了变量 b 和 c,它们在内存中占有不同的单元,二者没有关系,互不混淆。

(3) 形式参数也是局部变量。在函数中可以使用本函数声明的形参,在函数外就不能引用了。

(4) 在一个函数内部,可以在复合语句中定义变量,这些变量只在本复合语句中有效。变量只在复合语句内有效。

6.6.2　什么是全局变量

一个程序可以包含一个或若干个源程序文件(即程序模块),而一个源程序文件又可以包含一个或若干个函数。在函数之外定义的变量是外部变量,也称为全局变量(或称全程变量)。全局变量的有效范围为从定义变量的位置开始到本源程序文件结束,在此范围内可以为本程序文件中所有函数所共用。

在一个函数中既可以使用本函数中的局部变量,又可以使用有效的全局变量。关于全局变量和局部变量的作用域,可以打一个比方:国家有统一的法律和法规,各省还可以根据需要制定地方的法律和法规。在甲省,国家统一的法律和法规与甲省的法律和法规都是有效的;而在乙省,国家统一的法律和法规与乙省的法律和法规也有效。显然,甲省的法律和法规在乙省无效。

如果在同一个源文件中,外部变量与局部变量同名,则在局部变量的作用范围内,外部变量被"屏蔽",即它不起作用,此时只有局部变量是有效的。

【例 6.11】

任务要求：

有 4 个学生，各有 5 门课的成绩，要求输出其中的最高成绩以及它属于第几个学生、第几门课程。要求使用全局变量。

解题思路：

在例 6.10 中通过调用 highest_score()函数得到最高分。现在要求除了输出最高分外，还要输出该分数是属于第几个学生、第几门课的信息，即需要输出 3 个结果。但是调用一个函数只能得到一个函数返回值，执行一个函数不可能带回 3 个值。例 6.10 的程序无法解决这个问题。

可以使用全局变量，通过全局变量从函数中得到所需要的值。

编写程序：

```c
#include <stdio.h>
int Row,Column;                            //定义全局变量 Row 和 Column
int main()
{
  float highest_score(float array[4][5]);
  float score[4][5]={{61,73,85.5,87,90},{72,84,66,88,78},
      {75,87,93.5,81,96},{65,85,64,76,71}};
  printf("The highest score is %6.2f.\n",highest_score(score));
  printf("Student No.is %d.\nCourse No.is %d.\n",Row,Column);
  return 0;
}

float highest_score(float array[4][5])
{
  int i,j;
  float max;
  max=array[0][0];
  for(i=0;i<4;i++)
    for(j=0;j<5;j++)
      if(array[i][j]>max)
      {
        max=array[i][j];
        Row=i;                             //将行的序号赋给全局变量 Row
        Column=j;                          //将列的序号赋给全局变量 Column
      }
  return (max);
}
```

运行结果：

```
The highest score is 96.00.
Student No.is 2.
Course No.is 4.
```

得出的结果是序号为 2 的学生、序号为 4 的课程分数最高（序号从 0 算起）。如果觉得从序号算起不习惯，可以将主函数最后一个语句改为

```
printf("Student No.is %d.\nCourse No.is %d.\n",Row+1,Column+1);
```

这时的输出结果为

```
The highest score is 96.00.
Student No.is 3.
Course No.is 5.
```

得出的结果是第 3 个学生第 5 门课的成绩为 96 分。

程序分析：

与例 6.10 相比，本例只增加了两个全局变量 Row 和 Column，用来保存最高分的行和列的信息。由于全局变量在整个文件范围内都有效，因此，在 highest_score() 函数中将行序号 i 和列序号 j 赋给全局变量 Row 和 Column。在函数调用结束后，函数中的局部变量被释放了，全局变量却保存了下来，可以在 main() 函数中输出它们的值。

函数 highest_score() 与外界的联系如图 6.13 所示。可以看出形参 array 的值是由 main() 函数传递给形参的，函数 highest_score() 中 max 的值通过 return 语句返回到 main() 函数中调用 highest_score(score) 处。Row 和 Column 是全局变量，是公用的，它们的值可以供各函数使用。如果在一个函数中改变了它们的值，在其他函数中也可以使用这个已改变的值。

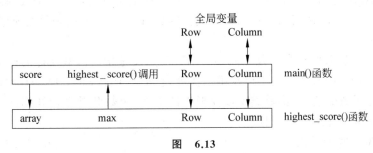

图 6.13

提示：设置全局变量的作用是增加了函数间数据联系的渠道。由于同一源程序文件中的所有函数都能引用全局变量的值，因此，如果在一个函数中改变了全局变量的值，就能影响到其他函数，相当于各个函数间有直接的传递通道。由于函数的调用只能带回一个返回值，因此，有时可以利用全局变量增加函数间的联系渠道。在调用函数时有意改变某个全局变量的值，当函数执行结束后，不仅能得到一个函数返回值，而且能使全局变量获得一个新值，从效果上看，相当于通过函数调用能得到一个以上的值。

为了便于在阅读程序时区别全局变量和局部变量，在 C 语言程序设计中习惯（但非规定）将全局变量名的第一个字母用大写表示。

注意：虽然全局变量有以上优点，但建议不在必要时不要使用全局变量，原因如下。

(1) 全局变量在程序的全部执行过程中都占用存储单元，而不是仅在需要时才开辟存储单元。

(2) 它使函数的通用性降低了，因为函数在执行时要用到其所在的程序文件中定义的外部变量。如果将一个函数移植到另一个文件中，还要将有关的外部变量及其值一起移植过去。但若该外部变量与其他文件的变量同名时，就会出现冲突，降低了程序的可靠性和通用性。在程序设计中，在划分模块时要求模块的"内聚性"要强、与其他模块的"耦合性"要弱。即模块的功能要单一（不要把许多互不相干的功能放到一个模块中），与其他模块的相

155

互影响要尽量少，而用全局变量是不符合这个原则的。一般要求把 C 语言程序中的函数做成一个封闭体，除了可以通过"实参—形参"的渠道与外界发生联系外，没有其他渠道。这样的程序移植性好，可读性强。

（3）使用全局变量过多，会降低程序的清晰性，人们往往难以清楚地判断出每个瞬时各个外部变量的值。在各个函数执行时都可能改变外部变量的值，程序容易出错。因此，应当限制使用全局变量。

本章小结

1. 在 C 语言中，函数是用来完成某一个特定功能的。C 语言程序是由一个或多个函数组成的。函数是 C 语言程序中的基本单位。执行程序就是执行主函数和由主函数调用的其他函数。因此，编写 C 语言程序主要就是编写函数。

2. 有两种函数。系统提供的库函数和用户根据需要自己定义的函数。如果在程序中使用库函数，必须在本文件的开头用 ♯include 指令把与该函数有关的头文件包含到本文件中（如用数学函数时要加上 ♯include ＜math.h＞）。如果用自己定义的函数，必须先定义后调用。注意，如果函数的调用出现在函数定义位置之前，应该在调用函数之前用函数的原型对该函数进行声明。

3. 函数的"定义"和"声明"不是一回事。函数的定义是指对函数功能的确立，包括指定函数名、函数值类型、形参及其类型以及函数体等，它是一个完整的、独立的函数单位。函数声明的作用是把函数的名字、函数类型以及形参的类型、个数和顺序通知编译系统，以便在调用该函数时系统按此进行对照检查。

4. 函数原型有两种形式。

函数类型 函数名(参数类型 1 参数名 1,参数类型 2 参数名 2,...,参数类型 n 参数名 n);

函数类型 函数名(参数类型 1,参数类型 2,...,参数类型 n);

第一种形式就是函数的首部加一个分号，初学者比较容易理解和记住。在有一定编程经验后可以使用第二种形式，比较精炼。

5. 调用函数时要注意实参与形参的个数相同、类型一致（或赋值兼容）。数据传递的方式是从实参到形参的**单向值传递**。在函数调用期间如出现形参的值发生变化，**不会影响实参原来的值**。

6. 在调用一个函数的过程中又调用另外一个函数，称为函数的**嵌套调用**。可以有多层的嵌套调用。在调用一个函数的过程中又出现直接或间接地调用该函数本身，称为函数的**递归调用**。C 语言的特点之一就是允许函数递归调用。要注意分析函数的嵌套调用和函数的递归调用的**执行过程**。

7. 用数组元素作为函数实参，其用法与用普通变量作实参时相同，向形参传递的是数组元素的值。**用数组名作函数实参，向形参传递的是数组首元素的地址**，而不是数组全部元素的值。如果形参也是数组名，可以理解为形参数组首元素与实参数组首元素具有同一地址，两个数组共占同一段存储空间。利用这一特性，可以在调用函数期间改变形参数组元素的值，也就是改变实参数组元素的值。这是很有用的，要弄清其概念与用法。

8. 变量的作用域是指变量有效的范围。根据定义变量的位置不同,变量分为局部变量和全局变量。凡是在函数内或复合语句中定义的变量都是局部变量,其作用域限制在本函数内或复合语句内,函数或复合语句外不能引用该变量。在函数外定义的变量都是全局变量,其作用域为从定义点到本文件末尾。

9. 本章例题介绍的一些算法(如排序)是比较基本的和有用的,要认真理解和消化。学会在看到一个题目后,如何分析问题,如何构思算法,如何编程。如有条件,最好多做习题,多练习编程,至少把习题的程序看明白,了解其算法。

习题

6.1　写两个函数,分别求两个整数的最大公约数和最小公倍数,用主函数调用这两个函数,并输出结果。两个整数由键盘输入。

6.2　求方程 $ax^2+bx+c=0$ 的根,用 3 个函数分别求当 b^2-4ac 大于 0、等于 0 和小于 0 时的根并输出结果。从主函数输入 a、b、c 的值。

6.3　写一个判断素数的函数,在主函数中输入一个整数,输出该数是否是素数的信息。

6.4　写一个函数,使给定的一个 3×3 的二维整型数组转置,即行列互换。

6.5　写一个函数,使输入的一个字符串按反序存放,在主函数中输入和输出字符串。

6.6　写一个函数,将两个字符串连接。

6.7　写一个函数,将一个字符串中的元音字母复制到另一个字符串中,然后输出。

6.8　写一个函数,输入一个 4 位数字,要求输出这 4 个数字字符,但每两个数字间留一个空格。如输入 2021,应输出"2 0 2 1"。

6.9　编写一个函数,由实参传来一个字符串,统计此字符串中字母、数字、空格和其他字符的个数,在主函数中输入字符串以及输出上述结果。

6.10　写一个函数,输入一行字符,将此字符串中最长的单词输出。

6.11　写一个函数,用起泡法对输入的 10 个字符按由小到大的顺序排列。

6.12　输入 10 个学生 5 门课的成绩,分别用函数实现下列功能。

(1) 计算每个学生平均分。

(2) 计算每门课的平均分。

(3) 找出所有 50 个分数中最高的分数所对应的学生和课程。

6.13　写几个函数。

(1) 输入 10 个职工的姓名和职工号。

(2) 按职工号由小到大的顺序排序,姓名顺序也随之调整。

(3) 要求输入一个职工号,用折半查找法找出该职工的姓名,从主函数输入要查找的职工号,输出该职工姓名。

6.14　输入 4 个整数,找出其中最大的数。用函数的递归调用来处理。(本章例 6.5 中程序用的是递推方法,现要求改用递归方法处理。)

6.15　用递归方法将一个整数 n 转换成字符串。例如,输入 483,应输出字符串"483"。n 的位数不确定,可以是任意位数的整数。

6.16　给出年、月、日,计算该日是该年的第几天。

第7章 善于使用指针

指针是 C 语言中的一个重要概念,也是 C 语言的一个重要特色。掌握指针的应用,可以使程序简洁、紧凑、高效。学习 C 语言,应当学习和掌握好指针。可以说,不掌握指针就没有掌握 C 语言的精华。

指针的概念比较复杂,使用也比较灵活,因此初学时常会出错,务必请在学习本章内容时十分仔细,多思考、多比较、多上机,在实践中掌握它。我们在叙述时也力图用通俗易懂的方法使读者易于理解。

7.1 什么是指针

为了说清楚什么是指针,必须先弄清楚数据在内存中是如何存储的,又是如何读取的。

如果在程序中定义了一个变量,在对程序进行编译时,系统就会给这个变量分配内存单元。多数 C 语言编译系统(如VC++)为短整型变量分配 2 个字节,整型变量分配 4 个字节,单精度浮点型变量分配 4 个字节,双精度浮点型变量分配 8 个字节,字符型变量分配 1 个字节。内存区的每一个字节有一个编号,这就是"地址",它相当于旅馆中的房间号。在地址所标志的存储单元中存放数据,相当于在旅馆房间中居住的旅客一样。

由于通过地址能找到所需的变量单元,可以说,地址指向该变量单元。打个比方,一个房间的门上挂了一个房间号为 2008,这个 2008 就是房间的地址,或者说,2008"指向"该房间。因此,在 C 语言中,将地址形象地称为"指针",意思是通过它能找到以它为地址的存储单元。

注意:请务必弄清楚内存单元的地址与内存单元的内容这两个概念的区别。

例如,定义了整型变量 a 和 b,编译系统在对程序编译时给变量 a 和 b 分配了存储单元。每个变量都有相应的起始地址,如图 7.1 所示。如果向变量 a 赋值,a=3,系统根据变量名 a 查出它相应的地址 2000,然后将整数 3 存放到起始地址为 2000 的存储单元中,这种直接按变量名进行的访问方式称为"直接访问"。

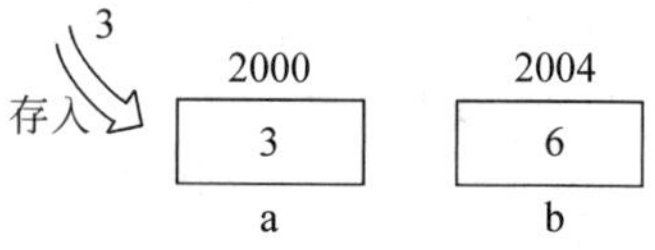

图 7.1

还可以采用另一种称为"间接访问"的方式,将变量 a 的地址存放在另一个变量 b 中。然后通过变量 b 先找到变量 a 的地址,从而访问变量 a。打个比方,为了开一个 a 抽屉,有两种方法,一种方法是将 a 钥匙带在身上,需要时直接找出 a 钥匙并打开 a 抽屉,取出所需的东西;另一种方法是为了安全起见,将 a 钥匙放到另一个抽屉 b 中锁起来。如果需要打开 a 抽屉,就先找出 b 钥匙并打开 b 抽屉,取出 a 钥匙,再打开

a 抽屉,取出 a 抽屉中之物,这就是"间接访问"。

C 语言允许定义这样一种特殊的变量,它是专门用来存放地址的。假设我们定义了一个用来存放地址的变量 a_pointer,可以通过下面的语句将 a 地址(2000)存放到 a_pointer 中。

```
a_pointer=&a;                    //&a 是变量 a 的地址
```

这时,变量 pointer 中存放了变量 a 的地址 2000。如果要存取变量 a 的值,可以采用间接方式:先找到存放 a 的地址的变量 a_pointer,从中取出 a 的地址(2000),然后到起始地址为 2000 的内存单元中取出 a 的值(3),如图 7.2 所示。

为了表示将数值 3 送到变量 a 中,可以有两种表示方法。

(1) 直接将 3 送到变量 a 所代表的存储单元中,如图 7.3(a)所示。

(2) 将 3 送到变量 a_pointer 所指向的存储单元(即 a 所代表的存储单元)中,如图 7.3(b)所示。

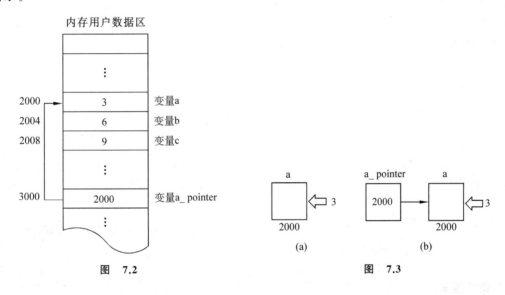

图　7.2　　　　　　　　　　　　　　　图　7.3

所谓指向,就是通过地址来体现的。假设 a_pointer 中的值是变量 a 的地址(2000),这样就在 a_pointer 和变量 a 之间建立起一种联系,即通过 a_pointer 能知道 a 的地址,从而找到变量 a 的存储单元,图 7.3(b)中以箭头表示这种"指向"关系。

一个变量的地址称为该变量的"指针"。例如,地址 2000 是变量 a 的指针。专门用来存放变量的地址(即指针)的变量称为"指针变量",指针变量就是地址变量(存放地址的变量),指针变量的值(即指针变量中存放的值)是地址(即指针)。

如果一个指针变量中存放了一个整型变量的地址,则称这个变量是指向整型变量的指针变量。上述的 a_pointer 就是一个指向整型变量的指针变量。

注意:要区分"指针"和"指针变量"这两个概念。例如,可以说变量"a 的指针"是 2000,而不能说"a 的指针变量"是 2000。指针是一个地址,而指针变量是存放地址的变量。

7.2 指针变量

7.1 节已说明专门用来**存放数据地址**的变量称为**指针变量**。

7.2.1 使用指针变量访问变量

【例 7.1】

任务要求：

通过两个指针变量分别访问两个整型变量，并输出这两个整型变量的值。

解题思路：

先定义两个指针变量 pointer_1 和 pointer_2，然后分别把这两个整型变量的地址赋给 pointer_1 和 pointer_2。通过 pointer_1 和 pointer_2 得到其中的 a 和 b 的地址，再输出 a 和 b 的值。

编写程序：

```
#include <stdio.h>
int main()
{
  int a,b;                           //定义两个 int 型变量
  int * pointer_1, * pointer_2;      //定义两个指针变量,它们指向 int 型变量
  a=100; b=10;                       //给 a 和 b 赋值
  pointer_1=&a;                      //把变量 a 的地址赋给指针变量 pointer_1
  pointer_2=&b;                      //把变量 b 的地址赋给指针变量 pointer_2
  printf("a=%d,b=%d\n",a,b);         //输出整型变量 a:b 的值
  printf(" * pointer_1=%d, * pointer_2=%d\n", * pointer_1, * pointer_2);
                                     //输出指针变量所指向的整型变量的值
  return 0;
}
```

运行结果：

```
a=100,b=10
 * pointer_1=100, * pointer_2=10
```

程序分析：

（1）在程序第 5 行定义两个指针变量 pointer_1 和 pointer_2。其中，pointer_1 和 pointer_2 前面的 * 表示所定义的变量是指针变量，而不是普通变量。该行最前面的 int 表示所定义的指针变量是指向整型变量的，经此定义后，这两个指针变量就可以指向任何整型变量（或数组元素），但不能指向其他类型的数据（如 float、double、char 型的数据）。

注意：虽然已定义了指针变量 pointer_1 和 pointer_2，但它们并未被赋予初值，即它们并未指向任何一个变量。只是提供两个指针变量，规定它们可以指向整型变量，至于指向哪一个整型变量，由程序的语句指定。

第 7、第 8 行把 a 的地址赋给 pointer_1，把 b 的地址赋给 pointer_2，此时 pointer_1 的值为 &a（即 a 的地址），pointer_2 的值为 &b（即 b 的地址）。这就使 pointer_1 指向 a， pointer_2 指向 b,如图 7.4 所示。

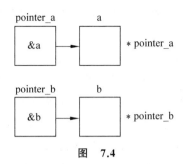

图 7.4

（2）第 1 个 printf 语句直接输出 a 和 b 的值,第 2 个 printf 语句输出 * pointer_1 和 * pointer_2 的值,其中,"*"表示"指向的对象"。由于 pointer_1 指向变量 a, * pointer_1 代表 a；pointer_2 指向变量 b, * pointer_2 代表 b。因此,该语句的作用就是输出变量 a 和 b 的值。如图 7.4 所示,这两个 printf() 函数的作用是相同的。

（3）程序中有两处出现 * pointer_1 和 * pointer_2,含义是不同的。程序第 5 行的 * pointer_1 和 * pointer_2 表示定义两个指针变量 pointer_1 和 pointer_2,它们前面的"*"表示该变量是指针变量。程序第 10 行 printf() 函数中的 * pointer_1 和 * pointer_2 则代表 pointer_1 和 pointer_2 所指向的变量。

注意：不同场合下的"*"的含义不同:在定义变量时"*"用来表示该变量为指针类型,而在语句中"*"代表指向,如 * p 表示指针变量 p 指向的对象。

7.2.2 怎样定义指针变量

在例 7.1 中已看到了怎样定义指针变量,定义指针变量的一般形式为

基类型 * 指针变量名;

例如：

```
int * pointer_1, * pointer_2;
```

左端的 int 是在定义指针变量时必须指定的"基类型"。指针变量的基类型用来指定此指针变量可以指向的变量的类型。例如,上面定义的基类型为 int 的指针变量 pointer_1 和 pointer_2,可以用来指向整型的变量 i 和 j,但不能指向浮点型变量 a 和 b。

下面都是合法的定义。

```
float * pointer_3;          (pointer_3 是指向 float 型变量的指针变量)
char * pointer_4;           (pointer_4 是指向字符型变量的指针变量)
```

可以在定义指针变量时,同时对它初始化,例如：

```
int * pointer_1=&a, * pointer_2=&b;   //定义指针变量 pointer_1 和 pointer_2,并分别指
                                      //向 a 和 b
```

在定义指针变量时要注意：

（1）指针变量名前面的"*"是一个类型符,表示该变量的类型为指针型变量。注意,指

161

针变量名是 pointer_1 和 pointer_2,而不是 * pointer_1 和 * pointer_2。

变量 pointer_1 和 pointer_2 的类型以"int * "表示,即它们是指向 int 型数据的指针变量。

（2）上面程序第 6、7 行不应写成:" * pointer_1＝&a;"和" * pointer_2＝&b;"。因为 a 的地址是赋给指针变量 pointer_1,而不是赋给 * pointer_1(即变量 a)。

（3）在定义指针变量时必须指定基类型。有的读者认为既然指针变量是存放地址的,那么只需要指定其为"指针型变量"即可,为什么还要指定基类型呢？要知道不同类型的数据在内存中所占的字节数是不同的。例如,在 VC++中,整型数据占 4 个字节,双精度型数据占 8 个字节。在本章后面部分将要介绍指针的移动和指针的运算(加、减),例如"使指针移动 1 个位置"或"使指针值加 1",这个 1 代表什么呢？如果指针是指向一个整型变量的,那么"使指针移动 1 个位置"意味着移动 4 个字节,"使指针加 1"意味着使地址值加 4 个字节。如果指针指向的是一个双精度型变量,则增加的不是 4 个字节而是 8 个字节。因此,必须指定指针变量所指向的变量的类型,即基类型。

一个指针变量只能指向定义时指定的基类型的变量,在前面定义的指针变量 pointer_1 和 pointer_2 在本函数中只能指向整型数据。不能先用该指针变量指向一个整型变量,后来又指向一个实型变量。但是可以先指向一个整型变量 a,后面再指向另一个整型变量 b。

（4）赋给指针变量的是变量的地址,不能是任意类型的数据,只能是基类型的变量的地址。例如,整型变量的地址可以赋给指向整型变量的指针变量,但实型变量的地址不能赋给指向整型变量的指针变量。分析下面的赋值。

```
float a;              //定义 a 为 float 型变量
int * pointer_1;      //定义 pointer_1 是基类型为 int 型的指针变量
pointer_1=&a;         //将 float 型变量的地址赋给基类型为 int 的指针变量,错误
```

（5）指针变量中只能存放地址(指针),不要将一个整数赋给一个指针变量。例如:

```
* pointer_1= 100;     // pointer_1 是指针变量,100 是整数,不合法
```

这样写的原意可能是想将地址 100 赋给指针变量 pointer_1,但是系统无法辨别它是地址,从形式上看 100 是整数常数,而常数不能赋给指针变量,判为非法。

7.2.3 怎样引用指针变量

在引用指针变量时,可能有三种情况。

（1）给指针变量赋值。例如:

```
p=&a;                 //把 a 的地址赋给指针变量 p
```

这时,指针变量 p 的值就是变量 a 的地址,p 指向 a。

（2）引用指针变量指向的变量。

如果已执行"p＝&a;",即指针变量 p 指向了整型变量 a,则 * p 代表 p 所指向的变量的值,即变量 a 的值。

```
printf ("%d", * p);
```

其作用是以整数形式输出指针变量 p 所指向的变量的值,即变量 a 的值。

如果有以下赋值语句:

```
＊p=1;
```

表示将整数 1 赋给 p 当前所指向的变量。如果 p 指向变量 a,则相当于把 1 赋给 a,即
"a＝1;"。

(3) 引用指针变量的值。例如:

```
printf("%d",p);
```

其作用是以十进制数形式输出指针变量 p 的值。如果 p 已经指向了 a,就是输出了 a 的地
址,即 &a。

提示:要熟练掌握以下两个有关运算符的使用。

① &:取地址运算符。&a 是变量 a 的地址。

② ＊:指针运算符(或称"间接访问"运算符)。＊p 是指针变量 p 指向的对象的值。

【例 7.2】

任务要求:

输入 a 和 b 两个整数,要求按先大后小的顺序输出 a 和 b,且用指针方法处理。

解题思路:

用指针变量分别指向变量 a 和 b,如果 a＜b,不交换 a 和 b 的值,而是交换两个指针变
量的值。

编写程序:

```
#include <stdio.h>
int main()
{
    int ＊p1,＊p2,＊p,a,b;              //定义指针变量 p1、p2、p 和整型变量 a、b
    scanf("%d,%d",&a,&b);              //输入两个整数赋给变量 a 和 b
    p1=&a; p2=&b;                      //使 p1 指向 a,p2 指向 b
    if(a<b)                            //如果 a<b
        {p=p1;p1=p2;p2=p;}            //使 p1 和 p2 的指向互换
    printf("a=%d,b=%d\n",a,b);         //输出 a 和 b
    printf("max=%d,min=%d\n",＊p1,＊p2); //输出 p1 指向的大数和 p2 指向的小数
    return 0;
}
```

运行结果:

5,9↙　　　　　　　　　(输入两个整数 5 和 9)
a=5,b=9
max=9,min=5

程序分析:

当输入 a＝5 和 b＝9 时,由于 a＜b,将 p1 和 p2 交换。交换前的情况如图 7.5(a)所示,
交换后的情况如图 7.5(b)所示。

p1 的值原为 &a,后来变成 &b;p2 的值原为 &a,后来变成 &a。这样在输出 ＊p1 和

163

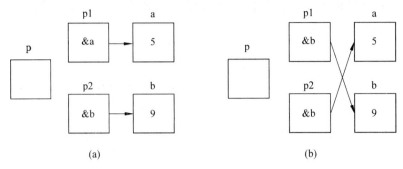

图　7.5

* p2 时,实际上是输出变量 b 和 a 的值,所以先输出 9,然后输出 5。

这个问题的算法是不交换整型变量的值,而是交换两个指针变量的值(即 a 和 b 的地址)。

7.2.4　指针变量作为函数参数

函数的参数不仅可以是整型、浮点型、字符型等数据,还可以是指针类型。它的作用是将一个变量的地址传送到另一个函数中。

【例 7.3】

任务要求:

同例 7.2,即对输入的两个整数按大小顺序输出。要求用函数处理,用指针变量作函数参数。

解题思路:

例 7.2 直接在主函数内交换指针变量的值,本题是将指向两个变量的指针变量(内放两个变量的地址)作为实参,传递给形参的指针变量。在形参中通过指针交换两个变量的值,使较大的值放在 a 中,小的值放在 b 中。

编写程序:

```c
#include <stdio.h>
int main()
{
  void swap(int * p1,int * p2);              //对 swap()函数的声明
  int a,b;
  int * pointer_1, * pointer_2;              //定义指向 int 变量的指针变量
  scanf("%d,%d",&a,&b);                       //输入两个整数
  pointer_1=&a;                              //使 pointer_1 指向 a
  pointer_2=&b;                              //使 pointer_2 指向 b
  if(a<b) swap(pointer_1,pointer_2);         //如果 a<b,调用 swap()函数
  printf("max=%d,min=%d\n",a,b);             //输出结果
  return 0;
}

void swap(int * p1,int * p2)                 //定义 swap()函数
{
```

```
    int temp;
    temp= * p1;                              //使 * p1 和 * p2 互换
    * p1= * p2;
    * p2=temp;
}
```

运行结果:

<u>5,9</u>↙   (输入两个整数 5 和 9)
a=5,b=9
max=9,min=5

程序分析:

(1) swap 是用户自定义函数,它的作用是交换两个变量(a 和 b)的值。swap()函数的两个形参 p1 和 p2 是指针变量。程序运行时,先执行 main()函数,输入 a 和 b 的值(现输入 5 和 9)。然后将 a 和 b 的地址分别赋给指针变量 pointer_1 和 pointer_2,使 pointer_1 指向 a,pointer_2 指向 b,如图 7.6(a)所示。接着执行 if 语句,由于 a<b,因此执行 swap()函数。

(2) 实参 pointer_1 和 pointer_2 是指针变量,在函数调用时,将实参变量的值传送给形参变量,采取的依然是"值传递"方式。因此,虚实结合后形参 p1 的值为 &a,p2 的值为 &b,如图 7.6(b)所示。这时 p1 和 pointer_1 都指向变量 a,p2 和 pointer_2 都指向 b。

(3) 执行 swap()函数的函数体,使 * p1 和 * p2 的值互换,也就是使 a 和 b 的值互换。互换后的情况如图 7.6(c)所示。

(4) 函数调用结束后,形参 p1 和 p2 不复存在(已释放),情况如图 7.6(d)所示。最后在 main()函数中输出的 a 和 b 的值已是经过交换的值(a=9,b=5)。

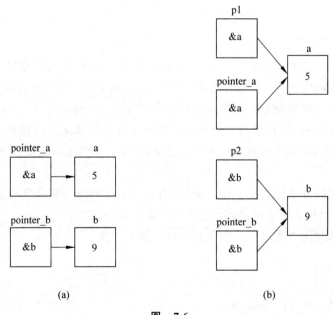

(a)　　　　　　　　　　　(b)

图　7.6

165

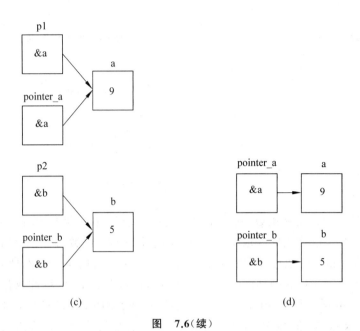

图　7.6（续）

（5）请注意交换＊p1 和＊p2 的值是如何实现的。如果写成下面的程序就有问题了。

```
void swap (int * p1, int * p2)
{
    int * temp;
    * temp= * p1;                        //此语句有问题
    p1= * p2;
    p2= * temp;
}
```

其中，＊p1 是 a，是整型变量，＊temp 是指针变量 temp 所指向的变量。由于未给 temp 赋值，temp 中并无确定的值（它的值是不可预见的），则 temp 所指向的单元也是不可预见的。所以，对＊temp 赋值就是向一个未知的存储单元赋值，而这个未知的存储单元中可能存储着一个有用的数据，这样就有可能破坏系统的正常工作状况。应该将＊p1 的值赋给与＊p1 相同类型的变量，所以在例 7.3 中用整型变量 temp 作为临时变量实现＊p1 和＊p2 的交换。

（6）本例采取的方法是交换 a 和 b 的值，而 p1 和 p2 的值不变。这和例 7.2 恰好相反。可以看到，在执行 swap()函数后，变量 a 和 b 的值改变了。

（7）请读者思考能否通过下面的函数实现 a 和 b 互换。

```
void swap(int x, int y)
{
    int temp;
    temp=x;
    x=y;
    y=temp;
}
```

如果在 main()函数中调用 swap()函数：

swap(a,b);

会有什么结果呢？如图 7.7 所示。在函数调用时，a 的值传送给 x，b 的值传送给 y，如图 7.7(a)所示。执行完 swap()函数后，x 和 y 的值是互换了，但并未影响到 a 和 b 的值。在函数结束时，变量 x 和 y 释放了，main()函数中的 a 和 b 并未互换，如图 7.7(b)所示。也就是说，由于"单向传送"的"值传递"方式，形参值的改变不能使实参的值随之改变。

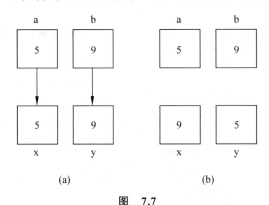

图　7.7

为了使在函数中改变了的变量值能被主调函数 main()所用，不能按照上述那样，把想要改变值的变量作为参数，而应该用指针变量作为函数参数。在函数执行过程中使指针变量所指向的变量值发生变化，函数调用结束后，这些变量值的变化依然保留了下来，这样就实现了"通过调用函数使变量的值发生变化，在主调函数中可以使用这些改变了的值"的目的。

如果想通过函数调用得到 n 个要改变的值，可以这样做：

① 在主调函数中设 n 个变量，用 n 个指针变量指向它们。

② 设计一个函数，有 n 个指针形参。在这个函数中改变这 n 个形参的值。

③ 在主调函数中调用这个函数，在调用时将这 n 个指针变量作实参，将它们的地址传给该函数的形参。

④ 在执行该函数的过程中，通过形参指针变量改变它们所指向的 n 个变量的值。

⑤ 主调函数中就可以使用这些改变了值的变量。

请读者按此思路仔细理解例 7.3 的程序。

注意：不能企图通过改变指针形参的值而使指针实参的值改变。

【例 7.4】

任务要求：

能否通过改变指针形参的值来改变指针实参的值。请编写程序验证。

编写程序：

```
#include <stdio.h>
int main()
{
    void swap(int * p1,int * p2);
```

```
    int a,b;
    int * pointer_1, * pointer_2;
    scanf("%d,%d",&a,&b);
    pointer_1=&a;
    pointer_2=&b;
    if(a<b) swap(pointer_1,pointer_2);          //调用 swap()函数时,用指针变量作实参
    printf("max=%d,min=%d\n",a,b);
    return 0;
}

void swap(int * p1,int * p2)                     //形参是指针变量
{
    int * p;
    p=p1;                                         //交换 p1 和 p2 的指向
    p1=p2;
    p2=p;
}
```

运行结果：

```
max=5, min=9
```

程序分析：

结果明显不对。程序编写者的意图是交换 pointer_1 和 pointer_2 的值,使 pointer_1 指向值大的变量。其设想如下。

(1) 先使 pointer_1 指向 a,pointer_2 指向 b,如图 7.8(a)所示。

(2) 调用 swap()函数,将 pointer_1 的值传给 p1,pointer_2 传给 p2,如图 7.8(b)所示。

(3) 在 swap()函数中使 p1 与 p2 的值交换,如图 7.8(c)所示。

(4) 形参 p1、p2 将地址传回实参 pointer_1 和 pointer_2,使 pointer_1 指向 b,pointer_2 指向 a,如图 7.8(d)所示。然后输出 * pointer_1 和 * pointer_2,得到输出结果是"max=9, min=5"。

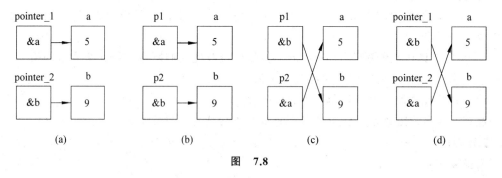

图 7.8

但是,这是办不到的,在输入"5,9"之后的程序输出为"max=5,min=9"。问题出在第(4)步。C语言中实参变量和形参变量之间的数据传递是单向的"值传递"方式。用指针变量作函数参数时同样要遵循这一规则。不可能通过执行调用函数来改变实参指针变量的值,但是可以改变实参指针变量所指变量的值。

注意：函数的调用可以(而且只可以)得到一个返回值(即函数值),而使用指针变量作参

数可以得到多个变化了的值。如果不用指针变量是难以做到这一点的,要善于利用指针法。

【例 7.5】

任务要求:

输入 3 个整数 a、b、c,要求按大小顺序将它们输出。用函数改变这 3 个变量的值并实现排序。

解题思路:

采用例 7.3 的方法在函数中交换两个变量的值。

编写程序:

```
#include <stdio.h>
int main()
{
  void exchange(int * q1, int * q2, int * q3);   //函数声明
  int a,b,c, * p1, * p2, * p3;
  printf("Please enter three numbers:");
  scanf("%d,%d,%d",&a,&b,&c);
  p1=&a;p2=&b;p3=&c;
  exchange(p1,p2,p3);                            //指针变量作实参,调用 exchange()函数
  printf("%d,%d,%d\n",a,b,c);
  return 0;
}

void exchange(int * q1, int * q2, int * q3)      //定义将 3 个变量的值排序的函数
{
  void swap(int * pt1, int * pt2);               //函数声明
  if(* q1< * q2) swap(q1,q2);                    //如果 a<b,交换 a 和 b 的值
  if(* q1< * q3) swap(q1,q3);                    //如果 a<c,交换 a 和 c 的值
  if(* q2< * q3) swap(q2,q3);                    //如果 b<c,交换 b 和 c 的值
}

void swap(int * pt1, int * pt2)                  //定义交换两个变量的值的函数
{
  int temp;
  temp= * pt1;                                   //交换 * pt1 和 * pt2 变量的值
  * pt1= * pt2;
  * pt2=temp;
}
```

运行结果:

```
Please enter three numbers:9,0,10↙
10,9,0
```

程序分析:

exchange()函数的作用是对 3 个数按大小排序。在执行 exchange()函数的过程中,要嵌套调用 swap()函数,swap()函数的作用是对两个数按大小排序,通过调用 swap()函数(最多调用 3 次)实现 3 个数的排序。

请读者自己画出类似如图 7.8 所示的图，仔细分析变量的值的变化过程。

思考：main()函数中的 3 个指针变量的值（也就是它们的指向）改变了吗？

7.3 通过指针引用数组

7.3.1 数组元素的指针

一个变量有地址，一个数组包含若干元素，每个数组元素都在内存中占用存储单元，它们都有相应的地址。指针变量既然可以指向变量，当然也可以指向数组元素（把某一数组元素的地址放到一个指针变量中）。一个数组元素的指针就是该数组元素的地址。

可以用一个指针变量指向一个数组元素。例如：

```
int a[10];          (定义 a 为包含 10 个整型数据的数组)
int * p;            (定义 p 为指向整型变量的指针变量)
p=&a[0];            (把 a[0]元素的地址赋给指针变量 p)
```

也就是使 p 指向 a 数组的第 0 号元素，如图 7.9 所示。

引用数组元素可以用下标法（如 a[3]），也可以用指针法，即通过指向数组元素的指针变量找到所需的元素。使用指针法能使目标程序质量高（占内存少，运行速度快）。

在 C 语言中，数组名（不包括形参数组名，形参数组并不占实际的存储单元）代表数组中首元素（即序号为 0 的元素）的地址。因此，下面两个语句等价。

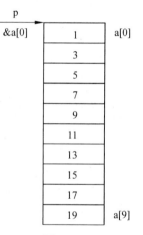

图 7.9

```
p=&a[0];   //a 是数组名，把数组首元素的地址赋给指针变量 p
p=a;       //把数组名赋给指针变量 p
```

注意：数组名 a 不代表整个数组中的全部数据，上述"p=a;"的作用是"把 a 数组的首元素的地址赋给指针变量 p"，而不是"把数组 a 各元素的值赋给 p"。

在定义指针变量时可以对它赋予初值，例如：

```
int * p=&a[0];
```

它等效于下面两行。

```
int * p;
p=&a[0];   //注意，不是" * p=&a[0];"
```

当然定义时也可以写成"int * p＝a;"，它的作用是将 a 数组首元素（即 a[0]）的地址赋给指针变量 p（而不是赋给 * p）。

7.3.2 通过指针引用数组元素

根据以上叙述，引用一个数组元素，可以用下面两种方法。

（1）下标法：用数组名加下标，如 a[5]。

（2）指针法：即地址法。由于数组名代表数组首元素的地址,因此 a+3 是 a 数组序号为 3 的数组元素的地址,*(a+3)是序号为 3 的数组元素的值,*(a+i)是序号为 i 的元素的值,即 a[3]。也可以用一个指针变量 p 指向数组首元素,然后用 *(p+i)表示 a 数组中序号为 i 的元素,即 a[i]。详见例 7.6。

【例 7.6】

任务要求：

有一个数组存放 10 个学生的年龄,用不同的方法输出数组中的全部元素。

解题思路：

定义整型数组 a[10],用以下几种不同的方法实现输出全部学生的年龄。

（1）用数组名加下标找到所需要的数组元素。

（2）通过数组名计算出数组元素地址,从而找到所需要的数组元素。

（3）通过指针变量计算数组元素地址,找到所需要的数组元素。

（4）用指针变量先后指向各数组元素。

编写程序：

```
#include <stdio.h>
int main()
{
    int a[10]={19,17,20,18,16,22,24,15,23,25};        //定义整型数组 a 并对其赋初值
    int i, * p=a;                    //指针变量 p 指向数组首元素
    for(i=0;i<10;i++)
        printf("%d ",a[i]);          //用数组名加下标访问数组元素
    printf("%\n");

    for(i=0;i<10;i++)
        printf("%d ", * (a+i));      //通过数组名计算数组元素地址,访问数组元素
    printf("%\n");

    for(i=0;i<10;i++)
        printf("%d ", * (p+i));      //通过指针变量计算数组元素地址,访问数组元素
    printf("%\n");

    for(p;p< (a+10);p++)
        printf("%d ", * p);          //用指针变量先后指向各数组元素
    printf("%\n");
    return 0;
}
```

运行结果：

```
19 17 20 18 16 22 24 15 23 25
19 17 20 18 16 22 24 15 23 25
19 17 20 18 16 22 24 15 23 25
19 17 20 18 16 22 24 15 23 25
```

读者仔细阅读程序,能否大体上了解四种方法的思路。

7.3.3　指针的运算

数值型数据是可以进行算术运算的（如加、减、乘、除），指针型数据能否进行算术运算呢？答案是：在一定条件下允许对指针进行加和减的运算。那么，在什么条件下需要而且可以对指针进行加和减的运算呢？答案是：当指针指向数组元素的时候。比如，指针变量 p 指向数组元素 a[0]，那么 p+1 表示指向下一个元素 a[1]。

在指针指向数组元素时，可以对指针进行以下的运算。

- 加一个整数，如 p+1。
- 减一个整数，如 p−1。
- 自加运算，如 p++、++p。
- 自减 1 运算，如 p−−、−−p。
- 两个指针相减，如 p1−p2（只有 p1 和 p2 都指向同一数组中的元素时才有意义）。

提示：

（1）如果指针变量 p 已指向数组中的一个元素，则 p+1 指向同一数组中的下一个元素。注意，执行 p+1 时并不是将 p 的值（地址）简单地加 1，而是加一个"数组元素所占用的字节数"。如果数组元素是 float 型，每个元素占 4 个字节，则 p+1 意味着使 p 的值（是地址）加 4 个字节，以使它指向下一元素。p+1 所代表的地址实际上是 p+1×d，d 是一个数组元素所占的字节数，若 p 的值是 2000，则 p+1 的值不是 2001，而是 2004。

（2）如果指针变量 p 的初值为 &a[0]，则 p+i 和 a+i 都是数组元素 a[i] 的地址，或者说，它们指向 a 数组的第 i 个元素。这里需要注意的是，a 代表数组首元素的地址，a+i 也是地址，计算方法同 p+i，即它的实际地址为 a+i×d。例如，p+9 和 a+9 都指向 a[9]，或者说它们的值都是 &a[9]，如图 7.10 所示。

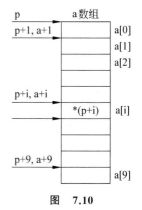

图　7.10

（3）*(p+i) 或 *(a+i) 是 p+i 或 a+i 所指向的数组元素，即 a[i]。例如 *(p+5) 或 *(a=5) 就是 a[5]。也就是说，*(p+5)、(a+5) 和 a[5] 三者等价。实际上，在编译时，对数组元素 a[i] 就是按 *(a+i) 处理的，即按数组首元素的地址加上相对位移量得到要找的元素的地址，然后找出该单元中的内容。若数组 a 的首元素的地址为 1000，设数组为 float 型，则 a[3] 的地址是这样计算的：1000+3×4=1012。然后从 1012 地址所指向的 float 型单元取出元素的值，即 a[3] 的值。可以看出，方括号（[]）实际上是一个变址运算符，即把 a[i] 变为按 a+i 计算地址，然后找出此存储单元中的值。

（4）如果 p 原来指向 a[0]，执行++p 后 p 的值改变了，在 p 的原值基础上加 d，这样 p 就指向数组的下一个元素 a[1]。

（5）如果指针变量 p1 和 p2 都指向同一数组，若执行 p2−p1，结果是两个地址之差除以数组元素的长度。假设 p2 指向实型数组元素 a[5]，p2 的值为 2020，p1 指向实型数组元素 a[3]，其值为 2012，则 p2−p1 的结果是（2020−2012）/4=2。这个结果是有意义的，表示 p2 所指的元素与 p1 所指的元素之间差 2 个元素。这样，人们就不需要具体地知道 p1 和 p2 的值，然后去计算它们的相对位置，而是直接用 p2−p1 就可知道它们所指元素的相对距离。

（6）两个地址不能相加，如 p1+p2 是无实际意义的。

了解了以上的规则,再去分析例7.6,就很容易理解了。

在使用指针变量指向数组元素时,有以下几个问题要注意。

(1) 可以通过改变指针变量的值来指向不同的元素。例如,例7.6中第(4)种方法是用指针变量 p 来指向元素,用 p++使 p 的值不断改变从而指向不同的元素。

如果不用 p 变化的方法而用数组名 a 变化的方法(如用 a++)行不行?

```
for(p=a; a<(p+10); a++)
    printf("%d ", * a);
```

这是不行的。因为数组名 a 代表数组首元素的地址,它是一个指针常量,它的值在程序运行期间是固定不变的。既然 a 是常量,所以 a++是无法实现的。

(2) 要注意指针变量的当前值,即指针变量当前指向哪一个元素,尤其要注意其起始值。请看下面的例子。

【例 7.7】

任务要求:

通过指针变量读入数组的 10 个元素,然后输出这 10 个元素。

编写程序:

```
#include <stdio.h>
int main()
{
  int * p,i,a[10];
  p=a;                          //指针变量指向数组首元素
  for(i=0;i<10;i++)
    scanf("%d",p++);
  for(i=0;i<10;i++,p++)
    printf("%d ", * p);
  printf("\n");
  return 0;
}
```

运行结果:

1 2 3 4 5 6 7 8 9 0↙
1245052　1245120 4199161　1　4194624　4394432　34603777　34603535　2147348480

提示: 在不同系统下,每次的运行结果可能与上面显示的有所不同。

程序分析:

显然输出的数值并不是数组 a 中各元素的值。许多人找不出这个程序有什么问题。

问题出在:指针变量 p 的初始值为数组 a 首元素(即 a[0])的地址(见图7.11中①),但经过第 1 个 for 循环读入数据后,p 已指向数组 a 的末尾(见图7.11中②)。因此,在执行第 2 个 for 循环时,p 的起始值不是 &a[0],而是 a+10。由于执行第 2 个 for 循环时,每次要执行 p++,因此 p 指向的是数组 a 下面的 10 个元素,而这些存储单元中的值是不可预料的。

解决这个问题的办法是,只要在第 2 个 for 循环之前加一个赋值语句"p=a;",使 p 的初始值回到 &a[0],这样结果就对了,具体程序如下。

```
#include <stdio.h>
ind main()
{
    int * p,i,a[10];
    p=a;
    for(i=0;i<10;i++)
        scanf("%d",p++);
    p=a;
    for(i=0;i<10;i++,p++)
        printf("%d ",* p);
    printf("\n");
    return 0;
}
```

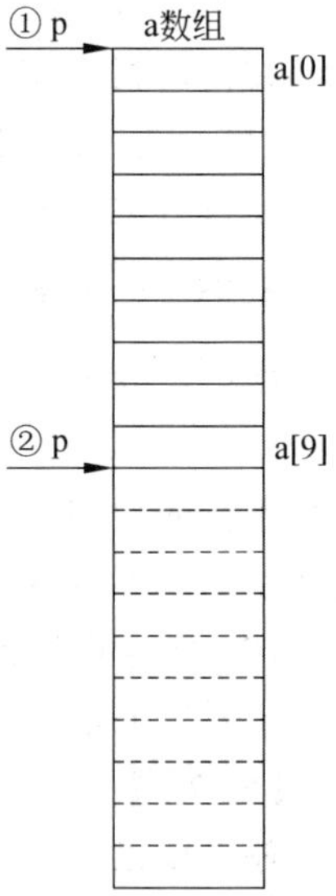

//注意这个语句的作用

得到如下的运行结果。

1234567890↙
1234567890

图   7.11

（3）从例 7.7 可以看到，虽然定义数组时指定它包含 10 个元素，并用指针变量 p 指向某一数组元素，但是实际上指针变量 p 可以指向数组最后一个元素以后的内存单元。如果在程序中引用数组元素 a[10]，虽然并不存在这个元素（最后一个元素是 a[9]），但 C 语言编译程序并不认为此为非法。系统把它按 *（a＋10）处理，即先找出（a＋10）的值（是一个地址），然后找出它指向的单元的内容。这样做虽然是合法的（在编译时不出错），但应避免出现这样的情况，这会使程序得不到预期的结果。这种错误比较隐蔽，初学者往往难以发现。在使用指针变量指向数组元素时，应切实保证指向数组中有效的元素。

（4）指向数组的指针变量也可以带下标，如 p[i]。有些读者可能想不通，因为只有数组才能带下标，以表示数组某一元素。带下标的指针变量有什么含义呢？上面已说明，在程序编译时，对下标的处理方法是转换为地址的，把 p[i] 处理成 *（p＋i），如果 p 当前指向整型数组元素 a[0]，则 p[i] 代表 a[i]。但是必须首先弄清楚 p 的当前值是什么，如果当前 p 指向 a[3]，则 p[2] 并不代表 a[2]，而是 a[3＋2]，即 a[5]。建议少用这种容易出错的用法。

（5）利用指针引用数组元素比较方便灵活，有不少技巧。在专业人员中常喜欢用一些技巧，以使程序简洁。但对初学者来说，首先应当注意程序的正确性和易读性，尽量少用容易使人混淆的用法。待以后基本掌握 C 语言程序设计后，再逐步提高技巧。

7.3.4 用数组名作函数参数

在第 6 章中介绍过可以用数组名作函数的参数，当用数组名作参数时，如果形参数组中各元素的值发生了变化，则实参数组中各元素的值也随之变化。这是为什么呢？在学习了指针以后，对此问题就比较容易理解了。

实参数组名代表该数组首元素的地址，而形参是用来接收从实参传递过来的数组首元素地址的。因此，形参应该是一个指针变量（只有指针变量才能存放地址）。实际上，C 语言编译程序时都是将形参数组名作为指针变量来处理的。例如，定义了一个 f() 函数，形参写成了数组的形式。

```
void f (int arr[], int n)            //形参为数组形式
```

174

{...}

主函数为

```
int main()
{
  void f(int arr[], int n);        //对 f()函数的声明
  int array[10];                   //定义 array 为整型数组
    ⋮
  f(array,10);                     //调用 f()函数,实参为数组名 array
  return 0;
}
```

但在程序编译时是将形参 arr 按指针变量处理,相当于将 f()函数的首部写成:

```
void f (int * arr, int n)
```

以上两种写法是等价的。在该函数被调用时,系统会在 f()函数中建立一个指针变量 arr,用来存放从主调函数传递过来的实参数组首元素的地址。如果在 f()函数中用运算符 sizeof 测定 arr 所占的字节数,可以发现 sizeof(arr)的值为 4 (用 VC++时)。这就证明了系统是把 array 作为指针变量来处 理(指针变量在 VC++中占 4 个字节)。当 arr 接收了实参数组 的首元素地址后,arr 就指向实参数组首元素,即指向array[0]。 因此,＊arr 就是 array[0]。arr＋1 指向 array[1],arr＋2 指向 array[2],arr＋3 指向 array[3]。也就是说,＊(arr＋1)、 ＊(arr＋2)、＊(arr＋3)分别是 array[1]、array[2]、array[3]。 根据前面介绍过的知识,＊(arr＋i)和 arr[i]是无条件等价的。 因此,在调用函数期间,arr[0]和＊arr 以及 array[0]都代表数 组 array 序号为 0 的元素,以此类推,arr[3]、＊(arr＋3)、 array[3]都代表 array 数组序号为 3 的元素,如图 7.12 所示。 这个道理与 7.3.2 小节中的叙述是类似的。

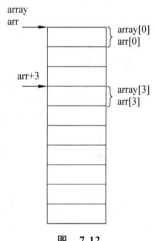

图 7.12

常用这种方法通过调用一个函数来改变实参数组的值。

下面把用变量名作为函数参数和用数组名作为函数参数做一比较,见表 7.1。

表 7.1 以变量名和数组名作为函数参数的比较

实 参 类 型	变 量 名	数 组 名
要求形参的类型	变量名	数组名或指针变量
传递的信息	变量的值	实参数组首元素的地址
通过函数调用能否改变实参的值	不能	能改变实参数组元素的值

需要说明的是,C 语言调用函数时虚实结合的方法都是采用“值传递”方式,当用变量名 作为函数参数时传递的是变量的值,当用数组名作为函数实参时,由于数组名代表的是数组 首元素地址,因此传递的值是地址,所以要求形参为指针变量。

在用数组名作为函数实参时,既然相应的形参是指针变量,为什么还允许使用形参 数组的形式呢? 这是因为在 C 语言中用下标法和指针法都可以访问一个数组(如果有一

个数组 a，则 a[i]和＊(a＋i)是无条件等价的)，用下标法表示比较直观，也便于理解。因此，许多初学者愿意用数组名作形参，以便与实参数组对应。从应用的角度看，用户可以认为有一个形参数组，它从实参数组那里得到起始地址，因此形参数组与实参数组共占同一段内存单元。在调用函数期间，如果改变了形参数组的值，也就是改变了实参数组的值。在主调函数中就可以利用这些已改变的值。对 C 语言比较熟练的专业人员往往喜欢用指针变量作形参。

注意：实参数组名代表一个固定的地址，或者说是指针常量。但形参数组并不是一个固定的地址值，而是指针变量，在函数调用开始后，它的值是实参数组首元素的地址；在函数执行期间，它可以再被赋值。例如：

```
void f (arr[],int n)
{
  printf("%d\n", * arr);          //输出 array[0]的值
  arr=arr+3;                      //改变指针变量 arr 的值
  printf("%d\n", * arr);          //输出 array[3]的值
}
```

但 arr 的值的改变不会传递给主调函数，也不会改变实参的值。

【例 7.8】

任务要求：

将数组 a 中若干个整数按相反的顺序存放，如图 7.13 所示。

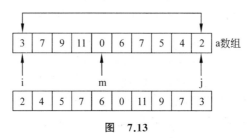

图　7.13

解题思路：

定义整型数组 a，含 10 个元素。定义函数 inv()，用来实现颠倒排列。用数组名 a 作为函数实参。在 inv()函数中将 a[0]与 a[n−1]对换，再将 a[1]与 a[n−2]对换……直到将 a[int(n−1)/2]与 a[n−int(n−1)/2−1]对换。现用循环来处理此问题，设两个"位置指示变量"i 和 j，i 的初值为 0，j 的初值为 n−1。将 a[i]与 a[j]交换，然后使 i 的值加 1，j 的值减 1；再将 a[i]与 a[j]对换，直到 i=(n−1)/2 为止。如果 n 的值为 10，则进行到 i=int(9/2)=4，即把 a[4]与 a[5]交换进行完后结束。

编写程序：

```
#include <stdio.h>
int main()
{
  void inv(int x[ ],int n);
  int i, a[10]={3,7,9,11,0,6,7,5,4,2};
  printf("The original array:\n");
```

```
    for(i=0;i<10;i++)
      printf("%d ",a[i]);
    printf("\n");
    inv(a,10);
    printf("The array has been inverted:\n");
    for(i=0;i<10;i++)
      printf("%d ",a[i]);
    printf("\n");
    return 0;
}

void inv(int x[ ],int n)                //形参 x 是数组名
{
    int temp,i,j,m=(n-1)/2;
    for (i=0;i<=m;i++)
    {
      j=n-1-i;
      temp=x[i]; x[i]=x[j]; x[j]=temp;
    }
    return;
}
```

运行结果：

```
The original array:
3 7 9 11 0 6 7 5 4 2
The array has been inverted:
2 4 5 7 6 0 11 9 7 3
```

程序分析：

在主函数中定义整型数组 a,并赋予初值。函数 inv()的形参为数组形式,名为 x。在定义 inv()函数时不必指定数组元素的个数,因为形参数组名实际上是一个指针变量,并不是真正地开辟一个数组空间(定义实参数组时必须指定数组大小,因为要开辟相应的存储空间)。函数形参 n 用来接收实际上需要处理的元素的个数。如果在 main()函数中有函数调用语句"inv(a,10);",表示要求对 a 数组的 10 个元素实行题目要求的颠倒排列。如果改为"inv(a,5);",则表示要求将 a 数组的前 5 个元素实行颠倒排列,此时,函数 inv()只处理前 5 个数组元素。函数 inv()中的 m 是 i 值的上限,当 i≤m 时,循环继续执行;当 i>m 时,则结束循环过程。例如,若 n=10,则 m=4,最后一次 a[i]与 a[j]的交换是 a[4]与 a[5]的交换。

思考： 对这个程序可否作一些改动。将函数 inv()中的形参 x 改成指针变量"int * x"?答案是可以的。相应的实参仍为数组名 a,即数组 a 首元素的地址,将它传给形参指针变量 x,这时 x 就指向 a[0]。x+m 是 a[m]元素的地址。设 i 和 j 以及 p 都是指针变量,用它们指向有关元素。i 的初值为 x,j 的初值为 x+n-1,如图 7.14 所示。要使 *i 与 *j 交换,就是使 a[i]与 a[j]交换。

主函数基本不改动(只改变对 inv()函数的声明)。inv()函数改为

```
void inv(int * x,int n)                    //形参 x 为指针变量
{
  int * p,temp, * i, * j,m=(n-1)/2;
  i=x; j=x+n-1;
  p=x+m;
  for(;i<=p;i++,j--)
    {temp= * i; * i= * j; * j=temp;}
  return;
}
```

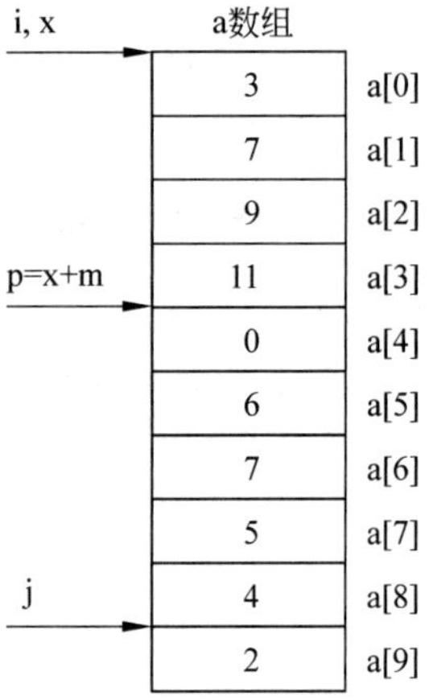

i, x ——→ a数组

3	a[0]
7	a[1]
9	a[2]
p=x+m ——→ 11	a[3]
0	a[4]
6	a[5]
7	a[6]
5	a[7]
j ——→ 4	a[8]
2	a[9]

运行情况与前一程序相同。

提示：归纳起来，如果有一个实参数组，要想在函数中改变此数组中的元素的值，实参与形参的对应关系有以下四种情况。

（1）形参和实参都用数组名。

（2）实参用数组名，形参用指针变量。

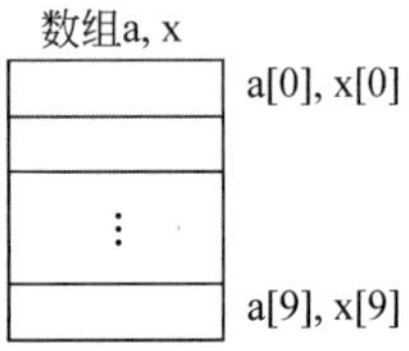

图 7.14

数组a, x

	a[0], x[0]
⋮	
	a[9], x[9]

图 7.15

（3）实参和形参都用指针变量。先使实参指针变量 p 指向数组 a，然后将 p 作实参，将 &a[0] 传给形参指针变量 x。x 的初始值也是 &a[0]，如图 7.15 所示。通过 x 值的改变可以使 x 指向数组 a 的任一元素。

（4）实参为指针变量，形参为数组名。注意，必须先使实参指针变量有确定值，即指向数组一个元素。

请读者将例 7.8 分别改为用以上四种方法实现。

以上四种方法实际上都是地址的传递。其中（3）、（4）两种只是形式上不同，实际上形参都是使用指针变量。

【例 7.9】

任务要求：

编写一个函数，用选择法对 10 个整数按由大到小的顺序排序，用数组名作实参。

解题思路：

用选择法排序，其算法前面已介绍过。现用 sort() 函数来实现排序，在主函数中定义数组 a，用指针变量 p 指向 a[0]，以 p 作为函数实参调用 sort() 函数。

编写程序：

```
#include <stdio.h>
int main()
{
  void sort(int x[ ],int n);
  int * p,i,a[10];
  p=a;                                //指针变量 p 指向 a[0]
  printf("Please enter 10 numbers:");
  for(i=0;i<10;i++)
    scanf("%d",p++);
  p=a;                                //重新使 p 指向 a[0]
  sort(p,10);
```

```
    printf("The sorted numbers:");
    for(p=a,i=0;i<10;i++)
      {printf("%d ",*p); p++;}
    printf("\n");
    return 0;
}


void sort(int x[],int n)
{
    int i, j, k, t;
    for(i=0;i<n-1;i++)
    {
      k=i;
      for(j=i+1;j<n;j++)
        if (x[j]>x[k]) k=j;
      if (k!=i)
        {t=x[i];x[i]=x[k];x[k]=t;}
    }
}
```

运行结果：

Please enter 10 numbers: <u>34 21 −54 94 −33 67 37 124 99 45</u>↙
The sorted numbers: 124 99 94 67 45 37 34 21 −33 −54

程序分析：

为了便于理解，函数 sort() 中用数组名作为形参，用下标法引用形参数组元素，这样的程序很容易看懂。当然也可以改用指针变量，这时 sort() 函数的首部可以改为

sort(int *x,int n)

其他不改，程序运行结果不变。可以看到，即使在函数 sort() 中将 x 定义为指针变量，在函数中仍可用 x[i] 和 x[k] 这样的形式表示数组元素，它就是 x+i 和 x＋k 所指的数组元素。

上面的 sort() 函数等价于：

```
void sort(int *x,int n)
{
    int i,j,k,t;
    for (i=0;i<n-1;i++)
    {
      k=i;
      for(j=i+1; j<n; j++)
        if (*(x+j) > *(x+k) ) k=j;
          if (k!=i)
            {t=*(x+i); *(x+i) = *(x+k); *(x+k)=t;}
    }
}
```

指针变量可以指向一维数组中的元素,也可以指向多维数组中的元素。但在概念上和使用方法上,多维数组的指针比一维数组的指针要复杂一些。本书不介绍指向多维数组的指针的应用,有兴趣的读者可参考《C 程序设计(第五版)》。

7.4 通过指针引用字符串

7.4.1 字符串的表示形式

在 C 语言程序中,可以用两种方法访问一个字符串。

(1)用字符数组存放一个字符串,然后用字符数组名和下标访问字符数组中的元素,也可以通过数组名和%s 格式符从字符数组中输出一个字符串。此前已作过介绍了。

(2)用字符指针指向一个字符串。可以不定义字符数组,而定义一个字符指针。用字符指针指向字符串中的字符。

【例 7.10】

任务要求:

定义一个字符指针变量,使它指向一个字符串并输出该字符串。

解题思路:

把字符串的首地址赋给字符指针变量,用"%s"格式输出该字符指针变量,则可得到此字符串。

编写程序:

```
#include <stdio.h>
int main()
{
    char * string="I love China!";
    printf("%s\n",string);
    return 0;
}
```

运行结果:

I love China!

程序分析:

在程序中没有定义字符数组,只定义了一个字符指针变量 string,用字符串常量"I love China!"对它初始化。C 语言对字符串常量是按字符数组处理的,在内存中开辟了一个字符数组用来存放该字符串常量,但是这个数组是没有名字的,不能通过数组名来引用,只能通过指针变量来引用。

注意:可以用字符指针指向字符串常量,但是不能通过指针变量对该字符串常量重新赋值,因为字符串常量是不能改变的。

对字符指针变量 string 初始化,是把字符串第 1 个元素的地址(即存放字符串的字符数组的首元素地址)赋给 string(见图 7.16)。

有的教材把字符指针变量 string 称为"字符串变量",认为在定义时把"I love China!"这几个字符"赋给该字符串变量",这是不正确的。假如有以下定义:

```
char * string="I love China!"
```

它等价于下面两行:

```
char * string;              //定义指针变量 string
string="I love China!"    //把字符串常量中第 1 个字符 I 的地址赋给字符指针变量
```

可以看到,string 被定义为一个指针变量,其基类型为字符型。请注意它只能存放一个地址,即可以指向一个字符串常量或其他字符型数据,不能同时指向多个字符数据,也不能把"I love China!"这些字符存放到 string 中,更不能把字符串赋给 * string,而是把"I love China!"的第 1 个字符的地址赋给指针变量 string。不要认为上述定义行等价于:

```
char * string;
* string="I love China!" ;
```

在输出字符串时,要用

```
printf("%s\n",string);
```

其中,%s 是输出字符串时所用的格式符,在输出项中给出字符指针变量名 string,则系统先输出它所指向的一个字符数据,然后自动使 string 加 1,使之指向下一个字符,然后输出一个字符……如此直到遇到字符串结束标志'\0'为止。注意,在内存中,字符串的最后被自动加了一个'\0'(见图 7.17),因此在输出时能确定字符串的终止位置。

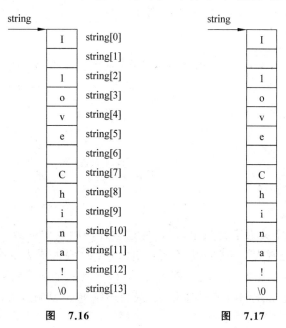

图　7.16　　　　　　　图　7.17

提示:通过字符数组名或字符指针变量都可以输出一个字符串。而对一个数值型数组,是不能企图用数组名输出它的全部元素的。例如:

```
int i[10];
    ⋮
printf("%d\n",i);
```

以上代码是不行的,只能逐个元素输出。

提示：另外,对字符串中字符的存取既可以用下标方法,也可以用指针方法。

【例 7.11】

任务要求：

有一个字符数组 a,在其中存放字符串"I am a boy.",要求把该字符串复制到字符数组 b 中。

解题思路：

从第 1 个字符开始,将数组 a 中的字符逐个复制到数组 b 中,直到遇到数组 a 中的某一元素值为'\0'为止。此时表示数组 a 中的字符串结束,然后在已复制到数组 b 中的字符最后加一个'\0',表示字符串结束。

编写程序：

```c
#include <stdio.h>
int main()
{
  char a[ ]="I am a boy.",b[20];
  int i;
  for(i=0; * (a+i)!='\0';i++)
     * (b+i)= * (a+i);      //用地址法访问数组元素,把数组 a 中的字符逐个复制到数组 b
     * (b+i)='\0';          //在数组 b 已有字符后面加一个'\0'
  printf("string a is:%s\n"a);      //输出字符串 a
  printf("string b is:");
  for(i=0;b[i]!='\0';i++)
     printf("%c",b[i]);      //用下标法逐个输出数组 b 元素中的字符
  printf("\n");
  return 0;
}
```

运行结果：

```
string a is:I am a boy.
string b is:I am a boy.
```

程序分析：

程序中 a 和 b 都定义为字符数组,可以通过地址访问其中的数组元素。在第 1 个 for 语句中,先检查 a[i]是否为'\0'(程序中的 a[i]是以 * (a+i)形式表示的)。如果不等于'\0',表示字符串尚未处理完,就将 a[i]的值赋给 b[i],即复制一个字符到数组 b 中的相应位置。for 循环将字符串 a 全部复制给了字符串 b。最后还应将'\0'复制过去,故有

```c
    * (b+i)='\0';
```

在第 2 个 for 循环中用下标法表示一个数组元素(即一个字符)。

在本例中可以看到对字符串中字符的存取,既可以用下标方法,也可以用指针方法。

【例 7.12】

任务要求：

用指针变量来处理将字符串 a 复制为字符串 b。

解题思路：

例 7.11 是用计算地址的方法把字符数组 a 中的字符串逐个复制到数组 b 中，然后用下标法逐个输出数组 b 中的字符。现改用指针变量的方法如下。

(1) 设两个指针变量 p1 和 p2，开始时分别指向字符串 a 和字符数组 b 的第 1 个字符。

(2) 将 p1 指向的字符串 a 中的第 1 个字符复制到 p2 所指向的字符串 b 中的第 1 个字符位置。

(3) 使 p1 和 p2 分别同步下移一个位置，即分别指向字符串 a 和字符串 b 中的第 2 个字符。

(4) 将 p1 指向的字符串 a 中的字符复制到 p2 所指向的字符串 b 中的位置。

(5) 再使 p1 和 p2 分别下移一个位置……

(6) 如此反复执行(4)和(5)，直到发现 p1 指向的字符是'\0'为止。此时不再进行复制字符，而在 p2 所指的位置上赋予一个'\0'字符。

编写程序：

```
#include <stdio.h>
int main()
{
  char a[]="I am a boy.",b[20],* p1,* p2;
  int i;
  p1=a;                    //p1 指向字符串 a 的第 1 个字符
  p2=b;                    //p2 指向字符串 b 的第 1 个字符
  for(; * p1!='\0';p1++,p2++)
      * p2= * p1;          //将 p1 指向的字符串 a 中的字符复制到 p2 所指向的字符串 b 中的位置
  * p2='\0';               //最后在 p2 所指的位置上赋予一个'\0'字符
  printf("string a is:%s\n",a);
  printf("string b is:");
  for(i=0;b[i]!='\0';i++)
      printf("%c",b[i]);
  printf("\n");
  return 0;
}
```

运行结果：

```
string a is:I am a boy.
string b is:I am a boy.
```

程序分析：

p1 和 p2 是指向字符型数据的指针变量。先使 p1 和 p2 的值分别指向字符串 a 和 b 中的第 1 个字符。开始时 * p1 最初的值为字母 I。赋值语句" * p2= * p1;"的作用是将字符 I（字符串 a 中第 1 个字符）赋给 p2 所指向的元素，即 b[0]。然后 p1 和 p2 分别加 1，指向其下面的一个元素，直到 * p1 的值等于'\0'为止。注意 p1 和 p2 的值是不断在改变的，如图 7.18

中的虚线及 p1'和 p2'。在 for 语句中的 p1++和 p2++使 p1 和 p2 同步移动。

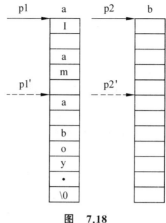

图　7.18

7.4.2　用字符指针作函数参数

7.4.1 小节是在主函数中直接处理字符串,由于字符串使用广泛,在应用程序中往往要求编写专门的函数来处理字符串。从主调函数把一个字符串"传递"到另一个函数,经过处理后将结果带回主调函数。

怎样把一个字符串从一个函数"传递"到另一个函数呢? 可以用地址传递的办法,即用字符数组名作参数,也可以用指向字符的指针变量作参数。在被调用的函数中可以改变字符串的内容,在主调函数中可以得到改变了的字符串。

【例 7.13】

任务要求:

用函数调用来实现复制字符串。

编写程序:

```c
#include <stdio.h>
int main()
{
  void copy_string(char * from, char * to);    //函数声明
  char * a="I am a teacher.";                  //定义 a 为字符指针变量,指向一字符串
  char b[]="You are a student.";               //定义 b 为字符数组,内放一字符串
  char * p=b;                                   //定义字符指针变量 p 并初始化为数组 b 首元素地址
  printf("string a=%s\nstring b=%s\n",a,p);    //输出字符串 a 和 b
  printf("\nCopy string a to string b:\n ");
  copy_string(a,p);                            //调用 copy_string()函数
  printf("string a=%s\nstring b=%s\n",a,b);
  return 0;
}

void copy_string(char * from, char * to)       //形参是字符指针变量
{
  for(; * from!='\0'; from++,to++)             //只要字符串 a 没结束就复制到数组 b
```

```
        { * to= * from; }
    * to='\0';
}
```

运行结果：

string a=I am a teacher.
string b=You are a student.
Copy string a to string b:
string a=I am a teacher.
string b=I am a teacher.

程序分析：

a 是字符指针变量,指向字符串"I am a teacher."。b 是字符数组,在其中存放了字符串"You are a student."。p 是指向字符数组 b 的指针变量,开始时它的值是数组 b 第 1 个元素的地址,因此指向字符串"You are a student."的第 1 个字符。初始情况如图 7.19(a)所示。copy_ string()函数的作用是将 from[i]赋给 to[i],直到 from[i]的值等于'\0'为止。

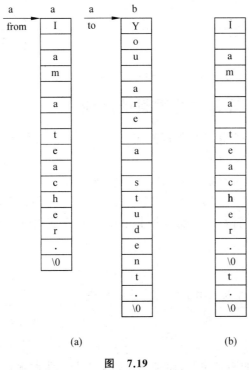

图　7.19

形参 from 和 to 是字符指针变量。在调用 copy_ string()函数时,将数组 a 首元素的地址传给形参 from,把指针变量 p 的值(即数组 b 首元素的地址)传给 to。因此,from[0]和 a[0]是同一个单元,to[0]和 p[0](也就是 b[0])是同一个单元。在 for 循环中,先检查 from 当前所指向的字符是否等于'\0',如果不是,就执行 * to= * from,每次将 * from 赋给 * to,第 1 次就是将数组 a 中第 1 个字符赋给数组 b 的第 1 个元素。每次循环中都执行 from++和 to++,使 from 和 to 分别同步指向数组 a 和数组 b 的下一个元素。下次再执行 * to=

＊from 时，就将 a[i]赋给 b[i]……最后将'\0'赋给＊to，注意此时 to 指向哪个单元。

程序执行完以后，数组 b 的内容如图 7.19(b)所示。可以看到，由于数组 b 原来的长度大于数组 a，因此在将数组 a 复制到数组 b 后，未能全部覆盖数组 b 原有内容。数组 b 最后 3 个元素仍保留原状。在输出 b 时由于按%s(字符串)输出，遇到\0'即告结束，因此，第一个 \0'后的字符不输出。如果不采取%s 格式输出而用%c 逐个字符输出，是可以输出后面这些字符的。

思考：对 copy_string()函数能否再进一步优化？专业人士会把它改写得更精练、更专业。在《C 语言程序设计教程学习辅导》第二部分第 16 章中提供了一些比较专业的方法，有兴趣的读者可以参考。

用字符指针作为函数参数时，实参与形参的对应关系可以有四种情况，如表 7.2 所示。

表 7.2　调用函数时实参与形参的对应关系

实　　参	形　　参
字符数组名	字符数组名
字符数组名	字符指针变量
字符指针变量	字符指针变量
字符指针变量	字符数组名

读者可以将例 7.13 改写为表 7.2 中的其他情况。

7.4.3　字符指针变量和字符数组的区别

虽然用字符数组和字符指针变量都能实现字符串的存储和运算，但它们二者之间是有区别的，不应混为一谈，主要有以下几点。

(1) 字符数组由若干个元素组成，每个元素中放一个字符；而字符指针变量中存放的是地址(字符串第 1 个字符的地址)，绝不是将字符串放到字符指针变量中。

(2) 赋值方式。对字符数组只能对各个元素赋值，不能用以下方法对字符数组赋值。

```
char str[14];
str="I love China!";
```

而对字符指针变量，可以采用下面的方法赋初值。

```
char * str;
str="I love China!";
```

但应注意，赋给 str 的不是字符，而是字符串第 1 个元素的地址。

(3) 对字符指针变量赋初值。

```
char * a="I love China!";
```

等价于：

```
char * a;
a="I love China!";
```

而对数组的初始化：

```
char str[14]="I love China!";
```

不等价于：

```
char str[14];
str[]="I love China!";
```

即数组可以在定义时整体赋初值,但不能在赋值语句中整体赋值。

(4) 如果定义了一个字符数组,在编译时为它分配内存单元,它有确定的地址。而定义一个字符指针变量时,编译系统给指针变量分配内存单元(4 个字节),在其中可以放一个字符数据的地址。也就是说,该指针变量可以指向一个字符型数据,但是如果未对它赋予一个地址值,则它并未具体指向一个确定的字符数据。例如：

```
char str[10];
scanf("%s", str);
```

是可以的,向字符数组输入一个字符串。常有人用下面的方法：

```
char * a;
scanf("%s",a);
```

目的是想输入一个字符串,编译时发出"警告"信息,提醒未给指针变量指定初始值。虽然也能勉强运行,但这种方法是危险的,绝不提倡。因为编译时虽然给指针变量 a 分配了存储单元,变量 a 的地址(即 &a)是已指定的,但 a 的值并未指定,在 a 单元中是一个不可预料的值。在执行 scanf()函数时要求将一个字符串输入到 a 所指向的一段存储单元中,即以 a 的值(地址)开始的一段存储单元中。而 a 的值如今却是不可预料的,它可能指向内存中空白的(未用的)用户存储区中(这是好的情况),也有可能指向已存放指令或数据的有用内存段,这就会破坏程序,甚至破坏系统,会造成严重的后果。在程序规模小时,由于空白地带多,往往还可以运行;而程序规模大时,出现上述"冲突"的可能性就大多了。应当这样：

```
char * a,str[10];
a=str;
scanf("%s",a);
```

先使 a 有确定值,也就是使 a 指向一个数组的首元素,然后输入一个字符串,把它存放在以该地址开始的若干单元中。

(5) 指针变量的值是可以改变的,见例 7.14。

【例 7.14】

任务要求：

改变指针变量的值,使之指向所需的字符。

解题思路：

先使指针变量 a 指向字符串第 1 个字符,然后改变指针变量 a 的值,使之指向字符串中第 n 个字符,输出其后面的字符。

编写程序：

```
#include <stdio.h>
int main()
```

```
{
    char * a="I love China!";
    a=a+7;
    printf("%s\n",a);
    return 0;
}
```

运行结果：

China!

程序分析：

指针变量 a 的值是可以变化的，现用"a＝a＋7；"使 a 指向输出字符串中的第 8 个字符。从 a 当时所指向的单元开始输出各个字符，直到遇到'\0'为止。这样就输出了"China!"。

数组名虽然代表地址，但它是常量，它的值是不能改变的。下面内容是错误的：

```
char str[ ]={"I love China!"};
str=str+7;
printf("%s",str);
```

（6）前面已说明，若指针变量 p 指向数组 a，则可以用指针变量带下标的形式引用数组元素。同理，若字符指针变量 p 指向字符串，就可以用指针变量带下标的形式引用所指的字符串中的字符。如有：

```
char * a="I love China!";
```

则 a[5]的值是 a 所指向的字符串"I love China!"中第 6 个字符（序号为 5），即字母 e。

虽然并未定义数组 a，但字符串在内存中是以字符数组的形式存放的。a[5]按 *(a＋5)处理，即从 a 当前所指向的元素下移 5 个元素位置，取出其单元中的值。

（7）字符数组中各元素的值是可以改变的（可以对它们再赋值），但字符指针变量指向的字符串常量中的内容是不可以被取代的（不能对它们再赋值）。例如：

```
char a[]="House";
char * b="House";
a[2]='r';                    //合法,r 取代 u
b[2]='r';                    //非法,字符串常量不能改变
```

本章小结

1. 准确地理解指针的含义。指针就是地址，凡是出现"指针"的地方，都可以用"地址"代替，例如，变量的指针就是变量的地址，指针变量就是地址变量。

要区别指针和指针变量。指针就是地址本身，例如，2008 是某一变量的地址，2008 就是变量的指针。指针变量是用来存放地址的变量。有人认为"指针是类型名，指针的值是地址"，这是不对的。类型是没有值的（如字符类型有值吗？），只有变量才有值，正确的说法是指针变量的值是一个地址。不要杜撰出"地址的值"这样莫须有的名词。地址就是地址，本

身就是一个值。

2. 什么叫"指向"? 地址就意味着指向,因为通过地址能找到具有该地址的对象。对于指针变量来说,把谁的地址存放在指针变量中,就说此指针变量指向谁。但应注意,并不是任何类型数据的地址都可以存放在同一个指针变量中,只有与指针变量的基类型相同的数据的地址才能存放在相应的指针变量中。例如:

```
int a, * p;              //指针变量 p 的基类型是 int 型
float b;                 //变量 b 的类型是 float 型
p=&a;                    //合法,变量 a 是 int 型
p=&b;                    //非法,类型不匹配
```

既然许多数据对象(如变量、数组、字符串、函数等)都被分配了存储空间,因此也就有了地址和指针。根据需要可以定义一些指针变量,存放这些数据对象的地址。

3. 要深入掌握在对数组的操作中怎样正确地使用指针,搞清楚指针的指向。

一维数组名代表数组首元素的地址,例如:

```
int * p,a[10];
p=a
```

p 是指向 int 型类型的指针变量,显然,p 指向数组中的首元素(int 型变量),而不是指向整个数组。p+1 是指向下一个元素,而不是指向下一个数组。

对于"p=a;",准确地说应该是 p 指向数组 a 的首元素,在不引起误解的情况下,有时也简称为 p 指向数组 a。但读者对此应有准确的理解。同理,p 指向字符串,也应理解为 p 指向字符串中的首字符。

4. 指针运算小结。

(1) 指针变量加(减)一个整数。例如,p++、p−−、p+i、p−i、p+=i、p−=i 等均是指针变量加(减)一个整数。将该指针变量的原值(是一个地址)和它指向的变量所占用的内存单元字节数相加(减)。

(2) 对指针变量赋值。将一个变量地址赋给一个指针变量。例如:

```
p=&a;                    (将变量 a 的地址赋给 p)
p=array;                 (将数组 array 首元素地址赋给 p)
p=&array[i];             (将数组 array 第 i 个元素的地址赋给 p)
p1=p2;                   (p1 和 p2 都是基类型相同的指针变量,将 p2 的值赋给 p1)
```

注意:在进行赋值时,一定要先确定赋值号两侧的数据类型是否相同,是否允许赋值,例如不应把一个整数赋给指针变量。

(3) 指针变量可以有空值,即该指针变量不指向任何变量,可以这样表示:

```
p=NULL;
```

其中,NULL 是一个符号常量,在 stdio.h 头文件中对 NULL 进行了定义。

```
#define NULL 0
```

即 p 指向地址为 0 的单元。系统对 0 单元不存放有效数据,也就是说有效数据的指针不会指向 0 单元。使 p=NULL,意味着 p 不指向任何存放数据的单元。

需要注意的是,p 的值为 NULL 与未对 p 赋值是两个不同的概念。前者是有值的(值为 0),不指向任何程序变量;后者虽未对 p 赋值但并不等于 p 无值,只是它的值是一个无法预料的值,也就是 p 可能指向一个事先未指定的单元。这种情况是很危险的。因此,在引用指针变量之前应对它赋值。任何指针变量或地址都可以与 NULL 作相等或不相等的比较,例如:

```
if(p==NULL)...
```

(4) 两个指针变量可以相减。如果两个指针变量都指向同一个数组中的元素,则两个指针变量值之差是两个指针之间的元素个数。

(5) 两个指针变量比较。若两个指针指向同一个数组的元素,则可以进行比较。指向前面的元素的指针变量"小于"指向后面元素的指针变量。如果 p1 和 p2 不指向同一数组,则比较无意义。

5. 本章介绍了指针的基本概念和初步应用。指针是 C 语言中很重要的概念,是 C 语言的一个重要特点。使用指针可以提高程序效率,实现动态存储分配,使程序有更高的质量。对熟练的程序人员来说,可以利用它编写出颇有特色的、质量优良的程序,实现许多用其他高级语言难以实现的功能。因此说,没有掌握指针,就没有掌握 C 语言的精华。

但是指针的运用过于灵活,初学时容易出错,而且这种错误往往是比较隐蔽的。有时由于指针运用的错误可能会使整个程序遭受破坏,有人说指针是有利有弊的"双刃剑",在初学时应集中精力掌握最基本、最常用的内容,首先保证程序的正确性,在熟练之后再注重提高技巧。使用指针要十分小心谨慎,要多上机调试程序,深入掌握使用指针的规律,注意积累经验。

习题

7.1 输入 3 个整数,按由小到大的顺序输出。

7.2 输入 3 个字符串,按由小到大的顺序输出。

7.3 输入 10 个整数,将其中最小的数与第一个数对换,把最大的数与最后一个数对换。写 3 个函数:①输入 10 个数;②进行处理;③输出 10 个数。

7.4 有 n 个整数,使前面各数顺序向后移 m 个位置,最后 m 个数变成最前面的 m 个数,如图 7.20 所示。写一函数实现以上功能,在主函数中输入 n 个整数和输出调整后的 n 个数。

7.5 有 n 个人围成一圈,顺序排号。从第 1 个人开始报数(从 1 到 3 报数),凡报到 3 的人退出圈子,问最后留下的是原来第几号的人。

7.6 写一函数,求一个字符串的长度。在 main() 函数中输入字符串,并输出其长度。

7.7 有一字符串,包含 n 个字符。写一函数,将此字符串中从第 m 个字符开始的全部字符复制成为另一个字符串。

7.8 输入一行文字,找出其中大写字母、小写字母、空格、数字以及其他字符各有多少。

7.9 请改写本章例 7.7 程序,将数组 a 中 n 个整数按相反顺序存放。要求用指针变量

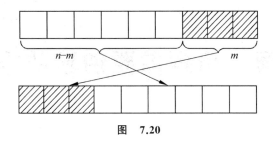

图　**7.20**

作为函数的实参。

7.10　写一函数,将一个 3×3 的整型矩阵转置。

7.11　将一个 5×5 的矩阵中最大的元素放在中心,4 个角分别放 4 个最小的元素(按照为从左到右、从上到下的顺序依次从小到大存放),写一函数实现之。用 main() 函数调用。

7.12　在主函数中输入 10 个等长的字符串。用另一函数对它们排序。然后在主函数中输出这 10 个已排好序的字符串。

7.13　将 n 个数按输入时顺序的逆序排列,用函数实现。

7.14　输入一个字符串,内有数字和非数字字符,例如:

a123x456 17960? 302tab5876

将其中连续的数字作为一个整数,依次存放到数组 a 中。例如,123 放在 a[0],456 放在 a[1]……统计共有多少个整数,并输出这些数。

7.15　有两个字符串:字符串 a 的内容为"I am a teacher.",字符串 b 的内容为"You are a student."。要求把字符串 b 连接到字符串 a 的后面,即字符串 a 的内容为"I am a teacher. You are a student."。

第 8 章 根据需要创建数据类型

在前面几章中已经使用了 C 语言提供的标准数据类型,如 int、float、char 等,用户可以在程序中直接用它们去定义变量。但是人们要处理的问题往往比较复杂,只用系统提供的类型还不能完全满足应用的要求,为此,C 语言允许用户根据需要自己创建一些数据类型,并用它来定义变量。

本章只介绍用得最多的一种由用户创建的数据类型——**结构体类型**。

8.1 定义和引用结构体变量

8.1.1 怎样创建结构体类型

在前面所见到的程序中,所用的变量大多数是互相独立、无内在联系的。例如,定义了整型变量 a、b、c,它们都是单独存在的变量,在内存中的地址也是互不相干的。在实际生活和工作中,有些数据是有内在联系且成组出现的。例如,一个学生的学号、姓名、性别、年龄、成绩、家庭地址等项是属于同一个学生的,如图 8.1 所示。可以看到性别(sex)、年龄(age)、成绩(score)、地址(addr)是属于学号(num)为 10010 和姓名(name)为 Li Fan 的学生的。如果将 num、name、sex、age、score、addr 分别定义为互相独立的简单变量,难以反映它们之间的内在联系。人们希望把这些数据组成一个组合项,例如定义一个名为 student_1 的变量,在这个变量中包括学生 1 的学号、姓名、性别、年龄、成绩、家庭地址等项,这样做含义清楚,引用方便。

	num	name	sex	age	score	addr
student_1	10010	Li Fan	M	18	87.5	Beijing

图 8.1

有人可能想到数组,能否用一个数组来存放这些数据呢?显然不行,因为一个数组中只能存放同一类型的数据。例如整型数组可以存放学号或成绩,但不能存放姓名、性别、地址等字符型的数据。C 语言允许用户自己建立由不同类型数据组成的组合型的数据结构,它称为结构体(structure)。相当于其他高级语言中的"记录"(record)。

如果程序中要用到图 8.1 所示的数据结构,可以在程序中自己建立一个结构体类型。例如:

```
struct Student                    //Student 是用户指定的结构体名
{
```

```
    int num;                        //学号为整型
    char name[20];                  //姓名为字符串
    char sex;                       //性别为字符型
    int age;                        //年龄为整型
    float score;                    //成绩为实型
    char addr[30];                  //地址为字符串
};                                  //注意,最后有一个分号
```

上面由程序设计者建立了一个结构体类型 struct Student(其中 struct 是声明结构体类型时所必须使用的关键字,不能省略)。经过上面的指定,struct Student 就是一个在本程序文件中可以使用的合法类型名。它向编译系统声明:这是一个"结构体类型",它包括 num、name、sex、age、score、addr 等不同类型的成员。它和系统提供的标准类型(如 int、char、float、double 等)具有类似的作用,都可以用来定义变量,只不过 int 等类型是由系统提供的,而结构体类型是由用户根据需要在程序中创建的。声明一个结构体类型的一般形式为

```
struct 结构体名
    {成员表列};
```

注意:结构体类型的名字是由一个关键字 struct 和结构体名二者组合而成的(如 struct Student)。结构体名是由用户指定的,又称为结构体标记(structure tag),用结构体名以区别于其他的结构体类型。上面的结构体声明中 Student 就是结构体名(结构体标记),花括号内是该结构体中的成员(member),由它们组成一个结构体,num、name、sex 等都是成员。对各成员都应进行类型声明。即

```
类型名 成员名;
```

成员表列(member list)也称为域表(field list),每一个成员是结构体中的一个域。成员名命名规则与变量名相同。

提示:在本书中将结构体名和枚举名的第一个字母用大写表示,以表示和系统提供的类型名相区别。这不是规定,只是常用的习惯。

另外,有以下两点需要说明。

(1) 结构体类型并非只有一种,而是可以设计出许多种结构体类型。如除了可以建立上面的 struct Student 结构体类型外,还可以根据需要建立名为 struct Teacher、struct Worker、struct Date 等结构体类型,各自包含不同的成员。

(2) 一个结构体中成员的类型可以是另一个结构体类型。例如:

```
struct Date                     //声明一个结构体类型 struct Date
{
    int month;                  //月
    int day;                    //日
    int year;                   //年
};
struct Student                  //声明一个结构体类型 struct Student
{
    int num;
    char name[20];
```

193

```
        char sex;
        int age;
        struct Date birthday;                    //成员 birthday 属于 struct Date 类型
        char addr[30];
};
```

先声明一个 struct Date 类型，它代表"日期"，包括 3 个成员：month（月）、day（日）、year（年）。然后在声明 struct Student 类型时，将成员 birthday 指定为 struct Date 类型。struct Student 的结构如图 8.2 所示。已声明的类型 struct Date 与其他类型（如 int、char）一样可以用来声明成员的类型。

num	name	sex	age	birthday			addr
				month	day	year	

图 8.2

8.1.2 怎样定义结构体类型变量

前面只是建立了一个结构体类型，它相当于一个模型，并没有定义变量，其中并无具体数据，系统对它也不分配存储单元。相当于设计好了图纸，但并未建成具体的房屋。为了能在程序中使用结构体类型的数据，应当定义结构体类型的变量，并在其中存放具体的数据。

定义结构体类型变量一般采用这样的方法：先声明结构体类型，再用此类型去定义变量。

在 8.1.1 小节的开头已声明了一个结构体类型 struct Student，现在可以用它来定义变量了。例如：

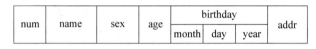

这种形式和定义其他类型的变量形式（如"int a,b;"）是相似的。上面定义了 student1 和 student2 为 struct Student 类型的变量，这样 student1 和 student2 就具有 struct Student 类型的结构，如图 8.3 所示。

student1:	10001	Zhang Xin	M	19	90.5	Shanghai
student2:	10002	Wang Li	F	20	98	Beijing

图 8.3

也可以使声明结构体类型和定义该类型的变量同时进行，见例 8.1。在程序规模比较小时，看程序比较方便。

在定义了结构体变量后，系统会根据结构体类型中包含的成员情况为它分配存储单元。上面定义的 student1 和 student2 在一般的 C 语言系统中计算出应占 63 个字节（4＋20＋

1+4+4+30＝63),实际上占了 64 个字节。①

这种方式是声明类型和定义变量分离,在声明类型后可以随时定义变量,比较灵活。

提示:

(1)结构体类型与结构体变量是不同的概念,不要混淆。只能对变量赋值、存取或运算,而不能对一个类型赋值、存取或运算。在编译时,对类型是不分配空间的,只对变量分配空间。

(2)结构体类型中的成员名可以与程序中的变量名相同,但二者不代表同一对象。例如,程序中可以另定义一个变量 num,它与 struct Student 中的 num 是两回事,互不相干。

(3)对结构体变量中的成员(即"域")可以单独使用,它的作用与地位相当于普通变量。

8.1.3　怎样引用结构体变量

在定义结构体变量时,可以对它初始化,即赋予初始值。然后可以引用这个变量,例如输出它的成员的值。

【例 8.1】

任务要求:

把一个学生的信息(包括学号、姓名、性别、住址)放在一个结构体变量中,然后输出此学生的信息。

解题思路:

先在程序中自己建立一个结构体类型,包括有关学生信息的各成员。然后用它来定义结构体变量,同时赋以初值(学生的信息)。最后输出该结构体变量的各成员(即该学生的信息)。

编写程序:

```
#include <stdio.h>
int main()
{
  struct Student                       //声明结构体类型 struct Student
  {
    long int num;                      //以下 4 行为结构体的成员
    char name[20];
    char sex;
    char addr[20];
  }a={10101,"Li Lin",'M',"123 Beijing Road"};     //定义结构体变量 a 并初始化
  printf("NO.:%ld\nname:%s\nsex:%c\naddress:%s\n",a.num,a.name,a.sex,a.addr);
  return 0;
}
```

---

①　计算机对内存的管理是以"字"为单位的(许多计算机系统以 4 个字节为一个"字")。如果有一个字符变量,理应分配 1 个字节。但是在一个"字"中存放了 1 个字节后,不会在该"字"中其他的 3 个字节中接着存放下一个变量,而会从下一个"字"开始存放其他的数据。因此,在用 sizeof 运算符测量 student1 的长度时,得到的不是理论值 63,而是 64,必然是 4 的倍数。

运行结果：

```
NO.:10101
Name:Li Lin
Sex:M
Address:123 Bejing Road
```

程序分析：

程序中声明了一个结构体类型,结构体名为 Student,包含 4 个成员。在声明类型的同时定义了结构体变量 a,这个变量具有 struct Student 类型所规定的结构。在定义结构体变量 a 的同时,对 a 进行初始化,对它进行赋值。在变量名 a 后面的花括号中提供了各成员的值,将 10101、"Li Lin"、'M'、"123 Beijing Road"按顺序分别赋给 a 变量中的成员 num、name 数组、sex、addr 数组。最后用 printf()函数输出变量中各成员的值。a.num 表示变量 a 中的 num 成员;同理,a.name 代表变量 a 中的 name 成员。

结构体变量的用法说明如下。

(1) 在定义结构体变量时可以对它的成员初始化。初始化列表是用花括号括起来的一些常量,这些常量依次赋给结构体变量中的各成员。需要注意的是,是对结构体变量初始化,而不是对结构体类型初始化。

C99 标准允许在定义结构体变量中对其中一个或几个成员进行初始化,例如:

```
struct Student b={.name="Zhang Fan"};      //在成员名前有成员运算符"."
```

".name"隐含代表当前定义的结构体变量 b 中的成员 b.name。其他未被指定初始化的数值型成员被系统初始化为 0,字符型成员被系统初始化为'\0',指针型成员被系统初始化为 NULL。

(2) 可以引用结构体变量中成员的值,引用方式为

结构体变量名.成员名

例如,a.num 表示 a 变量中的 num 成员。

在程序中可以对变量的成员赋值,例如:

```
a.num=10010;
```

"."是成员运算符,它在所有的运算符中优先级最高,因此可以把 a.num 作为一个整体来看待,相当于一个变量。上面赋值语句的作用是将整数 10010 赋给 a 变量中的成员 num。

注意：不能企图输出结构体变量名来达到输出结构体变量所有成员的值。

下面用法不正确。

```
printf("%s\n",a);           //企图用结构体变量名输出所有成员的值
```

只能对结构体变量中的各个成员分别进行输入和输出。

(3) 如果结构体中某一成员又属于另一个结构体类型,则要用几个成员运算符一级一级地找到最低一级的成员。如果在结构体 struct Student 类型中包含了另一个结构体 struct Date 类型的成员 birthday(见图 8.2),若结构体变量名为 a,则引用成员的方式为:

```
a.num                   (结构体变量 a 中的成员 num)
a.birthday.month        (结构体变量 a 中的成员 birthday 中的成员 month)
```

不能用 a.birthday 来访问 a 变量中的成员 birthday,因为 birthday 本身是一个结构体成员。只能对最低级的成员进行赋值、存取或运算。

（4）对结构体变量的成员可以像普通变量一样进行各种运算（根据其类型决定可以进行何种运算）。例如:

```
b.score=a.score;        (赋值运算)
sum=a.score +b.score;   (加法运算)
a.age++;                (自加运算)
```

由于".”运算符的优先级最高,因此,a.age＋＋是对 a.age 进行自加运算,而不是先对 age 进行自加运算。

（5）同类的结构体变量可以互相赋值,例如:

```
b=a;                    //假设 a 和 b 已定义为同类型的结构体变量
```

（6）可以引用结构体变量成员的地址,也可以引用结构体变量的地址。例如:

```
scanf("%d", &a.num);    (输入 a.num 的值)
printf("%o", &a);       (输出结构体变量 a 的首地址)
```

但不能用以下语句整体读入结构体变量,例如:

```
scanf("%d,%s,%c,%d,%f,%s\n",&student);
```

提示:结构体变量的地址主要用作函数参数,传递结构体变量的地址。

【例 8.2】

任务要求:

输入两个学生的学号、姓名和成绩,输出成绩较高的学生的学号、姓名和成绩。

解题思路:

（1）定义两个结构相同的结构体变量 student1 和 student2。

（2）分别输入两个学生的学号、姓名和成绩。

（3）比较两个学生的成绩,如果学生 1 的成绩高于学生 2 的成绩,就输出学生 1 的全部信息;如果学生 2 的成绩高于学生 1 的成绩,就输出学生 2 的全部信息;如果二者相等,输出两个学生的全部信息。

编写程序:

```
#include <stdio.h>
int main()
{
  struct Student          //声明结构体类型 struct Student
  {
    int num;
    char name[20];
    float score;
  }student1,student2;     //定义两个结构体变量 student1 和 student2
  scanf("%d%s%f",&student1.num,student1.name, &student1.score); //输入学生 1 的数据
```

```
    scanf("%d%s%f",&student2.num,student2.name, &student2.score); //输入学生2的数据
    printf("The higher score is:\n")
    if(student1.score>student2.score)
        printf("%d  %s  %6.2f\n",student1.num,student1.name, student1.score);
    else if (student1.score<student2.score)
        printf("%d  %s  %6.2f\n",student2.num,student2.name, student2.score);
    else
    {
        printf("%d  %s  %6.2f\n",student1.num,student1.name, student1.score);
        printf("%d  %s  %6.2f\n",student2.num,student2.name, student2.score);
    }
    return 0;
}
```

运行结果：

10101 Wang 89↙　　　　　　　（输入学生 1 的学号、姓名、成绩）

10103 Li 98↙　　　　　　　　（输入学生 2 的学号、姓名、成绩）

The higher score is:

10103 Li 90.00　　　　　　　（输出成绩高者的学号、姓名、成绩）

程序分析：

（1）student1 和 student2 是 struct Student 类型的变量。在它的三个成员中分别存放学号、姓名和成绩。

（2）用 scanf()函数输入结构体变量时，必须分别输入它们的成员的值，不能在 scanf() 函数中使用结构体变量名输入全部成员的值。注意，在 scanf()函数中在成员 student1.num 和 student1.score 的前面都有地址符 &，而在 student1.name 前面没有 &，这是因为 name 是数组名，本身就代表地址，故不能画蛇添足地再加一个 &。

（3）根据 student1.score 和 student2.score 的比较结果，输出不同学生的信息。从这里可以看到利用结构体变量的好处：由于 student1 是一个"组合项"，内放有关联的一组数据，student1.score 是属于 student1 变量的一部分，因此，如果确定了 student1.score 是成绩较高的，则输出 student1 的全部信息是轻而易举的，因为它们本来是互相关联、捆绑在一起的。如果用普通变量，是难以方便地实现这一目的的。

8.2　使用结构体数组

一个结构体变量中可以存放一组有关联的数据（如一个学生的学号、姓名、成绩等数据）。如果有 10 个学生的数据需要参加运算，显然应该用数组，这就是结构体数组。结构体数组与以前介绍过的数值型数组的不同之处在于，每个数组元素都是一个结构体类型的数据，它们都分别包括各个成员项。

8.2.1　定义结构体数组

下面举一个简单的例子来说明怎样定义和引用结构体数组。

【例 8.3】

任务要求：

有 3 位候选人,每个选民只能投票选其中一人,要求编一个统计选票的程序：先后输入票上被选人的名字,最后输出各人得票结果。

解题思路：

显然需要设一个结构体数组,数组中包含 3 个数组元素,每个元素中的信息应包括候选人的姓名(字符型)和得票数(整型)。在运行程序时先后输入各被选人的姓名,然后与数组元素中的"姓名"成员比较,如果相同,就给这个数组元素中的"得票数"成员的值加 1。最后输出所有元素的信息。

编写程序：

```
#include <stdio.h>
#include <string.h>
struct Person                                  //声明结构体类型 struct Person
{
    char name[20];                             //候选人姓名
    int count;                                 //候选人得票数
}leader[3]={"Li",0,"Zhang",0,"Fan",0};         //定义结构体数组 leader 并初始化
int main()
{
    int i,j;
    char leader_name[20];                      //定义字符数组 leader_name
    for (i=1;i<=10;i++)
    {
        scanf("%s",leader_name);               //输入所选的候选人姓名
        for(j=0;j<3;j++)
            if(strcmp(leader_name,leader[j].name)==0) leader[j].count++;
    }
    printf("\nResult:\n");
    for(i=0;i<3;i++)
        printf("%5s:%d\n",leader[i].name,leader[i].count);
    return 0;
}
```

运行结果：

```
Li↙                    (输入 10 张选票上得票者的名字)
Li↙
Fan↙
Zhang↙
Zhang↙
Fan↙
Li↙
Fan↙
Zhang↙
Li↙

Result:                (输出各人得票数)
  Li:4
```

```
Zhang:3
 Fan:3
```

程序分析：

定义一个全局的结构体数组 leader，它有 3 个元素，每一个元素包含两个成员 name（姓名）和 count（得票数）。在定义数组时使之初始化，将 Li 赋给 leader[0].name，0 赋给 leader[0].count，Zhang 赋给 leader[1].name，0 赋给 leader[1].count，Fan 赋给 leader[2].name，0 赋给 leader[2].count。这样，3 个候选人的票数全部先置零，如图 8.4 所示。

name	count
Li	0
Zhang	0
Fan	0

图　8.4

在主函数中定义字符数组 leader_name，用它存放输入的被选人的姓名。在每次循环中输入一个得票人姓名，然后把它与结构体数组中 3 个候选人姓名相比，看它和哪一个候选人的名字相同。注意是把 leader_name 和 leader 数组第 j 个元素的 name 成员相比。当 j 为某一值时，若输入的姓名与 leader[j].name 相同，就执行 leader[j].count++，它相当于 (leader[j].count)++，使 leader[j] 成员 count 的值加 1。在输入和统计结束之后，将 3 人的名字和得票数输出。

思考： 如果有投票人投了以上 3 个候选人以外的人选，可单独统计一项"其他"。请修改程序。

8.2.2　结构体数组应用举例

【例 8.4】

任务要求：

有 n 个学生的信息（包括学号、姓名、成绩），要求按照成绩的高低顺序输出各学生的信息。

解题思路：

用结构体数组存放 n 个学生信息，采用选择法对各元素进行排序（进行比较的是各元素中的成绩）。选择排序法已在第 6 章介绍过。

编写程序：

```c
#include <stdio.h>
struct Student                          //声明结构体类型 struct Student
{
    int num;
    char name[20];
    float score;
};

int main()
{
    struct Student stu[5]={{10101,"Zhang",78},{10103,"Wang",98.5},{10106,"Li",86},
        {10108,"Ling",73.5},{10110,"Fan",100}};
                                        //定义结构体数组并初始化
    struct Student temp;                //定义结构体变量 temp,用作交换时的临时变量
    int i,j,k,n=5;
```

```
    printf("The order is:\n");
    for(i=0;i<n-1;i++)
    {
        k=i;
        for(j=i+1;j<n;j++)
            if(stu[j].score>stu[k].score)          //进行成绩的比较
                k=j;
        temp=stu[k];stu[k]=stu[i];stu[i]=temp;   //stu[k]和 stu[i]元素互换
    }
    for(i=0;i<n;i++)
        printf("%6d %8s %6.2f\n",stu[i].num,stu[i].name,stu[i].score);
    printf("\n");
    return 0;
}
```

运行结果：

```
The order is:
10110    Fan  100.00
10103   Wang   98.50
10106     Li   86.00
10101  Zhang   78.00
10108   Ling   73.50
```

程序分析：

（1）先声明结构体类型 struct Student，然后在主函数中用它定义结构体数组，同时进行初始化。为清晰起见，将每个学生的信息用一对花括号括起来，这样在阅读和检查时比较方便，尤其当数据比较多时，这样做是有好处的。

（2）在执行第 1 次外循环时 i 的值为 0，经过比较找出 5 个成绩中最高成绩所在的元素的序号为 k，然后将 stu[k]与 stu[i]对换（对换时借助临时变量 temp）。执行第 2 次外循环时 i 的值为 1，参加比较的只有 4 个成绩，然后将这 4 个成绩中最高的所在的元素与 stu[1]对换，以此类推。注意临时变量 temp 也应定义为 struct Student 类型，只有同类型的结构体变量才能互相赋值。程序第 21 行是将 stu[k]元素中所有成员和 stu[i]元素中所有成员整体互换（而不必人为地指定一个成员一个成员地互换）。从这点也可以看到使用结构体类型的好处。

8.3　结构体指针

8.3.1　指向结构体变量的指针

一个结构体变量的起始地址就是这个结构体变量的指针。如果把一个结构体变量的起始地址存放在一个指针变量中，那么，这个指针变量就指向该结构体变量。

指向结构体的指针变量既可以指向结构体变量，也可以用来指向结构体数组中的元素。此时指针变量的基类型必须与结构体变量的类型相同。例如：

```
struct Student * pt;              //pt 可以指向 struct Student 类型的变量或数组元素
```

先通过一个例子了解什么是指向结构体变量的指针变量以及怎样使用它。

【例 8.5】

任务要求：

通过指向结构体变量的指针变量输出结构体变量中成员的信息。

解题思路：

本题要解决两个问题。

（1）怎样对结构体变量成员赋值。

（2）怎样通过指向结构体变量的指针访问结构体变量中成员。

编写程序：

```
#include <stdio.h>
#include <string.h>
int main()
{
    struct Student                      //声明 struct Student 类型
    {
        long num;
        char name[20];
        char sex;
        float score;
    };
    struct Student stu_1;               //定义 struct Student 类型的变量 stu_1
    struct Student * p;                 //定义指向 struct Student 类型数据的指针变量 p
    p=&stu_1;                           //p 指向 stu_1
    stu_1.num=10101;                    //对结构体变量的成员赋值
    strcpy(stu_1.name,"Li Lin");        //用字符串复制函数给 stu_1.name 赋值
    stu_1.sex='M';
    stu_1.score=89.5;
    printf("NO.:%ld\nName:%s\nSex:%c\nScore:%5.1f\n",
            stu_1.num,stu_1.name,stu_1.sex,stu_1.score);   //通过结构体变量输出结果
    printf("\nNO.:%ld\nName:%s\nSex:%c\nScore:%5.1f\n",
            (*p).num,(*p).name,(*p).sex,(*p).score);   //通过指针输出结果
    return 0;
}
```

运行结果：

```
NO.:10101
Name:Li Lin
Sex:M
Score:89.5

NO.:10101
Name:Li Lin
Sex:M
Score:89.5
```

提示： 两个 printf() 函数输出的结果是相同的。

程序分析：

在主函数中声明了 struct Student 类型，然后定义一个 struct Student 类型的变量 stu_1。又定义一个指针变量 p，它指向一个 struct Student 类型的对象。将结构体变量 stu_1 的起始地址赋给指针变量 p，也就是使 p 指向 stu_1（见图 8.5），然后对 stu_1 的各成员赋值。

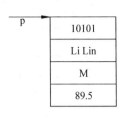

图 8.5

第 1 个 printf() 函数是通过结构体变量名 stu_1 访问它的成员，输出 stu_1 的各个成员的值。用 stu_1.num 表示 stu_1 中的成员 num，以此类推。第 2 个 printf() 函数是通过指向结构体变量的指针变量访问它的成员，输出 stu_1 各成员的值，使用的是（*p）.num 这样的形式。（*p）表示 p 指向的结构体变量，（*p）.num 是 p 指向的结构体变量中的成员 num。注意 *p 两侧的括号不可省，因为成员运算符"."优先于"*"运算符，所以 *p.num 等价于 *（p.num）。

说明：

为了使用方便和直观，C 语言允许用 p->num 代表（*p）.num。以"->"代表一个箭头，p->num 形象地表示 p 所指向的结构体变量中的 num 成员。同样，p->name 等价于（*p）.name，"->"称为指向运算符。

如果 p 指向一个结构体变量 stu，以下三种用法等价。

（1）结构体变量.成员名（如 stu.num）。

（2）（*p）.成员名（如（*p）.num）。

（3）p->成员名（如 p->num）。

8.3.2　指向结构体数组的指针

从 8.3.1 小节可知用指针变量可以指向结构体变量，同样，用指针变量可以指向结构体数组的元素。

【例 8.6】

任务要求：

有 3 个学生的信息放在结构体数组中的 3 个元素中，要求输出全部学生的信息。

解题思路：

用指向结构体变量的指针来处理。

（1）声明结构体类型 struct Student，并定义结构体数组，同时使之初始化。

（2）定义一个指向 struct Student 类型数据的指针变量 p。

（3）使 p 指向结构体数组的首元素，输出它指向的元素中的有关信息。

（4）使 p 指向结构体数组的下一个元素，输出它指向的元素中的有关信息。

（5）再使 p 指向结构体数组的下一个元素，输出它指向的元素中的有关信息。

编写程序：

```
#include <stdio.h>
struct Student                        //声明结构体类型 struct Student
{
    int num;
```

```
        char name[20];
        char sex;
        int age;
    };
    struct Student stu[3]={{10101,"Li Lin",'M',18},{10102,"Zhang Fan",'M',19},
        {10104,"Wang Min",'F',20}};        //定义结构体数组并初始化
    int main()
    {
        struct Student * p;                //定义指向 struct Student 结构体变量的指针变量
        printf(" NO.Name Sex Age\n");
        for (p=stu;p<stu+3;p++)
          printf("%5d %-20s %2c %4d\n",p->num, p->name, p->sex, p->age);    //输出结果
        return 0;
    }
```

运行结果：

```
NO.Name                 Sex Age
10101 Li Lin            M   18
10102 Zhang Fan         M   19
10104 Wang Min          F   20
```

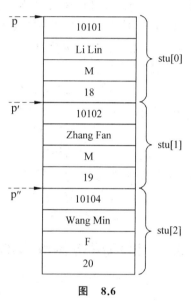

图 8.6

程序分析：

p 是指向 struct Student 结构体类型数据的指针变量。在 for 语句中先使 p 的初值为 stu，也就是数组 stu 第 1 个元素的起始地址，图 8.6 中 p 的指向。在第 1 次循环中输出 stu[0] 的各个成员值。然后执行 p++，使 p 自加 1。p 加 1 意味着 p 所增加的值为结构体数组 stu 的一个元素所占的字节数（本例中一个元素所占的字节数理论上为：4＋20＋1＋4＝29（个字节），实际分配 32 个字节）。执行 p++后，p 的值等于 stu+1，p 指向 stu[1]，见图 8.6 中 p′ 的指向。在第 2 次循环中输出 stu[1] 的各成员值。在执行 p++后，p 的值等于 stu+2，它的指向见图 8.6 中的 p″，再输出 stu[2] 的各成员值。在执行 p++后，p 的值变为 stu+3，已不再小于 stu+3 了，不再执行循环。

注意：

(1) 如果 p 的初值为 stu，即指向 stu 的第 1 个元素，p 加 1 后，p 就指向下一个元素。例如：

```
(++p)->num    //先使 p 自加 1，然后得到 p 指向的元素中的 num 成员值 (即 10102)
(p++)->num    //先求得 p->num 的值 (即 10101)，然后再使 p 自加 1，指向 stu[1]
```

请注意以上二者的不同。

(2) 程序定义的 p 是一个指向 struct Student 类型对象的指针变量，它用来指向一个 struct Student 类型的对象。p 的值是 stu 数组的一个元素（如 stu[0] 或 stu[1]）的起始地址，不能用来指向 stu 数组元素中的某一成员。例如，下面的用法是不对的。

　　p=stu[1].name;　　//stu[1].name 是 stu[1]元素中的成员 name 的首字符的地址,编译时将给
　　　　　　　　　　　出"警告"信息,表示地址的类型不匹配。不要认为反正 p 是存放地址的,可
　　　　　　　　　　　以将任何地址赋给它

　　通过以上介绍,可以了解怎样定义和使用结构体变量。结构体变量的一个重要用途是:
它和指针结合起来可以建立动态数据结构(如链表)。开辟动态内存空间要用 malloc( )和
calloc( )函数,函数的返回值是所开辟的空间的起始地址。利用所开辟的空间作为链表的一
个节点,这个节点是一个结构体变量,其成员由两部分组成:一部分是实际的有用数据;另
一部分是一个指向结构体类数据的指针变量,利用它指向下一个节点。链表是数据结构课
程所研究的一个问题,不在本书的范围内。有兴趣的读者可参阅《C 语言程序设计教程学习
辅导》第二部分第 17 章,其中介绍了链表的建立、输出、删除和插入操作的初步知识。

本章小结

　　1. C 语言中的数据类型分为两类:一类是系统已经定义好的标准数据类型(如 int、
char、float、double 等),编程者不必自己定义,可以直接用它们去定义变量;另一类是用户根
据需要在一定的框架范围内自己建立的类型,先要向系统做出声明,然后才能用它们定义变
量,其中最常用的是结构体类型。

　　2. 结构体类型是把若干个数据有机地组成一个整体,这些数据可以是不同类型的。声
明结构体类型的一般形式为

struct 结构体名
　　{成员列表}

　　注意:struct 是声明结构体类型必写的关键字。结构体类型名应该是"**struct 结构体
名**",如 struct Student。声明结构体类型时,系统并不对其分配存储空间,只有在用结构体
类型定义结构体变量时才对变量分配存储空间。结构体类型常用于事务管理领域,把属于
同一个对象的若干属性(如学生的姓名、性别、年龄、成绩)放在同一个结构体变量中,符合客
观需要,便于处理。

　　3. 同类结构体变量可以互相赋值,但不能企图用结构体变量名对结构体变量进行整体
输入和输出。可以对结构体变量中的成员进行赋值、比较、输入和输出等操作。引用结构体
变量中的成员的方式有:

　　(1) 结构体变量.成员名。如 student1.age。

　　(2) (* 指针变量).成员名。如(* p).age,其中 p 指向结构体变量。

　　(3) p->成员名。如 p->age,其中 p 指向结构体变量。

　　4. 结构体变量的指针就是结构体变量的起始地址,可以定义指向结构体变量的指针变
量,这个变量的值是结构体变量的起始地址。指向结构体变量的指针变量常用于作函数参
数和链表中(用来指向下一个节点)。

　　5. 结构体变量的一个重要用途是:它和指针结合起来可以建立动态数据结构(如
链表)。

习题

8.1 定义一个结构体变量（包括年、月、日）。计算某一日在本年中是第几天？注意闰年问题。

8.2 写一个函数 days()，实现题 8.1 的计算。由主函数将年、月、日传递给 days() 函数，计算后将日子数传回主函数输出。

8.3 编写一个函数 print()，打印一个学生的成绩数组，该数组中有 5 个学生的数据记录，每个记录包括 num、name、score[3]，用主函数输入这些记录，用 print() 函数输出这些记录。

8.4 在题 8.3 的基础上编写一个函数 input()，用来输入 5 个学生的数据记录。

8.5 有 10 个学生，每个学生的数据包括学号、姓名、3 门课程的成绩，从键盘输入 10 个学生数据，要求输出 3 门课程总平均成绩，以及最高分的学生的数据（包括学号、姓名、3 门课程成绩、平均分数）。

第 9 章　利用文件保存数据

9.1　C 语言文件的有关概念

凡是用过计算机的人都不会对"**文件**"感到陌生,大多数人都接触过或使用过文件。例如,写好一篇文章把它存放到磁盘上以文件形式保存;用数码相机照相,每一张相片就是一个文件;随电子邮件发送的"附件"就是以文件形式保存的信息。

9.1.1　什么是文件

文件有不同的类型,在进行 C 语言程序设计中,主要用到以下两种文件。

(1) 程序文件。程序文件包括源程序文件(后缀为.c)、目标文件(后缀为.obj)、可执行文件(后缀为.exe)等。这类文件是用来存放程序的,以便于需要时调出来供运行之用。

(2) 数据文件。保存在文件中的不是程序,而是一批数据。例如,一批学生的成绩数据,或货物交易的数据等。

本章讨论的是**数据文件**。

在前面各章中,程序处理的数据的输入和输出都是以终端为对象的,即从终端键盘输入数据,运行结果输出到终端上。实际上,常常需要将一些数据(运行的最终结果或中间数据)输出到磁盘(或光盘)上保存起来,以后需要时再从磁盘(或光盘)中输入计算机内存。这就要用到磁盘(或光盘)文件。

为了简化用户对输入/输出设备的操作,使用户不必去区分各种输入/输出设备之间的区别,操作系统把各种设备都统一作为文件来处理。从操作系统的角度看,每一个与主机相连的输入/输出设备都看作一个文件。例如,终端键盘是输入文件,显示屏和打印机是输出文件。

文件(file)是程序设计中一个重要的概念。所谓文件,一般是指**存储在外部介质上数据的集合**。一批数据是以文件的形式存放在外部介质(如磁盘)上的。操作系统是以文件为单位对数据进行管理的,也就是说,如果想找存在外部介质上的数据,必须先按文件名找到所指定的文件,然后从该文件中读取数据(例如,一张音乐光盘,每一首曲子分别是一个文件,找到曲名后才能调出曲目)。要向外部介质上存储数据也必须先建立一个文件(以文件名标识),才能向它输出数据。

输入/输出是数据传送的过程,数据如流水一样从一处流向另一处,因此常将输入/输出形象地称为**流**(stream),即**输入/输出流**。流表示了信息从**源**到**目的**端的流动。在输入操作时,数据从文件流向计算机内存;在输出操作时,数据从计算机流向文件(如打印机、磁盘文件、光盘文件）。

C 语言把文件看作一个字符（字节）的序列，即由一个一个字符（字节）的数据顺序组成。一个输入/输出流就是一个字节流或二进制流。在 C 语言的文件中，数据由一连串的字符（字节）组成，中间没有分隔符，对文件的存取是以字符（字节）为单位的，可以从文件读取一个字符或向文件输出一个字符。输入/输出数据流的开始和结束仅受程序控制而不受物理符号（如回车换行符）控制，这就增加了处理的灵活性。这种文件称为**流式文件**。

9.1.2　文件名

一个文件要有一个唯一的文件标识，以便用户识别和引用。文件标识包括以下三部分：文件路径；文件名主干；文件后缀。

文件路径表示文件在外部存储设备中的位置。例如：

$$\underset{\text{文件路径}}{\underline{D:\backslash cc\backslash temp\backslash}}\ \underset{\text{文件名主干}}{\underline{file1}}\ \underset{\text{文件后缀}}{.\ dat}$$

为方便起见，文件标识常被简称为文件名，但应了解此时所称的文件名，实际上包括以上三部分内容，而不仅是文件名主干。文件名主干的命名规则遵循标识符的命名规则。后缀用来表示文件的性质，一般不超过 3 个字母，如 doc(Word 生成的文件)、txt(文本文件)、dat(数据文件)、c(C 语言源程序文件)、cpp(C++ 源程序文件)、for(FORTRAN 语言源程序文件)、pas(Pascal 语言源程序文件)、obj(目标文件)、exe(可执行文件)、ppt(电子幻灯文件)、bmp(图形文件)、jpg(图像文件)等。

9.1.3　文件的分类

根据数据的组织形式，数据文件可分为 ASCII 文件和二进制文件。ASCII 文件又称为文本(text)文件，它的每一个字节放一个字符的 ASCII 代码；二进制文件是指数据按其在内存中的存储形式原样输出到磁盘(光盘)存放。

字符型数据只能以 ASCII 形式存储，数值型数据可以用 ASCII 形式存储在磁盘上，也可以用二进制形式存储。如有短整数型数据 10 000，在内存中占 2 个字节；如果用 ASCII 形式输出到磁盘，则在磁盘中占 5 个字节(每一个字符占 1 个字节)；而用二进制形式输出，则在磁盘上只占 2 个字节，如图 9.1 所示。

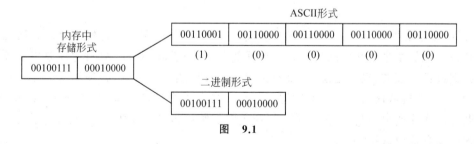

图　9.1

用 ASCII 形式输出与字符一一对应，1 个字节代表一个字符，因而便于对字符进行逐个处理，也便于输出字符。但一般占存储空间较多，而且要花费转换时间(如将图 9.1 中的二进制形式转换为 ASCII 形式再按字符形式输出)。用二进制形式输出数值，可以节省外存空间和转换时间,但 1 个字节并不对应数值的 1 个数字,不能直接输出十进制的数据。一般作为中间结果的数值型数据,需要暂时保存在外存上,以后需要输入内存的,常用二进制文件保存。

9.1.4　文件缓冲区

C 语言采用"**缓冲文件系统**"处理文件,所谓缓冲文件系统,是指系统自动地在内存区为程序中每一个正在使用的文件开辟一个文件缓冲区。从内存向磁盘输出数据必须先送到内存中的缓冲区,装满缓冲区后才一起送到磁盘去。如果从磁盘向内存读入数据,则一次从磁盘文件将一批数据输入内存缓冲区(充满缓冲区),然后从缓冲区逐个将数据送到程序数据区(给程序变量),如图 9.2 所示。缓冲区的大小由各个具体的 C 语言编译系统确定。

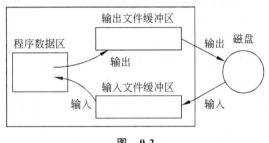

图　9.2

读者从前面的学习中已经知道,在 C 语言中对终端的输入/输出是用库函数[如 printf()、scanf()]来实现的。那么从磁盘向计算机输入数据和从计算机输出数据到磁盘用什么方法呢? ANSI 规定了一些标准输入/输出函数,用来对文件进行读/写。

9.1.5　文件类型指针

缓冲文件系统中,关键的概念是文件类型指针,简称为文件指针。每个被使用的文件都在内存中开辟一个相应的文件信息区,用来存放文件的有关信息(如文件的名字、文件状态及文件位置标记的当前位置等)。这些信息是保存在一个结构体变量中的。该结构体类型是由系统创建的,类型名为 FILE。不同的 C 语言编译系统的 FILE 类型包含的内容不完全相同,但都大同小异。

在程序中可以直接用结构体类型 FILE 定义变量。每一个 FILE 类型变量对应一个文件的信息区,其中包含该文件的有关信息。例如,可以定义以下 FILE 类型的变量。

```
FILE f;
```

以上定义了一个结构体变量 f,可以用它来存放一个文件的有关信息,这些信息是在打开文件时由编译系统根据文件的性质自动放入的。

一般不对 FILE 类型的变量命名,也就是不通过变量的名字来引用这些变量,而是设置一个指向 FILE 类型变量的指针变量,然后通过它来引用这些 FILE 类型变量。这样使用起来更方便。

下面定义一个文件型数据的指针变量。

```
FILE * fp;
```

fp 是一个指向 FILE 类型变量的指针变量。可以使 fp 指向某一个文件的文件信息区（是一个结构体变量），从而通过该文件信息区中的信息能够访问该文件。也就是说，通过文件指针变量能够找到与它相关的文件。如果有 n 个文件，应设 n 个指针变量，分别指向 n 个 FILE 类型变量，以实现对 n 个文件的访问，如图 9.3 所示。

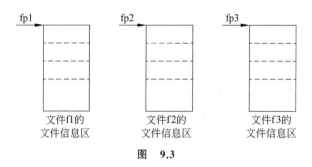

图　9.3

为方便起见，通常将这种指向文件信息区的指针变量称为指向文件的指针变量，或简称为文件指针。

注意：指向文件的指针变量并不是指向外部介质上的数据文件的开头，而是指向内存中的文件信息区的开头。

9.2　文件的打开与关闭

对文件读/写之前应该**打开**该文件，在使用结束之后应该**关闭**该文件。"打开"和"关闭"是形象的说法，就像打开房门才能进入房间，房门关闭就无法进入一样。实际上，所谓"打开"，是指为指定的文件建立相应的信息区（用来存放有关文件的信息）和文件缓冲区（用来暂时存放输入/输出的数据）。

在编写程序时，在打开文件的同时，一般都指定一个指针变量指向该文件，也就是建立起指针变量与文件之间的联系，这样就可以通过该指针变量对文件进行读/写。所谓"关闭"，是指撤销文件信息区和文件缓冲区，使文件指针变量不再指向该文件，显然就无法进行对文件的读/写。

9.2.1　用 fopen( )函数打开文件

用标准输入/输出函数 fopen( )来实现打开文件。对函数名 fopen 不必死记，open 是"打开"，前面的 f 是文件 file 的缩写，fopen 表示"打开文件"。

fopen( )函数调用的一般形式为

fopen(文件名,使用文件方式);

其中，文件名可以是字符串常量、字符数组名或指向字符串的指针变量。

例如：

fopen("a1", "r");

表示要打开名字为 a1 的文件,使用文件的方式为"读入"(r 代表 read,即读入)。fopen()函数的返回值是指向 a1 文件的指针(即 a1 的文件信息区的起始地址)。通常将 fopen()函数的返回值赋给一个指向文件的指针变量。例如:

```
FILE * fp;                    //定义文件型的指针变量 fp
fp=fopen("a1","r");           //将 fopen()函数的返回值赋给指针变量 fp
```

fopen()函数带回指向 a1 文件的指针并赋给 fp,即 fp 指向了 a1 文件的文件信息区,这样 fp 就和文件 a1 相连。可以看出,用这个方法打开一个文件时,会通知编译系统以下 3 个信息。

(1) 需要打开的文件名,也就是准备访问的文件的名字。

(2) 使用文件的方式("读"还是"写"等)。

(3) 让哪一个指针变量指向被打开的文件。

使用文件的方式如表 9.1 所示。

表 9.1　使用文件的方式

文件使用方式	含　　义	如果指定的文件不存在
r(只读)	为输入打开一个已存在的 ASCII 文件	出错
w(只写)	为输出打开一个 ASCII 文件	建立新文件
a(追加)	向 ASCII 文件尾添加数据	出错
rb(只读)	为输入打开一个二进制文件	出错
wb(只写)	为输出打开一个二进制文件	建立新文件
ab(追加)	向二进制文件尾添加数据	出错
r+(读/写)	为读/写打开一个 ASCII 文件	出错
w+(读/写)	为读/写建立一个新的 ASCII 文件	建立新文件
a+(读/写)	为读/写打开一个 ASCII 文件	出错
rb+(读/写)	为读/写打开一个二进制文件	出错
wb+(读/写)	为读/写建立一个新的二进制文件	建立新文件
ab+(读/写)	为读/写打开一个二进制文件	出错

提示:

(1) 表 9.1 中最基本的是 r、w、a 三种方式。在其后加 b 表示是二进制文件,不加 b 的表示是 ASCII 文件(即文本文件)。加"+"表示既可读又可写。

(2) 如果因故不能实现"打开"的任务,fopen()函数将会带回一个出错信息。出错的原因可能是用 r 方式打开一个并不存在的文件;磁盘出故障;磁盘已满,无法建立新文件等。此时 fopen()函数将带回一个空指针值 NULL(NULL 在 stdio.h 文件中已被定义为 0)。

常用下面的方法打开一个文件。

```
if ((fp =fopen("file1", "r"))==NULL)
{
```

```
        printf ("Cannot open this file.\n");
        exit(0);
    }
```

编译系统先检查打开的操作有否出错，如果有错就在终端上输出"Cannot open this file."。exit()函数的作用是关闭所有文件，终止正在执行的程序，待用户检查出错误，修改后再运行。

9.2.2　用 fclose()函数关闭文件

在使用完一个文件后应该关闭它，以防止它再被误用。"关闭"就是撤销该文件的文件信息区和文件缓冲区，使文件指针变量不再指向该文件信息区，也就是文件指针变量与文件"脱钩"，此后不能再通过该指针变量(fp)对原来与其相联系的文件进行读/写操作。除非再次打开，使该指针变量重新指向该文件。

关闭文件用 fclose()函数。fclose()函数调用的一般形式为

fclose(文件指针);

例如：

```
fclose(fp);
```

前面我们曾把打开文件[用 fopen()函数]时所带回的指针赋给了 fp，现在使 fp 不再指向该文件，通俗地说就是把 fp 指向的文件关闭。

应该养成在程序终止之前关闭所有文件的习惯，如果不关闭文件将会丢失数据。如前所述，在向文件写数据时，是先将数据输出到缓冲区，待缓冲区充满后才正式输出给文件。如果当数据未充满缓冲区而程序结束运行，就会将缓冲区中的数据丢失。用 flose()函数关闭文件，可以避免这个问题，它先把缓冲区中的数据输出到磁盘文件，然后才释放文件指针变量。

fclose()函数也带回一个值，当顺利地执行了关闭操作，则返回值为 0；否则返回 EOF(−1)。

9.3　文件的顺序读/写

文件打开之后，就可以对它进行读/写了。在顺序写时，先写入的数据存放在文件中前面的位置，后写入的数据存放在文件中后面的位置。在顺序读时，先读文件中前面的数据，后读文件中后面的数据。也就是说，对顺序读/写来说，对文件读/写数据的顺序和数据在文件中的物理顺序是一致的。

顺序读/写用以下介绍的函数实现。

9.3.1　向文件读/写字符

向文件读/写字符是最简单的一种对文件的读/写操作，可以用表 9.2 所示的函数。

表 9.2 读/写一个字符的函数

函数名	调用形式	功　　能	返　回　值
fgetc	fgetc(fp)	从 fp 指向的文件读入下一个字符	读成功,带回所读的字符;失败则返回文件结束标志 EOF(即−1)
fputc	fputc(ch,fp)	把字符 ch 写到文件指针变量 fp 所指向的文件中	输出成功,返回值就是输出的字符;输出失败,则返回非 0

【例 9.1】

任务要求:

从键盘输入一些字符,逐个把它们送到磁盘上,直到用户输入一个"♯"为止。

解题思路:

这个程序的算法并不难,只需从键盘逐个输入字符,然后用 fputc()函数写到磁盘文件即可。

编写程序:

```c
#include <stdio.h>
#include <stdlib.h>
int main()
{
    FILE * fp;
    char ch, filename[10];                  //定义字符数组
    printf("Please enter the file name:");  //提示用户输入
    scanf("%s",filename);                   //输入文件名,放在字符数组 filename 中
    if((fp=fopen(filename,"w"))==NULL)      //打开输出文件
    {
        printf("Cannot open this file.");   //如果打开时出错,就输出"打不开"的信息
        exit(0);                            //终止程序
    }
    ch=getchar();                           //ch 用来接收在输入文件名时最后输入的回车符
    printf("Please enter one string:");
    ch=getchar();                           //接收从键盘输入的第一个字符并赋给字符变量 ch
    while(ch!='#')                          //当输入#时结束循环
    {
        fputc(ch,fp);                       //向 fp 指向的磁盘文件输出一个字符
        putchar(ch);                        //将输出的字符显示在屏幕上
        ch=getchar();                       //再接收从键盘输入的一个字符并赋给字符变量 ch
    }
    fclose(fp);                             //关闭文件
    putchar(10);                            //向屏幕输出一个换行符,换行符的 ASCII 代码为 10
    return 0;
}
```

运行结果:

```
Please enter the file name: file1.dat↙      (用户输入磁盘文件名,数据文件后缀用.dat)
Please enter one string:Computer and C# ↙   (输入一个字符串,以#表示结束)
Computer and C                              (输出一个字符串)
```

程序分析：

（1）用来存储数据的文件名可以在 fopen()函数中直接写成字符串常量形式（如指定 a1），也可以在程序运行时由用户临时指定。本程序采取的方法是从键盘输入文件名。为此设立一个字符数组 filename，用来存放该文件名。运行时，从键盘输入磁盘文件名 file1.dat。程序第 9 行相当于：

```
if((fp=fopen("file1.dat", "w"))==NULL)
```

操作系统新建立一个磁盘文件 file1.c，用来接收程序输出的数据。

（2）用 fopen()函数打开一个"只写"的文件（w 表示只能写入而不能从中读数据）。如果打开成功，函数的返回值是该文件所建立的信息区的起始地址，把它赋给指针变量 fp（fp 已定义为指向文件的指针变量）；如果不能成功地打开文件，则在显示器的屏幕上显示 "Cannot open this file."，然后用 exit()函数终止程序运行。

（3）exit 是标准 C 语言的库函数，作用是使程序终止。用此函数时在程序的开头应加入 stdlib.h 头文件。

（4）用 getchar()函数接收用户从键盘输入的字符。注意每次只能接收一个字符。如输入准备写入磁盘文件的字符 Computer and C♯，"♯"是用来表示输入的字符串到此结束。用什么字符作为结束标志是自行指定的，也可以用别的字符（如"！""@"或其他字符）作为结束标志。但应注意，如果字符串中包含"♯"，就不能用"♯"作结束标志。

（5）先从键盘输入一个字符，检查它是否为"♯"，如果是，表示字符串已结束，不执行循环体。如果不是，则执行一次循环体，将该字符输出到 fp 指向的磁盘文件 file1.dat 中，然后在屏幕上显示出该字符，接着再从键盘读入一个字符。如此反复，直到读入"♯"字符为止。这时，程序已将 Computer and C 写到以 file1.dat 命名的磁盘文件中了，同时在屏幕上也显示出了这些字符，以便核对。

（6）在输入 Computer and C♯后还要输入一个回车符，才能把此字符串送到计算机中。因此，在 if 语句之后要有一个语句"ch＝getchar();"，用来读入这个回车符，并把它赋给 ch，而 ch 又接着接收从键盘输入的字符串的第一个字符（c）。第一个"ch＝getchar();"语句的作用是"消化"掉这个回车符。请读者思考：如果没有第 14 行的"ch＝getchar();"语句，结果会怎样？

（7）为了检查磁盘文件 file1.dat 中是否确实存储了这些内容，可以在 Windows 的资源管理器中用记事本的打开方式打开 file1.dat 文件，在屏幕上会显示：

Computer and C　　　　　　　　　（显示出此文件中的信息）

这就证明了在 file1.dat 文件中已存入了 Computer and C 的信息。

【例 9.2】

任务要求：

将一个磁盘文件中的信息复制到另一个磁盘文件中。现要求将例 9.1 建立的 file1.dat 文件中的内容复制到另一个磁盘文件 file2.dat 中，并在屏幕上显示出来。

解题思路：

处理此问题的算法是从 file1.dat 文件中逐个读入字符，然后逐个输出到 file2.dat 中，同时在屏幕上显示出来。

编写程序：

```c
#include <stdio.h>
#include <stdlib.h>
int main()
{
    FILE * in, * out;
    char ch, infile[10], outfile[10];        //定义两个字符数组,以分别存放两个文件名
    printf("Enter the infile name:");
    scanf("%s",infile);                       //向 infile 数组输入一个输入文件的名称
    printf("Enter the outfile name:");
    scanf("%s",outfile);                      //向 outfile 数组输入一个输出文件的名称
    if((in=fopen(infile,"r"))==NULL)          //打开输入文件
    {
        printf("cannot open infile\n");
        exit(0);
    }
    if((out=fopen(outfile,"w"))==NULL)        //打开输出文件
    {
        printf("cannot open outfile \n");
        exit(0);
    }
    ch=fgetc(in);                             //从输入文件读入一个字符,放在变量 ch 中
    while(ch!=EOF)                            //如果未读入文件结束标志
    {
        fputc(ch,out);                        //将 ch 写到输出文件中
        putchar(ch);                          //将 ch 显示在屏幕上
        ch=fgetc(in);                         //再从输入文件读入一个字符,放在变量 ch 中
    }
    putchar(10);                              //在屏幕上显示完全部字符后换行
    fclose(in);                               //关闭输入文件
    fclose(out);                              //关闭输出文件
    return 0;
}
```

运行结果：

Enter the infile name: <u>file1.dat</u>✓　(输入已有数据的磁盘文件名)
Enter the outfile name: <u>file2.dat</u>✓　(输入新复制的磁盘文件名)
Computer and C　　　　　　　　　(在显示器屏幕上显示出写到 file2.dat 文件的字符)

程序分析：

（1）file1.dat 在例 9.1 中是作为输出文件的,接收计算机向它输出的数据。在本例中 file1.dat 作为输入信息的来源,计算机从中读取数据。可以看到,同一个文件在不同情况下可以作为输入文件,也可以作为输出文件,这都由 fopen()函数指定。

（2）例 9.1 运行后,向 file1.dat 文件输出了 Computer and C。现在要求把该内容复制到 file2.dat 中,用 fopen()函数打开的输入文件名必须是 file1.dat,而不能是其他文件名,否则会找不到 Computer and C,从而无法实现复制。

（3）要把 Computer and C 复制到一个新文件中,程序中第二个 fopen()函数打开的输

出文件名是由用户输入的 file2.dat。系统在当前目录下找 file2.dat 文件，以便向它复制这个字符串。若找不到 file2.dat 文件，系统会建立一个以 file2.dat 命名的新文件，以便向它写数据。

（4）在访问磁盘文件时是逐个字节进行的，系统用一个文件读/写的位置标记来表示当前所访问的位置。开始时按顺序读/写文件信息时，位置标记指向第 1 个字节；读完 1 个字节后，位置标记就指向下一个字节，即当前读/写位置自动后移。

（5）系统在文件内容的最后设置了一个**文件尾标志**。系统对文件尾标志用标识符 EOF(end of file)表示，EOF 在 stdio.h 中定义为 −1。当读完全部有效字符后，如果再执行读取操作，则会读入文件尾标记 EOF，为了知道是否已读完文件中的全部字符，只需看已读入的是否是文件尾标志 EOF 即可。

分析程序第 22 行中的 while(ch!＝EOF)。当未读完全部字符时，ch 显然不等于 EOF，while(ch!＝EOF)中的条件成立，应执行 while 循环体，输出刚读入的字符并再读入下一个字符。当读入全部有效字符后，再执行读取操作时就会读入文件尾标志，这时 while(ch＝EOF)中的条件不成立，不再执行 while 循环体，也不会把刚读入的信息输出。

9.3.2　向文件读/写一个字符串

前面已掌握了向磁盘文件读/写一个字符的方法，有的读者提出一个问题，如果字符个数多，一个一个读/写太麻烦，能否一次读/写一个字符串呢？

C 语言允许用函数 fgets()和 fputs()一次读/写一个字符串，如表 9.3 所示。

表 9.3　读/写一个字符串的函数

函数名	调用形式	功　　能	返　回　值
fgets	fgets(str,n,fp)	从 fp 指向的文件读入一个长度为 n−1 的字符串，存放到字符数组 str 中	读成功，返回地址 str；失败则返回 NULL
fputs	fputs(str,fp)	把字符串 str 写到文件指针变量 fp 所指向的文件中	输出成功，返回 0；否则返回非 0 值

提示：

（1）用 fgets()函数可以从指定的文件读入一个字符串。例如：

```
fgets (str, n, fp);
```

其中，n 为要求得到的字符个数，但实际上只从 fp 指向的文件中读入 n−1 个字符，然后在最后加一个'\0'字符，这样得到的字符串共有 n 个字符，把它们放到字符数组 str 中。如果在读完 n−1 个字符之前遇到换行符"\n"或文件尾标志 EOF，读入即结束，将所遇到的换行符"\n"也作为一个字符读入。若执行 fgets()函数成功，则返回值为 str 组首元素的地址；如果一开始就遇到文件尾标志或读数据出错，则返回 NULL。

（2）用 fputs()函数可以向指定的文件输出一个字符串。例如：

```
fputs ("China",fp);
```

把字符串"China"输出到 fp 指向的文件中。fputs()函数中第一个参数可以是字符串常量、字符数组名或字符型指针。字符串末尾的'\0'不输出。若输出成功,函数值为 0;若输出失败,函数值为一个非 0 值。

(3) 函数的名字不必死记,从函数的名字可以知道它的含义,如 fgets 的第一个字母 f 代表文件(file),最后的字母 s 代表字符串(string),中间的 get 是"取得",显然其含义是从文件中读取字符串。同样,从 fputs 的名字可知其作用是将字符串送到文件中。前面介绍过的 fgetc()和 fputc()函数,其名字最后一个字母不是 s 而是 c(character),表示它读/写的是一个字符,而不是字符串。

fgets()和 fputs()这两个函数的功能类似于第 2 章用过的 gets()和 puts()函数,只是 gets()和 puts()函数以终端作为读/写对象,而 fgets()和 fputs()函数以指定的文件作为读/写对象。

【例 9.3】

任务要求:

从键盘读入若干个字符串,对它们按字母大小的顺序排序,然后把排好序的字符串送到磁盘文件中保存。

解题思路:

为解决问题,可分为 3 个步骤。

(1) 从键盘读入 n 个字符串,存放在一个二维数组中,每一个一维数组存放一个字符串。

(2) 对字符数组中的 n 个字符串按字母顺序排序,排好序的字符串仍存放在字符数组中。

(3) 将字符数组中的字符串顺序输出。

编写程序:

```c
#include <stdio.h>
#include <stdlib.h>
#include <string.h>
int main()
{
    FILE * fp;                    //定义文件指针 fp
    char str[3][10], temp[10];    //str 是用来存放字符串的二维数组,temp 是一维数组
    int i,j,k,n=3;
    printf("Enter strings:\n"); //提示输入字符串
    for(i=0;i<n;i++)
      gets(str[i]);               //从键盘输入 n 个字符串并存放在二维数组 str 中
    for(i=0;i<n-1;i++)            //用选择法对字符串排序
    {
      k=i;
      for(j=i+1;j<n;j++)
        if(strcmp(str[k],str[j])>0) k=j;     //用 strcmp()函数对字符串比较大小
      if (k!=i)
      {
        strcpy(temp,str[i]);   //复合语句的作用是将 str[i]与 str[k]的值对换
        strcpy(str[i],str[k]);
        strcpy(str[k],temp);
```

```
        }
    }
    if ((fp=fopen("D:\\CC\\temp\\string.dat","w"))==NULL)     //打开磁盘文件
    {
        printf("Can't open this file!\n");
        exit(0);
    }
    printf("\nThe new sequence:\n");
    for(i=0;i<n;i++)
    {
        fputs(str[i],fp);           //向磁盘文件写数据
        fputs("\n",fp);
        printf("%s\n",str[i]);      //在屏幕上显示
    }
    return 0;
}
```

运行结果：

```
Enter strings:
China↙
Canada↙
India↙

The new sequence:
Canada
China
India
```

程序分析：

（1）在打开文件时指定了文件路径,假设我们想在 D 盘的 cc\temp 子目录下建立一个名为 str.dat 的数据文件,用来存放已排好序的字符串,本来应该写成"D:\cc\temp\str.dat",但由于在 C 语言中把"\"作为转义字符的标志,因此在字符串或字符中要表示" \"时,应当在" \"之前再加一个" \",即"D:\\cc\\temp\\str.dat"。注意,只在双撇号""或单撇号' '中的" \"才需要写成"\\",其他情况下不用。

（2）在向磁盘文件写数据时,只输出字符串中的有效字符,不包括字符串结束标志\0',这样前后两次输出的字符串之间无分隔,会连成一片,当以后从磁盘文件读回数据时就无法区分各个字符串了。为了避免出现这种情况,在输出一个字符串后,可以人为地输出一个"\n"作为字符串之间的分隔,见程序第 33 行中的 fputs("\n",fp)。

（3）为使程序运行简单,本例只输入 3 个字符串。如果有 10 个字符串,只需把第 8 行的 n=3 改为 n=10 即可。

为了验证输出到磁盘文件中的内容,可以编写出以下的程序,从该文件中读回字符串,并在屏幕上显示。

```
#include <stdio.h>
#include <stdlib.h>
int main()
{
```

```
    FILE * fp;
    char str[3][10];
    int i=0;
    if((fp=fopen("D:\\CC\\temp\\string.dat","r"))==NULL)   //注意文件名必须与前相同
    {
        printf("Can't open file!\n");
        exit(0);
    }
    while(fgets(str[i],10,fp)!=NULL)
    {
        printf("%s",str[i]);
         i++;
    }
    fclose(fp);
    return 0;
}
```

运行结果如下：

```
Canada
China
India
```

证明结果是正确的。

提示：

（1）在验证程序中，打开文件时指定的文件路径和文件名必须与输出时指定的一致，否则会找不到该文件。读/写方式要改为"r"。

（2）在第 13 行中用 fgets() 函数读字符串时，指定一次读入 10 个字符。但按 fgets() 函数的规定，如果遇到"\n"就结束字符串输入，"\n"作为最后一个字符也读入到字符数组中。

（3）由于读入到字符数组中的每个字符串后都有一个"\n"，因此在向屏幕输出时不必再加"\n"，而只写"printf("%s",str[i]);"即可。

9.3.3 文件的格式化读/写

前面介绍的是字符的输入/输出，而实际上数据的类型是丰富的（包括数值型和字符型）。大家已很熟悉使用 printf() 函数和 scanf() 函数向终端进行格式化的输入/输出，可以输入/输出各种不同类型的数据。其实也可以对文件进行格式化输入/输出，这时就要用 fprintf() 函数和 fscanf() 函数，从函数名可以看到，这两个函数只是在 printf 和 scanf 的前面加了一个字母"f"，它们的作用与 printf() 函数和 scanf() 函数相仿，都是格式化读/写函数。需要注意的是，用格式化输入/输出的是文本文件，即 ASCII 字符（屏幕上能显示的字符）。只有一点不同，fprintf() 函数和 fscanf() 函数的读/写对象不是终端，而是外部文件。

调用它们的一般方式为

fprintf (文件指针,格式字符串,输出表列);
fscanf (文件指针,格式字符串,输入表列);

例如：

```
fprintf (fp,"%d, %6.2f", i, t);
```

它的作用是将整型变量 i 和实型变量 f 的值按%d 和%6.2f 的格式输出到 fp 指向的文件中。
如果 i＝3,t＝4.5,则输出到磁盘文件上的是以下的字符。

```
3, 4.50
```

这是和输出到屏幕的情况相似的,只是它没有输出到屏幕,而是输出到磁盘文件而已。

同样,用以下 fscanf()函数可以从磁盘文件上读入 ASCII 字符。

```
fscanf (fp, "%d, %f", &i, &t);
```

磁盘文件上如果有以下字符：

```
3,4.5
```

则从磁盘文件中读取数据 3 送给变量 i,4.5 送给变量 t。

9.3.4　用二进制方式读/写文件

用 fprintf()函数和 fscanf()函数对磁盘文件读/写,使用方便,容易理解。但由于在输入时要将文件中的 ASCII 形式转换为二进制形式再保存在内存变量中,在输出时又要将内存中的二进制形式转换成字符,花费的时间比较多。因此,在内存与磁盘频繁交换数据的情况下,最好不用 fprintf()函数和 fscanf()函数,而用下面介绍的 fread()函数和 fwrite()函数进行二进制的读/写。

C 语言标准允许用 fread()函数从文件读一个数据块,用 fwrite()函数向文件写一个数据块。在进行读/写时是以二进制形式进行的。在向磁盘文件写数据时,直接将内存中一组数据按原来的存放形式原封不动、不加转换地复制到磁盘文件上,在用 fread()函数读入数据时也是将磁盘文件中指定的数据原样读入内存。

调用它们的一般形式为

```
fread (buffer, size, count, fp);
fwrite (buffer, size, count, fp);
```

参数说明如下。
- buffer：是一个地址。对 fread()函数来说,它是读入数据的存放地址。对 fwrite()函数来说,它是要输出数据的地址(以上指的是起始地址)。
- size：要读/写的字节数。
- count：要进行读/写多少个 size 字节的数据项。
- fp：文件型指针。

文件要指定以二进制形式打开。用 fread()函数和 fwrite()函数就可以读/写任何类型的信息。

如果有一个 struct Student-type 结构体类型：

```
struct Student-type
{
    char name[10];
```

```
    int num;
    int age;
    char addr[30];
}stud[40];
```

结构体数组 stud 包含 40 数组元素，每一个元素用来存放一个学生的数据(包括姓名、学号、年龄、地址)。假设学生的数据已存放在磁盘文件中，可以用下面的 for 语句和 fread() 函数读入 40 个学生的数据。

```
for(i=0;i<40;i++)
    fread (&stud[i], sizeof (struct student_type), 1, fp);
```

同样，以下 for 语句和 fwrite() 函数可以将内存中的学生数据输出到磁盘文件中去。

```
for(i=0;i<40;i++)
    fwrite (&stud[i], sizeof (struct student_type), 1, fp);
```

如果 fread() 函数或 fwrite() 函数执行成功，则函数返回值为 count 的值，即输入或输出数据项的完整个数。

【例 9.4】

任务要求：

从键盘输入 10 个学生的有关数据，然后转存到磁盘文件上去。

编写程序：

```
#include <stdio.h>
#define SIZE 10                 //定义程序中的 SIZE 代表整数 10
struct Student_type
{
    char name[10];
    int num;
    int age;
    char addr[18];
}stud[SIZE];                    //定义全局结构体数组 stud,包含 10 个学生数据

void save()                     //定义 save() 函数,向文件输出 SIZE 个学生的数据
{
    FILE * fp;
    int i;
    if((fp=fopen ("stu_dat","wb"))==NULL)   //文件 stu_dat 的打开方式为 wb(二进制写)
    {
        printf("cannot open file\n");
        return;
    }
    for(i=0;i<SIZE;i++)
        if(fwrite (&stud[i],sizeof (struct student_type),1,fp)!=1)
            printf ("file write error\n");
    fclose(fp);
}

int main()
```

```
{
  int i;
  printf("Please enter data of students:");
  for(i=0;i<SIZE;i++)              //输入 SIZE 个学生的数据,存放在 stud 数组中
    scanf("%s%d%d%s",stud[i].name,&stud[i].num,&stud[i].age,stud[i].addr);
  save();
  reurn 0;
}
```

运行结果：

Please enter data of students: (输入 10 个学生的姓名、学号、年龄和地址)
Zhang 1001 19 room_101↙
Fan 1002 20 room_102↙
Tan 1003 21 room_103↙
Ling 1004 21 room 104↙
Li 1006 22 room_105↙
Wang 1007 20 room_106↙
Zhen 1008 16 room_107↙
Fu 1010 18 room_108↙
Qin 1012 19 room_109↙
Liu 1014 21 room_110↙

程序分析：

(1) 在 main()函数中,从终端键盘输入 10 个学生的数据,然后调用 save()函数,将这些数据输出到以 stu_dat 命名的磁盘文件中。fwrite()函数的作用是将一个长度为 36 个字节的数据块送到 stu_dat 文件中(一个 struct student_type 类型结构体变量的长度为它的成员长度之和,即 10+4+4+18=36,假设 int 型数据占 4 个字节)。

(2) 在 fopen()函数中指定读/写方式为 wb,即二进制只写方式。在向磁盘文件 stu_dat 写的时候,将内存中存放 stud 数组元素 stud[i]的存储单元中的内容原样复制到磁盘文件上。

(3) 程序运行时,屏幕上并无输出任何信息,只是将从键盘输入的数据传输到磁盘文件上。为了验证在磁盘文件 stu_dat 中是否已存在此数据,可以用以下程序从 stu_dat 文件中读入数据,然后在屏幕上输出。

```
#include <stdio.h>
#define SIZE 10
struct student_type
{
  char name[10];
  int num;
  int age;
  char addr[15];
}stud[SIZE];

int main()
{
  int i;
  FILE * fp;
```

```
if((fp=fopen ("stu_dat","rb"))==NULL) //文件 stu_dat 的打开方式为 rb(二进制只读)
{
    printf("Cannot open this file.\n");
    return;
}
for(i=0;i<SIZE;i++)
{
    fread (&stud[i],sizeof(struct student_type),1,fp);
                                  //从 fp 指向的文件读入一组数据
    printf ("%-10s %4d %4d %-15s\n",stud[i].name,stud[i].num,stud[i].age,
        stud[i].addr);            //在屏幕上输出这组数据
}
fclose (fp);                      //关闭文件 stu_list
return 0;
}
```

运行结果(不需从键盘输入任何数据,屏幕上显示出以下信息)如下:

```
Zhang      1001   19   room_101
Fan        1002   20   room_102
Tan        1003   21   room_103
Ling       1004   21   room_104
Li         1006   22   room_105
Wang       1007   20   room_106
Zhen       1008   16   room_107
Fu         1010   18   room_108
Qin        1012   19   room_109
Liu        1014   21   room_110
```

这个题目要求的是从键盘输入数据,如果已有的数据已经以二进制形式存储在一个磁盘文件 stu_list 中,要求从其中读入数据并输出到 stu_dat 文件中。可以编写一个如下的 load()函数,从磁盘文件 stu_list 中读二进制数据,并存放在 stud 数组中。

```
void load()
{
    FILE * fp;
    int i;
    if((fp=fopen("stu_list","rb"))==NULL)       //打开输入文件 stu_list
    {
        printf("cannot open infile\n");
        return;
    }
    for(i=0;i<SIZE;i++)
        if(fread(&stud[i],sizeof(struct student_type),1,fp)!=1)
                                          //从 stu_list 文件中读数据
        {
            if(feof(fp))
            {
                fclose(fp);
                return;
            }
        }
```

```
        printf("file read error\n");
    }
    fclose (fp);
}
```

将 load( )函数加到本例第一个程序文件中，并将 main( )函数改为

```
int main()
{
  load();
  save();
  return 0;
}
```

即可实现题目要求。

以上介绍的是顺序文件。有关随机文件的操作可参阅《C 语言程序设计教程学习辅导》第二部分第 17 章。

本章小结

1. 文件是在外部介质上数据的集合，操作系统把所有输入/输出设备都作为文件来管理。每一个文件需要有一个文件标识，包括文件路径、文件主干名和文件后缀。

2. 数据文件有两类：ASCII 文件和二进制文件。数据在内存中是以二进制形式存储的，如果不加转换地输出到外存，就是二进制文件，可以认为它就是存储在内存中的数据的映像，所以也称为映像文件。如果用 w 方式指定了输出到磁盘时以 ASCII 代码形式存储，则在输出前系统会自动进行转换。

3. ANSI C 采用缓冲文件系统，为每一个使用的文件在内存中开辟一个文件缓冲区，在输入时，先从文件中把数据读到缓冲区，然后从缓冲区分别送到各变量的存储单元。在输出时，先从内存数据区将数据送到缓冲区，待放满缓冲区后一次输出，这有利于提高效率。

4. 文件类型指针（简称文件指针）是缓冲文件系统中的一个重要的概念。在文件打开时，在内存中建立一个文件信息区，存放文件的有关特征和当前状态。这个信息区的数据类型是系统规定好的结构体类型，并已命名为 FILE 类型。文件指针是指向 FILE 类型数据的，具体地说就是指向某一文件信息区的开头。通过这个指针可以得到文件的有关信息，从而对文件进行操作。这就是指针指向文件的含义。

5. 文件使用前必须"打开"，用完后应当"关闭"。所谓打开，是建立相应的文件信息区，开辟文件缓冲区。由于建立的文件信息区没有名字，只能通过指针变量来引用。因此，一般在打开文件时同时使指针变量指向该文件的信息区，以便程序对文件进行操作。所谓关闭，是撤销文件信息区和文件缓冲区，指针变量不再指向该文件。

6. 有两种对文件的读/写方式，"顺序读/写"和"随机读/写"。对顺序读/写而言，对文件读/写数据的顺序和数据在文件中的物理顺序是一致的；对随机读/写而言，对文件读/写数据的顺序和数据在文件中的物理顺序一般是不一致的。本章只介绍了顺序读/写。在《C 语言程序设计教程学习辅导》第二部分第 18 章简要介绍了随机读/写，有兴趣的读者可以

参阅。

7. 对文件的操作要通过文件操作函数实现。表 9.4 归纳了常用的文件操作函数及其功能，其中有关文件定位的函数（fseek()、rewind()、ftell()）用于随机读/写。

表 9.4　常用的文件操作函数

分　类	函　数	功　能
打开文件	fopen()	打开文件
关闭文件	fclose()	关闭文件
文件定位	fseek()	改变文件位置标记的位置
	rewind()	使文件位置标记重新置于文件开头
	ftell()	得到文件位置标记的当前值
文件读/写	fgetc()、getc()	从指定文件取得一个字符
	fputc()、putc()	把字符输出到指定文件
	fgets()	从指定文件读取字符串
	fputs()	把字符串输出到指定文件
	fread()	从指定文件中读取数据块
	fwrite()	把数据块写到指定文件
	fscanf()	从指定文件按格式输入数据
	fprintf()	按指定格式将数据写到指定文件中
文件状态	feof()	若读入文件尾标记，函数值为"真"（非 0）
	ferror()	若对文件操作出错，函数值为"真"（非 0）
	clearerr()	使 ferror()函数和 feof()函数值置零

8. 本章的内容在实际应用中是很重要的，许多可供实际使用的 C 语言程序都包含了文件处理。通常将大批数据存放在磁盘上，在运行应用程序的过程中，内存与磁盘之间频繁地交换数据，或大量地从文件中查询数据，这就要经常进行文件操作。本章只介绍了一些最基本的概念，并通过一些简单的例子初步了解怎样对文件进行操作，为今后的进一步学习和应用打下基础。

习题

9.1　从键盘输入一个字符串，将其中的小写字母全部转换成大写字母，然后输出到一个磁盘文件 test 中保存。输入的字符串以"！"结束。

9.2　有两个磁盘文件 A 和 B，各存放一行字母，现要求把这两个文件中的信息合并（按字母顺序排列），输出到一个新文件 C 中去。

9.3　有 5 个学生，每个学生有 3 门课程的成绩，从键盘输入学生数据（包括学号、姓名、3 门课程的成绩），计算出 3 门课程的平均成绩，将原有数据和计算出的平均分数存放在磁盘文件 stud 中。

9.4　将习题 9.3 的 stud 文件中的学生数据按平均分进行排序处理，将已排序的学生数据存入一个新文件 stu-sort 中。

9.5　将本章习题 9.4 已排序的学生成绩文件进行插入处理。插入一个学生的 3 门课程成绩，程序先计算新插入学生的平均成绩，然后将它按成绩的高低顺序插入，插入后建立一个新文件。

9.6　本章习题 9.5 结果仍存入原有的 stu-sort 文件而不另建立新文件。

9.7　有一磁盘文件 employee 中存放职工的数据。每个职工的数据包括职工姓名、职工号、性别、年龄、住址、工资、健康状况、文化程度。现要求将职工名、工资的信息单独抽出来另建一个简明的职工工资文件。

9.8　从本章习题 9.7 的"职工工资文件"中删去一个职工的数据，再存回原文件。

9.9　从键盘输入若干行字符（每行长度不等），输入后把它们存储到一磁盘文件中。再从该文件中读入这些数据，将其中小写字母转换成大写字母后在显示屏上输出。

附录 A 常用字符与 ASCII 代码对照表

ASCII 值	字符	控制字符	ASCII 值	字符	控制字符	ASCII 值	字符	ASCII 值	字符	ASCII 值	字符	ASCII 值	字符	ASCII 值	字符	ASCII 值	字符
000	(null)	NUL	017	▼	DC1	034	"	051	3	068	D	085	U	102	f	119	w
001	☺	SOH	018	↕	DC2	035	#	052	4	069	E	086	V	103	g	120	x
002	●	STX	019	‼	DC3	036	$	053	5	070	F	087	W	104	h	121	y
003	◗	ETX	020	¶	DC4	037	%	054	6	071	G	088	X	105	i	122	z
004	◆	EOT	021	§	NAK	038	&	055	7	072	H	089	Y	106	j	123	{
005	♣	END	022	▬	SYN	039	'	056	8	073	I	090	Z	107	k	124	|
006	♠	ACK	023	↨	ETB	040	(	057	9	074	J	091	[	108	l	125	}
007	(beep)	BEL	024	↑	CAN	041	)	058	:	075	K	092	\	109	m	126	~
008	▪	BS	025	↓	EM	042	*	059	;	076	L	093	]	110	n	127	⌂
009	(tab)	HT	026	→	SUB	043	+	060	<	077	M	094	^	111	o	128	Ç
010	(line feed)	LF	027	←	ESC	044	,	061	=	078	N	095	_	112	p	129	ü
011	(home)	VT	028	∟	FS	045	-	062	>	079	O	096	`	113	q	130	é
012	(form feed)	FF	029	◆	GS	046	.	063	?	080	P	097	a	114	r	131	â
013	(carriage return)	CR	030	◀	RS	047	/	064	@	081	Q	098	b	115	s	132	ä
014	♫	SO	031	▶	US	048	0	065	A	082	R	099	c	116	t	133	à
015	☼	SI	032	(space)		049	1	066	B	083	S	100	d	117	u	134	å
016	▲	DLE	033	!		050	2	067	C	084	T	101	e	118	v	135	ç

续表

ASCII值	字符	ASCII值	控制字符	ASCII值	控制字符	ASCII值	字符	ASCII值	字符	ASCII值	字符	ASCII值	字符	ASCII值	字符
136	ê	151	ù	166	ª	181	╡	196	─	211	╙	226	Γ	241	±
137	ë	152	ÿ	167	º	182	╢	197	┼	212	╘	227	π	242	≥
138	è	153	Ö	168	¿	183	╖	198	╞	213	╒	228	Σ	243	≤
139	ï	154	Ü	169	⌐	184	╕	199	╟	214	╓	229	σ	244	⌠
140	î	155	¢	170	¬	185	╣	200	╚	215	╫	230	µ	245	⌡
141	ì	156	£	171	½	186	║	201	╔	216	╪	231	τ	246	÷
142	Ä	157	¥	172	¼	187	╗	202	╩	217	┘	232	Φ	247	≈
143	Å	158	Pt	173	¡	188	╝	203	╦	218	┌	233	θ	248	°
144	É	159	ƒ	174	«	189	╜	204	╠	219	█	234	Ω	249	∙
145	æ	160	á	175	»	190	╛	205	═	220	▄	235	δ	250	·
146	Æ	161	í	176	▒	191	┐	206	╬	221	▌	236	∞	251	√
147	ô	162	ó	177	▓	192	└	207	╧	222	▐	237	φ	252	ⁿ
148	ö	163	ú	178	▓	193	┴	208	╨	223	▀	238	∈	253	²
149	ò	164	ñ	179	│	194	┬	209	╤	224	α	239	∩	254	■
150	û	165	Ñ	180	┤	195	├	210	╥	225	β	240	≡	255	(blank

注：表中 000～127 是标准的 ASCII 码；128～255 是扩展的 ASCII 码。

附录 B　C 语言中的关键字

auto	break	case	char	const
continue	default	do	double	else
enum	extern	float	for	goto
if	inline	int	long	register
restrict	return	short	signed	sizeof
static	struct	switch	typedef	union
unsigned	void	volatile	while	_bool
_Complex	_Imaginary			

附录 C 运算符和结合性

优先级	运 算 符	含 义	要求运算对象的个数	结合方向
1	( )	圆括号		自左至右
	[ ]	下标运算符		
	−>	指向结构体成员运算符		
	·	结构体成员运算符		
2	!	逻辑非运算符	1 （单目运算符）	自右至左
	~	按位取反运算符		
	++	自增运算符		
	−−	自减运算符		
	−	负号运算符		
	（类型）	类型转换运算符		
	*	指针运算符		
	&.	取地址运算符		
	sizeof	长度运算符		
3	*	乘法运算符	2 （双目运算符）	自左至右
	/	除法运算符		
	%	求余运算符		
4	+	加法运算符	2 （双目运算符）	自左至右
	−	减法运算符		
5	<<	左移运算符	2 （双目运算符）	自左至右
	>>	右移运算符		
6	< <= > >=	关系运算符	2 （双目运算符）	自左至右
7	==	等于运算符	2 （双目运算符）	自左至右
	!=	不等于运算符		
8	&.	按位与运算符	2 （双目运算符）	自左至右
9	∧	按位异或运算符	2 （双目运算符）	自左至右
10	|	按位或运算符	2 （双目运算符）	自左至右

续表

优先级	运 算 符	含 义	要求运算对象的个数	结合方向
11	&&	逻辑与运算符	2（双目运算符）	自左至右
12	||	逻辑或运算符	2（双目运算符）	自左至右
13	? :	条件运算符	3（三目运算符）	自右至左
14	= += -= *= /= %= >>= <<= &= ∧= ¦=	赋值运算符	2（双目运算符）	自右至左
15	,	逗号运算符（顺序求值运算符）		自左至右

说明：

（1）同一优先级的运算符，运算次序由结合方向决定。例如，*与/具有相同的优先级别，其结合方向为自左至右，因此 $3*5/4$ 的运算次序是先乘后除。一和++为同一优先级，结合方向为自右至左，因此-i++相当于-(i++)。

（2）不同的运算符要求有不同的运算对象个数，如+（加）和-（减）为双目运算符，要求在运算符两侧各有一个运算对象（如 $3+5$、$8-3$ 等）。而++和-（负号）运算符是单目运算符，只能在运算符的一侧出现一个运算对象，如-a、i++、-- i、(float)i、sizeof (int)、*p等。条件运算符是C语言中唯一的三目运算符，如"x？a：b"。

（3）从上表中可以大致归纳出各类运算符的优先级。

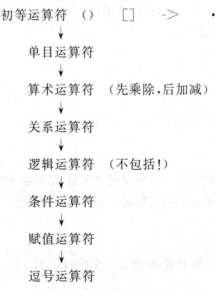

初等运算符 （） ［］ ->   ·
↓
单目运算符
↓
算术运算符 （先乘除，后加减）
↓
关系运算符
↓
逻辑运算符 （不包括!）
↓
条件运算符
↓
赋值运算符
↓
逗号运算符

以上的优先级别由上到下递减。初等运算符优先级最高，逗号运算符优先级最低。位运算符的优先级比较分散，有的在算术运算符之前（如~），有的在关系运算符之前（如<<和>>），有的在关系运算符之后（如&、∧、¦）。为了便于记忆，使用位运算符时可加圆括号。

附录 D　C 语言常用语法提要

为了便于读者查阅,下面列出 C 语言语法中常用的一些部分提要。为了便于理解,没有采用严格的语法定义形式,只是备忘性质,供参考。

1. 标识符

标识符可由字母、数字和下画线组成。标识符必须以字母或下画线开头,大、小写的字母分别认为是两个不同的字符。不同的系统对标识符的字符数有不同的规定,一般允许 7 个字符。

2. 常量

可以使用的常量如下。

(1) 整型常量

- 十进制常数。
- 八进制常数(以 0 开头的数字序列)。
- 十六进制常数(以 0x 开头的数字序列)。
- 长整型常数(在数字后加字符 L 或 l)。

(2) 字符常量

用单撇号括起来的一个字符,可以使用转义字符。

(3) 实型常量(浮点型常量)

- 小数形式。
- 指数形式。

(4) 字符串常量

用双撇号括起来的字符序列。

3. 表达式

(1) 算术表达式

- 整型表达式:参加运算的运算量是整型量,结果也是整型数。
- 实型表达式:参加运算的运算量是实型量,运算过程中先转换成 double 型,结果为 double 型。

(2) 逻辑表达式

用逻辑运算符连接的整型量,结果为一个整数(0 或 1)。逻辑表达式可以认为是整型表达式的一种特殊形式。

(3) 字位表达式

用位运算符连接的整型量,结果为整数。字位表达式也可以认为是整型表达式的一种特殊形式。

（4）强制类型转换表达式

用"(类型)"运算符使表达式的类型进行强制转换，如(float)a。

（5）逗号表达式（顺序表达式）

逗号表达式的形式为

表达式 1,表达式 2,…,表达式 n

顺序求出表达式 1,表达式 2,…,表达式 n 的值,结果为表达式 n 的值。

（6）赋值表达式

将赋值号"＝"右侧表达式的值赋给赋值号左边的变量。赋值表达式的值为执行赋值后被赋值的变量的值。

（7）条件表达式

条件表达式的形式为

逻辑表达式? 表达式 1:表达式 2

逻辑表达式的值若为非零,则条件表达式的值等于表达式 1 的值;若逻辑表达式的值为零,则条件表达式的值等于表达式 2 的值。

（8）指针表达式

对指针类型的数据进行运算,例如,p－2、p1－p2 等(其中 p、p1、p2 均已定义为指向数组的指针变量,p1 与 p2 指向同一数组中的元素),结果为指针类型。

以上各种表达式可以包含有关的运算符,也可以是不包含任何运算符的初等量(例如,常数是算术表达式的最简单的形式)。

4. 数据定义

对程序中用到的所有变量都需要进行定义。对数据要定义其数据类型,需要时要指定其存储类别。

（1）类型标识符

- int
- short
- long
- unsigned
- char
- float
- double
- struct 结构体名
- union 共用体名
- enum 枚举类型名
- 用 typedef 定义的类型名

结构体与共用体的定义形式为

```
struct 结构体名
  {成员表列};
```

```
union 共用体名
```

```
{成员表列};
```

用 typedef 定义新类型名的形式为

```
typedef 已有类型 新定义类型;
```

例如：

```
typedef int COUNT;
```

（2）存储类别

- auto
- static
- register
- extern

注意：如不指定存储类别，可作 auto 处理。

变量的定义形式为

```
存储类别 数据类型 变量表列;
```

例如：

```
static  float  a,b,c;
```

注意：外部数据定义只能用 extern 或 static，而不能用 auto 或 register。

5. 函数定义

函数定义形式为

```
存储类别   数据类型   函数名 (形参表列)
函数体
```

函数的存储类别只能用 extern 或 static。函数体是用花括号括起来的，可包括数据定义和语句。例如：

```
static int max (int x,int y)
{
  int z;
  z=x >y? x:y;
  return (z);
}
```

6. 变量的初始化

可以在定义时对变量或数组指定初始值。

静态变量或外部变量如未初始化，系统自动使其初值为零（对数值型变量）或空（对字符型数据）。对自动变量或寄存器变量若未初始化，则其初值为一不可预测的数据。

7. 语句

语句有以下几种。

- 表达式语句
- 函数调用语句

234

- 控制语句
- 复合语句
- 空语句

其中,控制语句包括以下几个。

（1）`if(表达式)`语句

或

```
if (表达式) 语句 1
else   语句 2
```

（2）`while (表达式)` 语句

（3）`do` 语句
　　　`while (表达式);`

（4）`for (表达式 1;表达式 2;表达式 3)`
　　　语句

（5）`switch (表达式)`
　　　`{ case 常量表达式 1`: 语句 1;
　　　　`case 常量表达式 2`: 语句 2;
　　　　　　　　⋮
　　　　`case 常量表达式 n`: 语句 n;
　　　　`default`; 语句 n+1;
　　　`}`

前缀 case 和 default 本身并不改变控制流程,它们只起标号作用,在执行上一个 case 所标志的语句后,继续顺序执行下一个 case 前缀所标志的语句,除非上一个语句中最后用 break 语句使控制转出 switch 结构。

（6）`break` 语句

（7）`continue` 语句

（8）`return` 语句

（9）`goto` 语句

8. 预处理指令

```
#define 宏名 字符串
#define 宏名(参数 1,参数 2,...,参数 n) 字符串
#undef 宏名
#include "文件名" (或<文件名>)
#if 常量表达式
#ifdef 宏名
#ifndef 宏名
#else
#endif
```

附录 E C 语言库函数

库函数并不是 C 语言的一部分，它是由人们根据需要编制并提供用户使用的。每一种 C 语言编译系统都提供了一批库函数，不同的编译系统所提供的库函数的数目和函数名以及函数功能是不完全相同的。ANSI C 标准提出了一批建议提供的标准库函数，它包括了目前多数 C 语言编译系统所提供的库函数，但也有一些是某些 C 语言编译系统未曾实现的。考虑到通用性，本书列出 ANSI C 标准建议提供的、常用的部分库函数。对多数 C 语言编译系统，可以使用这些函数的绝大部分。由于 C 语言库函数的种类和数目很多（如还有屏幕和图形函数、时间日期函数、与系统有关的函数等，每一类函数又包括各种功能的函数），限于篇幅，本附录不能全部介绍，只从教学需要的角度列出最基本的。读者在编制 C 语言程序时可能要用到更多的函数，请查阅所用系统的手册。

1. 数学函数

使用数学函数（表 E-1）时，应该在该源文件中使用以下命令行。

```
#include <math.h>
```

或

```
#include "math.h"
```

表 E-1 数学函数

函数名	函 数 原 型	功　　　能	返回值	说　　　明
abs	int abs(int x);	求整数 x 的绝对值	计算结果	—
acos	double acos(double x);	计算 $\cos^{-1}(x)$ 的值	计算结果	x 应为 $-1\sim1$
asin	double asin(double x);	计算 $\sin^{-1}(x)$ 的值	计算结果	x 应为 $-1\sim1$
atan	double atan(double x);	计算 $\tan^{-1}(x)$ 的值	计算结果	—
atan2	double atan2 (double x, double y);	计算 $\tan^{-1}(x/y)$ 的值	计算结果	—
cos	double cos(double x);	计算 $\cos(x)$ 的值	计算结果	x 的单位为弧度
cosh	double cosh(double x);	计算 x 的双曲余弦 $\cosh(x)$ 的值	计算结果	—
exp	double exp(double x);	求 e^x 的值	计算结果	—
fabs	double fabs(double x);	求 x 的绝对值	计算结果	—
floor	double floor(double x);	求出不大于 x 的最大整数	该整数的双精度实数	—
fmod	double fmod(double x, double y);	求整除 x/y 的余数	返回余数的双精度数	—

函数名	函 数 原 型	功　　能	返回值	说　　明
frexp	double frexp(double val, int * eptr);	把双精度数 val 分解为数字部分（尾数）x 和以 2 为底的指数 n，即 val$=x * 2^n$，n 存放在 eptr 指向的变量中	返回数字部分 x，$0.5 \leqslant x < 1$	—
log	double log(double x);	求 $\log_e x$，即 $\ln x$	计算结果	—
log10	double log10(double x);	求 $\log_{10} x$	计算结果	—
modf	double modf(double val, double * iptr);	把双精度数 val 分解为整数部分和小数部分，把整数部分存到 iptr 指向的单元	val 的小数部分	—
pow	double pow(double x, double y);	计算 x^y 的值	计算结果	—
rand	int rand(void);	产生 $-90 \sim 32767$ 的随机整数	随机整数	—
sin	double sin(double x);	计算 $\sin x$ 的值	计算结果	x 单位为弧度
sinh	double sinh(double x);	计算 x 的双曲正弦函数 $\sinh(x)$ 的值	计算结果	—
sqrt	double sqrt(double x);	计算 $\sqrt{x}$	计算结果	$x \geqslant 0$
tan	double tan(double x);	计算 $\tan(x)$ 的值	计算结果	x 单位为弧度
tanh	double tanh(double x);	计算 x 的双曲正切函数 $\tanh(x)$ 的值	计算结果	—

2. 字符函数和字符串函数

ANSI C 标准要求在使用字符串函数时要包含头文件 string.h，在使用字符函数时要包含头文件 ctype.h，见表 E-2。有的 C 语言编译不遵循 ANSI C 标准的规定，而用其他名称的头文件。请在使用时查阅有关手册。

表 E-2　字符函数和字符串函数

函数名	函数原型	功　　能	返　回　值	包含文件
isalnum	int isalnum(int ch);	检查 ch 是否为字母(alpha)或数字(numeric)	是字母或数字返回 1；否则返回 0	ctype.h
isalpha	int isalpha(int ch);	检查 ch 是否为字母	是，返回 1；不是，返回 0	ctype.h
iscntrl	int iscntrl(int ch);	检查 ch 是否为控制字符（其 ASCII 码在 0 到 0x1F 之间）	是，返回 1；不是，返回 0	ctype.h
isdigit	int isdigit(int ch);	检查 ch 是否为数字(0~9)	是，返回 1；不是，返回 0	ctype.h
isgraph	int isgraph(int ch);	检查 ch 是否为可打印字符（其 ASCII 码在 0x21 到 0x7E 之间），不包括空格	是，返回 1；不是，返回 0	ctype.h
islower	int islower(int ch);	检查 ch 是否为小写字母(a~z)	是，返回 1；不是，返回 0	ctype.h
isprint	int isprint(int ch);	检查 ch 是否为可打印字符（包括空格），其 ASCII 码在 0x20 到 0x7E 之间	是，返回 1；不是，返回 0	ctype.h

续表

函数名	函数原型	功　能	返　回　值	包含文件
ispunct	int ispunct(int ch);	检查 ch 是否为标点字符(不包括空格),即除字母、数字和空格以外的所有可打印字符	是,返回 1;不是,返回 0	ctype.h
isspace	int isspace(int ch);	检查 ch 是否为空格、跳格符(制表符)或换行符	是,返回 1;不是,返回 0	ctype.h
isupper	int isupper(int ch);	检查 ch 是否为大写字母(A~Z)	是,返回 1;不是,返回 0	ctype.h
isxdigit	int isxdigit(int ch);	检查 ch 是否为一个十六进制数字字符(即 0~9,或 A~F,或 a~f)	是,返回 1;不是,返回 0	ctype.h
strcat	char * strcat(char * str1, char * str2);	把字符串 str2 接到 str1 后面,str1 最后面的'\0'被取消	str1	string.h
strchr	char * strchr(char * str, int ch);	找出 str 指向的字符串中第一次出现字符 ch 的位置	返回指向该位置的指针,如找不到,返回空指针	string.h
strcmp	int strcmp (char * str1,char * str2);	比较两个字符串 str1 和 str2	str1<str2,返回负数;str1=str2,返回 0;str1>str2,返回正数	string.h
strcpy	char * strcpy(char * str1,char * str2);	把 str2 指向的字符串复制到 str1 中去	返回 str1	string.h
strlen	unsigned int strlen (char * str);	统计字符串 str 中字符的个数(不包括终止符'\0')	返回字符个数	string.h
strstr	char * strstr(char * str1,char * str2);	找出 str2 字符串在 str1 字符串中第一次出现的位置(不包括 str2 的串结束符)	返回该位置的指针,如找不到,返回空指针	string.h
tolower	int tolower(int ch);	将 ch 字符转换为小写字母	返回 ch 所代表的字符的小写字母	ctype.h
toupper	int toupper(int ch);	将 ch 字符转换成大写字母	与 ch 相应的大写字母	ctype.h

3. 输入/输出函数

凡用表 E-3 的输入/输出函数,应该使用♯include＜stdio.h＞把 stdio.h 头文件包含到源程序文件中。

表 E-3　输入/输出函数

函数名	函数原型	功　能	返　回　值	说　明
clearerr	void clearerr(FILE * fp);	使 fp 所指文件的错误,标志和文件结束标志置 0	无	—
fclose	int fclose(FILE * fp);	关闭 fp 所指的文件,释放文件缓冲区	有错,则返回非 0;否则返回 0	—
feof	int feof(FILE * fp);	检查文件是否结束	已读文件尾标志返回非 0 值;否则返回 0	—

函 数 名	函 数 原 型	功　　能	返　回　值	说　明
fgetc	int fgetc(FILE * fp);	从 fp 所指定的文件中取得下一个字符	返回所得到的字符,若读入出错,返回 EOF	—
fgets	char * fgets(char * buf, int n, FILE * fp);	从 fp 指向的文件读取一个长度为 n−1 的字符串,存入起始地址为 buf 的空间	返回地址 buf,若遇文件结束或出错,返回 NULL	—
fopen	FILE * fopen(char * filename,char * mode);	以 mode 指定的方式打开名为 filename 的文件	成功,返回一个文件指针(文件信息区的起始地址);否则返回 0	—
fprintf	int fprintf(FILE * fp, char * format, args,…);	把 args 的值以 format 指定的格式输出到 fp 所指定的文件中	实际输出的字符数	—
fputc	int fputc(char ch, FILE * fp);	将字符 ch 输出到 fp 指向的文件中	成功,返回该字符;否则返回非 0	—
fputs	int fputs(char * str, FILE * fp);	将 str 指向的字符串输出到 fp 所指定的文件	成功返回 0;若出错,返回非 0	—
fread	int fread(char * pt, unsigned size, unsigned n, FILE * fp);	从 fp 所指定的文件中读取长度为 size 的 n 个数据项,存到 pt 所指向的内存区	返回所读的数据项个数,如遇文件结束或出错,返回 0	—
fscanf	int fscanf(FILE * fp, char format,args, …);	从 fp 指定的文件中按 format 给定的格式将输入数据送到 args 所指向的内存单元(args 是指针)	已输入的数据个数	—
fseek	int fseek(FILE * fp, long offset, int base);	将 fp 所指向的文件的位置指针移到以 base 所给出的位置为基准、以 offset 为位移量的位置	返回当前位置;否则,返回−1	—
ftell	long ftell(FILE * fp);	返回 fp 所指向的文件中的读/写位置	返回 fp 所指向的文件中的读/写位置	—
fwrite	int fwrite(char * ptr, unsigned size, unsigned n, FILE * fp);	把 ptr 所指向的 n * size 个字节输出到 fp 所指向的文件中	写到 fp 文件中的数据项的个数	—
getc	int getc(FILE * fp);	从 fp 所指向的文件中读入一个字符	返回所读的字符,若文件结束或出错,返回 EOF	—
getchar	int getchar(void);	从标准输入设备读取下一个字符	所读字符。若文件结束或出错,返回−1	—
getw	int getw(FILE * fp);	从 fp 所指向的文件读取下一个字符(整数)	输入的整数。如文件结束或出错,返回−1	非 ANSI 标准函数
open	int open(char * filename, int mode);	以 mode 指出的方式打开已存在的名为 filename 的文件	返回文件号(正数);如打开失败,返回−1	非 ANSI 标准函数

续表

函 数 名	函 数 原 型	功　　能	返 回 值	说　明
printf	int printf (char * format,args, ...);	按 format 指向的格式字符串所规定的格式将输出表列 args 的值输出到标准输出设备	输出字符的个数,若出错,返回负数	format 可以是一个字符串,或字符数组的起始地址
putc	int putc (int ch, FILE * fp);	把一个字符 ch 输出到 fp 所指的文件中	输出的字符 ch,若出错,返回 EOF	—
putchar	int putchar (char ch);	把字符 ch 输出到标准输出设备	输出的字符 ch,若出错,返回 EOF	—
puts	int puts(char * str);	把 str 指向的字符串输出到标准输出设备,将'\0'转换为回车换行	返回换行符,若失败,返回 EOF	—
putw	int putw (int w, FILE * fp);	将一个整数 w(即一个字)写到 fp 指向的文件中	返回输出的整数,若出错,返回 EOF	非 ANSI 标准函数
read	int read(int fd, char * buf, unsigned count);	从文件号 fd 所指示的文件中读 count 个字节到由 buf 指示的缓冲区中	返回真正读入的字节数,如遇文件结束返回 0,出错返回－1	非 ANSI 标准函数
rename	int rename (char * oldname, char * newname);	把由 oldname 所指的文件名改为由 newname 所指的文件名	成功返回 0;出错返回－1	—
rewind	void rewind(FILE * fp);	将 fp 指示的文件中的位置指针置于文件开头位置,并清除文件结束标志和错误标志	无	—
scanf	int scanf (char * format, args,...);	从标准输入设备按 format 指向的格式字符串所规定的格式输入数据给 args 所指向的单元	读入并赋给 args 的数据个数,遇文件结束返回 EOF,出错返回 0	args 为指针
write	int write(int fd, char * buf, unsigned count);	从 buf 指示的缓冲区输出 count 个字节到 fd 所标志的文件中	返回实际输出的字节数,如出错返回－1	非 ANSI 标准函数

4. 动态存储分配函数

ANSI 标准建议设 4 个有关的动态存储分配的函数(表 E-4),即 calloc()、malloc()、free()和 realloc()。实际上,许多 C 语言编译系统实现时,往往增加了一些其他函数。ANSI 标准建议在 stdlib.h 头文件中包含有关的信息,但许多 C 语言编译系统要求用 malloc.h 而不是 stdlib.h。读者在使用时应查阅有关手册。

ANSI 标准要求动态分配系统返回 void 指针。void 指针具有一般性,它们可以指向任何类型的数据。但目前有的 C 语言编译所提供的这类函数返回 char 指针。无论是以上两种情况的哪一种,都需要用强制类型转换的方法把 void 或 char 指针转换成所需的类型。

表 E-4　动态存储分配函数

函数名	函 数 原 型	功　　能	返　回　值
calloc	void * calloc(unsigned n, unsign size);	分配 n 个数据项的内存连续空间,每个数据项的大小为 size	分配内存单元的起始地址,如不成功,返回 0
free	void free(void * p);	释放 p 所指的内存区	无
malloc	void * malloc(unsigned size);	分配 size 字节的存储区	所分配的内存区起始地址,如内存不够,返回 0
realloc	void * realloc(void * p, unsigned size);	将 p 所指出的已分配内存区的大小改为 size,size 可以比原来分配的空间大或小	返回指向该内存区的指针

参 考 文 献

[1] 谭浩强. C 程序设计[M]. 5 版. 北京：清华大学出版社,2018.

[2] 谭浩强. C 程序设计学习辅导[M]. 5 版. 北京：清华大学出版社,2018.

[3] 谭浩强. C 程序设计教程[M]. 3 版. 北京：清华大学出版社,2018.

[4] 谭浩强. C 程序设计教程学习辅导[M]. 3 版. 北京：清华大学出版社,2018.

[5] 谭浩强. C 语言程序设计[M]. 3 版. 北京：清华大学出版社,2017.

[6] 谭浩强. C 语言程序设计学习辅导[M]. 3 版. 北京：清华大学出版社,2017.

[7] 谭浩强. C++程序设计[M]. 3 版. 北京：清华大学出版社,2015.

[8] M. Waite, S. Prata. 新编 C 语言大全[M]. 范植华,樊莹,译. 北京：清华大学出版社,1994.

[9] 郝伯特·库尔德特. C 语言大全[M]. 戴健鹏,译. 2 版. 北京：电子工业出版社,1994.

[10] 郝伯特·库尔德特. ANSI C 标准详解[M]. 王曦若,李沛,译. 北京：学苑出版社,1994.